과학혁명의 구조

제4판

과학혁명의 구조

토머스 S. 쿤

김명자, 홍성욱 옮김

까치

THE STRUCTURE OF SCIENTIFIC REVOLUTIONS:
50th Anniversary Edition

by Thomas Samuel Kuhn

Copyright © 1962, 1970, 1996, 2012 by The University of Chicago

This Korean edition was published by Kachi Publishing Co., Ltd. in 2013
by arrangement with The University of Chicago through KCC(Korea
Copyright Center Inc.), Seoul.

편집_교정 권은희(權恩喜)

제4판 과학혁명의 구조

저자 / 토머스 S. 쿤

역자 / 김명자, 홍성욱

발행처 / 까치글방

발행인 / 박후영

주소 / 서울시 용산구 서빙고로 67, 파크타워 103동 1003호

전화 / 02 · 735 · 8998, 736 · 7768

팩시밀리 / 02 · 723 · 4591

홈페이지 / www.kachibooks.co.kr

전자우편 / kachibooks@gmail.com

등록번호 / 1-528

등록일 / 1977. 8. 5

초판 1쇄 발행일 / 1999. 12. 27

제4판 1쇄 발행일 / 2013. 9. 10

        25쇄 발행일 / 2024. 9. 20

값 / 뒤표지에 쓰여 있음

ISBN 978-89-7291-554-6   93400

이 도서의 국립중앙도서관 출판시도서목록(CIP)은 서지정보유통지원시스템 홈페
이지(http://seoji.nl.go.kr)와 국가자료공동목록시스템(http://www.nl.go.kr/
kolisnet)에서 이용하실 수 있습니다. (CIP 제어번호: CIP2013016607)

차례

이언 해킹의 서론   7

저자의 서문   51

1 서론 : 역사의 역할   61

2 정상과학에로의 길   73

3 정상과학의 성격   90

4 퍼즐 풀이로서의 정상과학   106

5 패러다임의 우선성   117

6 변칙현상 그리고 과학적 발견의 출현 129

7 위기 그리고 과학 이론의 출현 148

8 위기에 대한 반응   164

9 과학혁명의 성격과 필연성 184

10 세계관의 변화로서의 혁명 209

11 혁명의 비가시성   242

12 혁명의 완결   253

13 혁명을 통한 진보   275

후기—1969   293

역자 해설   342

역자 후기   352

찾아보기   356

이언 해킹의 서론

위대한 책은 드물다. 이 책은 위대한 책이다. 책을 읽어보면 왜 그런지 알게 될 것이다.

독자는 이 소개의 글을 건너뛰어도 된다. 이 글은 여러분이 이 책이 반세기 전에 어떻게 나왔는지, 그 영향이 무엇이었는지, 그 핵심 주장을 둘러싼 논쟁이 무엇이었는지를 알고 싶을 때에 다시 돌아와서 보면 된다. 여러분이 이 책의 현재 상태에 대한 노련한 견해를 알고 싶을 때, 돌아오면 된다.

이 글은 이 책을 소개하는 것이지, 쿤이나 그의 삶과 업적을 소개하는 것이 아니다. 그는 보통 이 책을『구조』라고 불렀고, 대화할 때는 단순히 "그 책"이라고 했다. 나는 그의 이런 표현을 따를 것이다.『본질적 긴장(The Essential Tension)』은『구조』전후로 발표했던 철학적 논문들(역사적 논문들과는 대조되는)을 모아놓은 뛰어난 책이다.[1] 이 책은 일련의 논평과 확장으로 볼 수 있으며,『구조』와 함께 읽는 용도로 매우 좋다.

이 글은『구조』에 대한 소개이기 때문에,『본질적 긴장』을 넘어선 내용은 여기에서 논의하지 않을 것이다. 그렇지만 쿤이 종종 19세기 말에 막스 플랑크에 의해서 시작된 첫 번째 양자혁명을 분석한

---

1) Thomas S. Kuhn, *The Essential Tension: Selected Studies in Scientific Tradition and Change*, Lorenz Krüger 편 (Chicago, IL: University of Chicago Press, 1977).

자신의 책 『흑체 이론과 양자 불연속(Black-Body Theory and the Quantum Discontinuity)』이 『구조』가 이야기하려는 것의 정확한 사례라고 했다는 사실은 주목할 필요가 있다.2)

『구조』가 위대한 책이기 때문에, 그것은 무수한 방식으로 읽힐 수 있으며 다양하게 활용된다. 따라서 이 글은 수많은 해석들 가운데 하나에 불과하다. 『구조』는 쿤의 생애와 작업에 대한 많은 저술을 낳았다. 토머스 새뮤얼 쿤(Thomas Samuel Kuhn, 1922-1996)에 대한 짧지만 매우 뛰어난 소개 글을 온라인판 『스탠퍼드 철학 백과사전(Stanford Encyclopedia of Philosophy)』에서 찾아볼 수 있는데, 이 글은 나오는 조금 다른 관점에서 쓰인 것이다.3) 자신의 삶과 업적에 대한 쿤의 마지막 회고는 1995년에 아리스티데스 발타스, 코스타스 가브로그루, 바실리키 킨디와 행한 인터뷰에서 찾아볼 수 있다.4) 그가 자신의 작업에 대한 분석으로 가장 좋아했던 것은 파울 호이닝겐-휘네의 『과학혁명의 재구성(Reconstructing Scientific Revolutions)』이다.5) 쿤의 모든 논문과 책의 목록은 제임스 코넌트와 존 호글랜드가 편집한 『구조 이후의 길(The Road since Structure)』을 참조하면 된다.6)

---

2) Kuhn, *Black-Body Theory and the Quantum Discontinuity, 1894-1912* (New York: Oxford University Press, 1978).

3) Alexander Bird, "Thomas Kuhn," in *The Stanford Encyclopedia of Philosophy*, Edward N. Zalta 편, http://plato.stanford.edu/archives/fall2009/entries/thomas-kuhn/.

4) Kuhn, "A Discussion with Thomas S. Kuhn" (1995), Aristides Baltas, Kostas Gavroglu와 Vassiliki Kindi가 진행한 인터뷰, in *The Road since Structure: Philosophical Essays 1970-1993, with an Autobiographical Interview*, James Conant and John Haugeland 편, (Chicago, IL: University of Chicago Press, 2000), 253-324.

5) Paul Hoyningen-Huene, *Reconstruction Scientific Revolutions: Thomas S Kuhn's Philosophy of Science* (Chicago, IL: University of Chicago Press, 1993).

6) Conant and Haugeland 편, *Road since Structure* (위의 각주 4 참조).

아직도 충분히 이야기되었다고 볼 수 없는 것이 있다. 모든 위대한 책과 마찬가지로, 이 책은 세상을 바로잡고자 하는 열정과 강렬한 열망으로 쓰인 책이다. 이는 이 책 61쪽의 절도 있는 첫 문장에서 명확하게 드러난다. "만일 역사가 일화나 연대기 이상의 것들로 채워진 보고(寶庫)라고 간주된다면, 역사는 우리가 지금 흘려 있는 과학의 이미지에 대해서 결정적인 변형을 일으킬 수 있을 것이다."[7] 토머스 쿤은, 좋건 나쁘건 인간이라는 종이 지구를 지배하게 만든 활동인 과학에 대한 우리의 이해를 바꾸기 위해서 세상에 나왔다. 그는 성공했다.

1962

이 책은 『구조』의 출간 50주년을 기념한다. 1962년은 오래 전이다. 우선 과학 그 자체가 많이 바뀌었다. 그 당시 과학의 여왕은 물리학이었다. 쿤은 물리학자로 훈련을 받았다. 물리학을 이해하는 사람은 거의 없었지만, 모든 사람들이 물리학이 전쟁에 필요한 과학임을 알고 있었다. 냉전이 진행 중이었고, 모든 이가 핵폭탄에 대해서 알고 있었다. 미국 학생들은 책상 밑에 숨는 훈련을 하던 시기였다. 적어도 1년에 한 빈 마을에는 공습 사이렌이 울렸고, 이때 모든 주민들은 대피소로 숨어야 했다. 여봐란듯이 대피소로 숨는 것을 거부함으로써 원자무기에 저항했던 사람들은 구속될 수 있었으며, 실제로 몇 명은 구속되기도 했다. 밥 딜런은 1962년 9월에 "소낙

---

7) Kuhn, *The Structure of Scientific Revolutions*, 제4판. (Chicago, IL: University of Chicago Press, 2012). 이 글 본문의 참조는 모두 이 판본임[여기서는 번역본의 페이지 번호임/역주].

비(A Hard Rain's A-Gonna Fall)"를 불렀고, 사람들은 이것이 죽음의 재에 대한 노래라고 생각했다. 1962년 10월에는 쿠바 미사일 위기가 발발했는데, 이 사건은 1945년 이래 핵전쟁에 가장 가깝게 근접했던 사건이었다. 물리학과 그것의 위협은 모든 사람들의 마음속에 각인되었다.

냉전은 오래 전에 끝이 났고, 물리학은 더 이상 전쟁을 위해서 존재하는 과학이 아니다. 1962년에 있었던 또다른 사건은 DNA의 분자생물학에 대한 업적으로 프랜시스 크릭과 제임스 왓슨이 노벨상을 수상했고, 헤모글로빈의 분자생물학에 대한 업적으로 막스 페루츠와 존 켄드루가 노벨상을 수상했다는 것이다. 이것은 변화의 전조였다. 요즘은 생명공학이 지배하는 시대이다. 쿤은 물리과학과 그 역사를 자신의 모델로 삼았다. 여러분들은 이 책을 읽은 뒤에 그가 물리과학에 대해서 이야기했던 것이 지금 부상하는 생명공학의 세상에서 얼마나 참인지를 스스로 판단해야 할 것이다. 정보과학도 포함하자. 컴퓨터가 과학의 실행에 기여한 것도 포함시키자. 실험조차 예전과 같지는 않은데, 컴퓨터 시뮬레이션이 실험을 바꾸고 어느 정도는 대체했기 때문이다. 그리고 모든 사람들이 컴퓨터가 소통을 얼마나 변화시켰는지 알고 있다. 1962년에는 과학 연구의 결과가 학회, 전문가 세미나, 사전 별쇄본, 전문 학술지에 출판된 논문으로 발표되었다. 오늘날에는 전자 아카이브가 출판의 대세가 되었다.

1962년과 2012년 사이에는 다른 근본적인 차이도 있다. 그것은 이 책의 핵심인 기초 물리학과 관련된 것이다. 1962년에는 정상상태 우주론과 빅뱅 이론이라는 두 가지 경쟁하는 우주론이 있었는데, 이들은 우주와 그 기원에 대해서 완전히 다른 상(像)을 제공했다.

1965년 이후, 특히 우주 배경 복사(universal background radiation)에 대한 거의 우연한 발견 이후, 정상과학(normal science)으로서 풀어야 할 뚜렷한 문제를 잔뜩 가진 빅뱅 이론만 남게 되었다. 1962년에 고에너지 입자물리학은 점점 더 많은 입자들이 끝없이 늘어나기만 하는 것 같았다. 표준 모형(standard model)이라고 불린 이론이 혼돈에서 질서를 끌어냈다. 비록 중력과 어떻게 조화를 이룰지가 분명하지 않았지만, 이 이론은 예측에서는 믿을 수 없을 정도로 정확했다. 비록 놀라운 변화는 있겠지만, 아마도 기초 물리학에서 또다른 혁명은 없을지도 모른다.

따라서 『과학혁명의 구조』는 지금 실행되고 있는 과학보다는 과학사의 과거에 더 잘 들어맞을지도 모른다(더 잘 들어맞는다고 한 것은 아니다).

그런데 이 책은 역사인가, 아니면 철학인가? 1968년에 쿤은 한 강연을 다음과 같이 주장하면서 시작했다. "나는 여러분들 앞에 실제 과학사학자로서 서 있습니다.……나는 미국 역사학회의 회원이지만 미국 철학회의 회원은 아닙니다."[8] 그렇지만 자신의 과거를 재구성하면서 그는 점점 더 자신을 처음부터 주로 철학적인 관심을 가진 사람으로 묘사했다.[9] 비록 『구조』가 과학사학자 공동체에 거대하고 즉각적인 영향을 주었지만, 그 지속적인 여파는 실제로 과학철학과 대중문화의 영역에서 찾을 수 있다. 이 글은 이런 관점에서 쓰였다.

---

8) Kuhn, "The Relations between the History and the Philosophy of Science," in *Essential Tension*, 3.

9) Kuhn, "Discussion with Thomas S. Kuhn."

구조

구조와 혁명은 책의 제목에 적절하게 채택되었다. 쿤은 과학혁명이 존재한다고 생각했을 뿐만 아니라, 이것이 구조를 가지고 있다고 생각했다. 그는 이 구조를 아주 조심스럽게 제시했으며, 구조의 마디마디에 유용한 이름을 붙였다. 그는 이름을 붙이는 데에 재능이 있었고, 그가 붙인 이름들은 대단한 지위를 획득했다. 그 이름들은 한때는 이해되기 힘든 것이었지만, 이제는 일상 영어에서도 널리 사용되고 있다. 그 순서는 다음과 같다. (1) 정상과학(normal science) (제2-4장. 그는 장 대신에 절이라는 표현을 사용했는데, 그것은 그가 『구조』를 한 권의 책이라기보다는 책의 개요라고 생각했기 때문이다). (2) 퍼즐 풀이(puzzle-solving)(제4장). (3) 패러다임(paradigm)(제5장), 이 단어는 그가 사용했을 때만 해도 잘 쓰이지 않던 단어였지만, 지금은 (패러다임 전환[paradigm shift]은 물론) 일상용어가 되었다. (4) 변칙현상(anomaly)(제6장). (5) 위기(crisis)(제7-8장). (6) 혁명(revolution)(제9장), 즉 새로운 패러다임의 시작이다.

이것이 과학혁명의 구조이다. 패러다임 및 퍼즐 풀이에 몰두하는 정상과학은 심각한 변칙현상에 직면하고, 위기를 겪는데, 마지막으로 새로운 패러다임에 의해서 이 위기가 해결된다. 유명한 단어들 중에 장의 제목에서 등장하지 않는 단어는 공약불가능성(incommensurability)이다. 이는 혁명과 패러다임 전환의 과정에서 새로운 개념이나 주장이 오래된 개념이나 주장과 엄격하게 비교될 수 없다는 생각이다. 같은 단어가 사용되는 경우라고 해도, 그 의미는 달라졌다. 이것은 새로운 이론이 오래된 이론을 대체하기 위해서 선택되었을 때, 그것이 사실이기 때문에 선택된 것이 아니라 **세계관의 변화**

때문에 선택되었다는 생각으로 이어진다(제10장). 『구조』는 과학의 진보가 절대적 진리를 향해 나아가는 직선적인 경로가 아니라는 당혹스러운 생각으로 마무리 된다. 그것은 세상에 대한 덜 적절한 관념, 덜 적절한 상호작용으로부터 **벗어나는** 의미에서의 진보이다(제13장).

이제 각각을 돌아가면서 살펴보자. 분명하게도 이 구조는 너무 깨끗하다. 역사학자들은 역사가 그렇지 않다고 항의했다. 그렇지만 그의 물리학자로서의 직감은 그로 하여금 단순하고 통찰력 있으면서 만능의 구조를 고안하게 했다. 이것은 일반 독자가 수용할 수 있었던 과학에 대한 상이었다. 그것은 어느 정도는 검증될 수 있다는 이점이 있었다. 과학사학자들은 그들이 전공하는 분야에서의 결정적인 변화가 쿤의 구조에 어느 정도나 부합하는지를 찾아볼 수 있었다. 불행하게도 그것은 진리라는 바로 그 개념을 의심하는 회의적 지식인들에 의해서 오용되기도 했다. 쿤이 그런 의도를 가지고 있었던 것은 아니다. 그는 사실을 사랑하고 진리를 찾는 사람이었다.

혁명

우리는 혁명을 정치적인 방식으로 우선 생각한다. 미국 혁명, 프랑스 혁명, 러시아 혁명 등이 이런 사례이다. 이런 혁명을 통해서 과거의 모든 것이 전복되고, 새로운 질서가 시작된다. 이러한 혁명의 개념을 과학에 처음으로 확장한 사상가는 아마도 임마누엘 칸트일 것이다. 이는 그의 가장 위대한 걸작인 『순수이성비판(*Kritik der reinen Vernunft*)』의 초판(1781)에서는 언급되지 않는데, 이 책도 드물게 위대한 책이지만 쿤의 책처럼 페이지가 쉽게 넘어가지는 않는다. 재판(1787)의 서문에서 그는 현란한 문장을 사용하여 두 개의 혁명적인 사건에 대해서 말한다.[10] 첫 번째는 바빌론과 이집트에서 사용되던 테크닉이 그리스에서 공리(公理)로부터 연역되는 증명으로 바뀌는 식으로 수학의 실행이 변했다는 것이다. 두 번째는 실험적 방법과 실험실의 부상인데, 그는 이 일련의 사건들을 갈릴레오로부터 시작된 것으로 간주했다. 그는 긴 두 문단에서 **혁명**이라는 단어를 여러 번 반복해서 사용했다.

비록 우리가 칸트를 가장 순수한 학자라고 생각할지라도, 그가 격정적인 시대에 살았다는 사실은 주목할 필요가 있다. 모든 사람들은 유럽 전역에 걸쳐서 무엇인가 심원한 변화가 진행된다는 것을 알고 있었고, 실제로 프랑스 혁명이 일어나기 불과 2년 전이었다. 과학혁명이라는 개념을 확실하게 정착시킨 사람은 칸트였다.[11] 과학철학자로서 나는 정직한 칸트가 각주에서 자신은 역사적 세부 사항의 세세한 점에 주의를 기울일 위치에 있지 않다고 고백하는 점

---

10) Immanuel Kant, *The Critique of Pure Reason*, 제2판, B xi-xiv. 모든 현대의 중쇄판들과 번역판들이 출판될 때는 초판과 재판 두 판본이 하나의 책으로 묶여 나왔는데, 재판에 있는 새로운 자료들에는 독일어 원문의 페이지 수가 "B"라고 매겨져 있다. 표준 영어 번역은 Norman Kemp Smith (London: Macmillan, 1929)의 것이다. 가장 최근의 번역은 Paul Guyer and Allen Wood (Cambridge: Cambridge University Press, 2003)의 것이다.

11) 칸트는 심지어 (지적) 혁명에서도 그의 시대에 앞서 있었다. 유명한 과학사학자인 I. B. Cohen은 과학에서 혁명의 개념에 대해서 꽤 철저히 분석한 글을 썼다. 그는 뛰어났지만 잊힌 과학자-학자인 G. C. Lichtenberg(1742-1799)를 인용했는데, Lichtenberg는 얼마나 자주 "'혁명'이라는 단어가 1781-1789년에 걸친 8년과 1789-1797년에 걸친 8년 동안 유럽에서 사용되고 인쇄되었는지" 비교해보라고 말한다. Lichtenberg의 경박한 추측은 1 대 100만이었다. I. B. Cohen, *Revolution in Science* (Cambridge, MA: Belknap Press of Harvard University Press, 1985). 585n4. 나는 패러다임이라는 단어에서도 1962년과 이 책의 50주년이 된 2012년을 비교한다면, 같은 비율을 얻을 것이라고 감히 주장한다. 우연하게도 Lichtenberg는 과학에서 패러다임이라는 단어를 광범위하게 사용한 사상가로 알려져 있다.

이 흥미롭고, 또 물론 용서할 수 있는 일이라고 생각한다.12)

과학과 그 역사를 다룬 쿤의 첫 책은 『구조』가 아니라 『코페르니쿠스 혁명(*The Copernican Revolution*)』이다.13) 과학혁명이라는 생각은 이미 당시에 광범위하게 회자되고 있었다. 제2차 세계대전 이후에 17세기에 있었던 바로 그 과학혁명에 대해서는 많은 글들이 쓰였다. 프랜시스 베이컨은 그 선구자였고, 갈릴레오는 불을 밝히는 등대였으며, 뉴턴은 태양이었다.

주목해야 할 첫 번째 점은 쿤이 17세기 그 과학혁명에 대해서 논하고 있는 것이 아니라는 사실인데, 이는 『구조』를 슬쩍 훑어보았을 때에는 분명하게 드러나지 않는다. 쿤이 구조를 상정한 혁명들은 17세기 과학혁명과는 매우 다른 종류의 혁명이었다.14) 실제로 『구조』를 출판하기 조금 전에 그는 "제2의 과학혁명"이 있었다고 주장했다.15) 그것은 19세기 초반에 일어난 것으로, 새로운 분야 모두가 수학화된 사건이었다. 열, 빛, 전기, 그리고 자기 분야가 패러다임을 획득했으며, 분류가 되지 않았던 숱한 현상들 모두가 이해 가능해졌다. 이것은 산업혁명이라고 부르는 혁명과 시기가 일치했고, 관련되어 있었다. 이는 거의 틀림없이 지금 우리가 살고 있는 근대적인 기술과학적(technoscientific) 세상의 시작이었다. 그러나

---

12) Kant, *Critique*, B xiii.

13) Kuhn, *The Copernican Revolution: Planetary Astronomy in the Development of Western Thought* (Cambridge, MA: Harvard University Press, 1957).

14) 몇몇 회의론자들은 이제 그것이 진짜 "사건"이었느냐에 대한 질문을 던진다. 다른 많은 것들과 함께, 쿤은 17세기 과학혁명에 대한 기존의 학설을 타파하는 그의 견해를 훌륭하게 제시했다. "Mathematical versus Experimental Traditions in the Development of Physical Science" (1975), in *Essential Tension*, 31–65.

15) Kuhn, "The Function of Measurement in the Physical Sciences" (1961), in *Essential Tension*, 178–224.

이 제2의 과학혁명도 첫 번째 17세기 과학혁명만큼이나 『구조』에서 나오는 "구조"를 드러내지는 않는다.

두 번째로 주목할 부분은 17세기 과학혁명에 대해서 많은 연구를 한 쿤 이전 세대의 사람들은 물리학에서의 급진적인 혁명이 일어난 세상 속에서 성장했다는 점이다. 아인슈타인의 특수 상대성 이론(1905)과 일반 상대성 이론(1916)은 우리가 상상할 수 있는 것 이상으로 지축을 흔들었던 사건이다. 그 초기에 상대성 이론은 물리학에서 진짜로 검증 가능한 결과를 낳았던 것 이상으로 인문학과 예술에서 그 반향이 더 컸다. 물론 상대성 이론의 천문학적 예측을 검증하기 위한 아서 에딩턴 경의 유명한 탐사가 이루어졌다. 그러나 상대성 이론이 물리학의 많은 영역에서 정말로 중요해진 것은 이후의 일이다.

그리고는 양자혁명이 있었다. 이것 또한 두 단계의 사건이었는데, 첫 번째는 1900년경에 막스 플랑크가 양자(quantum)라는 개념을 도입한 것이었고, 두 번째는 하이젠베르크의 불확정성 원리(uncertainty principle)와 더불어 1926-1927년에 양자 이론이 완성된 것이었다. 상대성 이론과 양자물리학이 결합해서 오래된 과학만이 아니라 근본적인 형이상학까지도 폐기해버렸다. 칸트는 절대적인 뉴턴식의 공간과 한결 같은 인과성의 원리가 인간이 자신이 살고 있는 세계를 이해할 수 있게 해주는 필요조건들, 즉 선험적인 사고의 원리라고 가르쳤다. 물리학은 그가 완전히 틀렸다는 것을 증명했다. 원인과 결과는 그저 외양에 지나지 않으며, 실재의 깊숙한 곳에는 불확정성이 존재했다. 당시 과학에서 혁명은 시대의 질서였다.

쿤 이전에 칼 포퍼(1902-1994)는 가장 영향력 있던 과학철학자였다. 실제 연구를 하는 과학자들이 그를 가장 널리 읽고 어느 정도는 가장 믿을 만하다고 생각했다는 뜻이다.16) 포퍼는 두 번째 양자 혁명 시기에 성년이 되었다. 이 사건은 그에게 과학이, 그의 책 제목 중 하나를 이용해 표현하면, 추측과 논박을 통해서 진행된다는 것을 가르쳤다. 포퍼의 주장에 따르면, 이것은 과학사를 통해서 예시되는 도덕적 방법론이었다. 먼저 우리는 가능한 한 시험할 수 있는 형태로 과감한 추측을 던지고, 필연적으로 그것이 부족하다는 사실을 발견한다. 그것들은 논박되며, 사실에 더 적합한 새로운 추측이 발견되어야 한다. 과학에 대한 이런 지고로 순수한 비전은 20세기의 혁명들 이전에는 생각할 수 없었을 것이다.

혁명에 대한 쿤의 강조는 포퍼의 논박 이후의 다음 단계로 볼 수 있다. 이 둘의 관계에 대한 쿤 자신의 설명이 「발견의 논리, 또는 연구의 심리」라는 논문에 들어 있다.17) 이 두 사람은 물리학을 모든 과학의 원형으로 선택했으며, 상대성 이론과 양자역학의 여파 속에

---

16) 포퍼는 런던에 정착한 빈 사람이었다. 나치의 지배를 벗어났던 다른 독일어권 철학자들 중 미국으로 넘어온 학자들은 미국 철학에 지대한 영향을 미쳤다. 많은 과학철학자들은 포퍼의 간단한 접근에 경멸만을 가지고 있었지만, 포퍼의 주장은 실제 과학자들에게 이해될 수 있었다. Margaret Masterman은 1966년에 이 상황에 대해서 정확히 "실제 과학자들은 이제 포퍼 대신 쿤을 더 많이 읽는다"(60)라고 썼다. "The Nature of a Paradigm," in *Criticism and the Growth of Knowledge*, Imre Lakatos and Alan Musgrave 편 (Cambridge: Cambridge University Press, 1970), 59–90.

17) Kuhn, "Logic of Discovery or Psychology of Research" (1965) in *Criticism and the Growth of Knowledge*, 1–23. 1965년 7월에 Lakatos는 쿤의 『구조』와 당시 Lakatos 그 자신과 파울 파이어아벤트가 속해 있던 포퍼 학파 간의 대면을 위한 학회를 런던에서 조직했다. 학회 이후에 이제는 잊힌 세 권의 논문집들이 바로 출판되었고, "네 번째 권"인 *Criticism and the Growth of Knowledge*는 그 자체로 고전이 되었다. Lakatos는 학회 회보에 학회에서 무슨 일이 있었는가를 담기보다는 학회의 내용을 바탕으로 글이 새롭게 쓰이기를 바랐다. 바로 이 이유와 Lakatos가 본인의 생각을 엄청나게 정교화시키는 작업을 진행했기 때문에 학회가 열린 지 5년이 지나서야 네 번째 권이 완성되었다. 여기에서 언급된 글은 1965년 쿤이 실제로 했던 말을 담은 것이나 마찬가지이다.

서 자신들의 관념들을 발전시켰다. 요즘의 과학은 달라 보인다. 2009년, 다윈의 『종의 기원(*The Origin of Species by Means of Natural Selection*)』의 150주년을 기념하는 기념식은 성대했다. 수많은 서적, 쇼, 페스티벌이 열렸는데, 나는 이것을 구경하던 사람들에게 모든 시대의 과학적 업적을 통틀어서 가장 혁명적인 것이 무엇이었는가를 물어보면, 아마도 이들이 『종의 기원』이라고 답할 것 같다는 생각이 들었다. 그래서 『구조』에 다윈 혁명이 전혀 언급되어 있지 않은 것은 매우 놀랍다. 자연선택은 『구조』의 290-292쪽에 중요한 방식으로 언급되어 있는데, 이는 단지 과학의 발전을 유비적(類比的)으로 표현하기 위한 목적에서였다. 이제 생명과학이 물리학을 밀어내고 과학의 우두머리 자리를 차지한 만큼, 우리는 다윈의 혁명이 쿤의 모형에 얼마나 적합한가를 물어보아야 할 것이다.

마지막으로 주목할 점 하나는 요즘은 **혁명**이라는 단어가 쿤이 마음속에 가졌던 의미와는 상당히 다른 뜻으로 쓰인다는 것이다. 이는 쿤이나 일반 대중을 비판하려는 것이 아니라, 우리가 주의 깊게, 그리고 그가 실제로 말한 것에 주목해서 쿤을 읽어야 한다는 것이다. 요즘은 혁명이 칭찬의 말이다. 모든 새로운 냉장고, 놀라운 새 영화는 혁명적이라고 선언된다. 그래서 이 단어가 거의 쓰이지 않았다는 것을 기억하기는 어렵다. 미국의 미디어에서 (미국 혁명을 거의 잊어버린 채로) 혁명이라는 단어는 칭찬보다는 혐오를 나타냈는데, **혁명적이다**라는 말은 '빨갱이'를 의미했기 때문이다. 나는 요즘 혁명이 단지 유행으로 가치가 떨어진 것에 유감이지만, 이 점이 쿤을 이해하는 것을 조금 더 어렵게 만든다는 것은 사실이다.

정상과학과 퍼즐 풀이(제2-4장)

쿤의 생각은 참으로 놀라운 것이었다. 그는 정상과학이 그 당시 지식의 영역에 남겨져 있는 몇몇 퍼즐들을 푸는 것이라고 생각했다. 퍼즐 풀이는 우리가 의미 있는 일에 몰두하지 않을 때, 스스로를 즐겁게 바쁘게 만들 수 있는 낱말 풀이 퍼즐, 그림 맞추기 퍼즐, 숫자 퍼즐 등을 연상하게 한다. 정상과학이 이렇다는 말인가?

많은 과학 독자들은 약간 충격을 받았지만, 이것이 그들이 매일 작업을 하는 방식이라는 점을 인정하지 않을 수 없었다. 연구 문제들은 진정한 새로움을 만드는 것을 겨냥하지 않는다. 106쪽의 한 문장이 쿤의 교리를 요약해준다. "우리가 방금 살펴본 정상연구의 문제들의 가장 두드러진 특징은 아마도 그 연구가 개념적이거나 현상적으로 중요한 새로운 발견을 얻어내는 것을 거의 목표로 하지 않는다는 점일 것이다." 전문 학술지를 살펴보면, 여러분은 다음의 세 가지 유형의 문제들이 다루어지고 있음을 발견할 것이라고 쿤이 적었다. (1) 중요한 사실의 결정, (2) 사실과 이론의 일치, (3) 이론의 명료화가 그것이다. 조금 더 자세히 이야기하면 아래와 같다.

1. 이론은 특정한 양이나 현상을 적절하지 못하게 기술된 채로 남겨두며, 오직 우리가 무엇을 기대할 수 있는가에 대해서 정성적으로만 지적하는 경우가 많다. 측정이나 다른 과정이 사실을 더 정확하게 결정한다.

2. 알려진 관측 결과가 이론과 정확하게 맞지 않는다. 무엇이 잘못되었는가? 이론을 더 정비하든가 혹은 실험 데이터가 문제가 있음을 밝혀야 한다.

3. 이론은 탄탄한 수학적 정식화의 형태를 하고 있지만, 그 결과를 아직 이해하지 못하고 있을 수 있다. 쿤은 이론에서 암묵적으로 있는 것들을 밖으로 드러내는 과정에 '명료화'라는 적절한 이름을 붙였다. 이는 종종 수학적 분석에 의해서 가능하다.

비록 활동하는 과학자 다수가 그들의 작업이 쿤의 규칙을 확증한다는 데에 동의했지만, 쿤의 규칙이 꼭 맞는 것 같지는 않다. 쿤이 이런 식으로 생각한 이유 중 하나는 그가 (포퍼나 그의 다른 전임자들과 마찬가지로) 과학의 주요 작업을 이론적이라고 보았기 때문이다. 그는 이론을 높이 평가했으며, 비록 실험에 대해서 괜찮은 감각을 가지고 있었지만 실험을 부차적 중요성을 가진 것으로 제시했다. 1980년대 이후에 강조점에서 중요한 전환이 일어나서 역사학자, 사회학자, 철학자들은 점점 더 실험과학에 진지하게 주목하기 시작했다. 피터 갤리슨이 지적했듯이, 과학 연구에는 이론, 실험, 기구라는 세 가지 평행한, 그렇지만 상당 부분 서로에 대해서 독립적인 전통이 있다.[18] 각각의 전통은 나머지 두 전통에 꼭 필요하지만, 각각은 독자적인 삶이 있다고 할 만큼 상당한 독자성을 가지고 있다. 쿤의 이론적인 입장에서는 방대한 실험적이고 기구적인 새로움이 자리를 찾지 못했고, 따라서 정상과학에는, 이론적이지는 않아도, 엄청나게 많은 새로움이 생길 수 있을지 모른다. 기술의 발전과 의학적인 치료를 원하는 일반 대중이 과학을 존경하게 되는 새로운 발견은 이론적인 것이 전혀 아니다. 이것이 쿤의 논평이 방향을 잘못 잡은 것 같은 이유이다.

---

18) Peter Galison, *How Experiments End* (Chicago, IL: University of Chicago Press, 1987).

정상과학에 대한 쿤의 관념 중에서 무엇이 절대적으로 옳고, 무엇이 의심스러운가를 보여주는 최근의 사례는 과학 저널리스트들에 의해서 가장 널리 보도된, 힉스 입자(Higgs particle)를 찾는 고에너지 물리학 연구이다. 이 연구는 믿을 수 없는 정도의 돈과 재능 모두의 보고(寶庫)를 필요로 하는데, 이 모든 것들은 현재의 물리학이 우리에게 가르치는 것, 즉 물질의 존재 그 자체를 만드는 데에 결정적인 역할을 하는 미검출 입자를 검증하는 데에 바쳐지고 있다. 수학에서 공학에 이르기까지 무수히 많은 퍼즐들이 이 과정에서 해결되어야 한다. 한 가지 의미로 여기서는 새로운 종류의 이론이나 심지어 새로운 종류의 현상조차 기대되지 않았다. 이것이 쿤이 옳았던 부분이다. 정상과학은 새로움을 겨냥하지 않는다. 그렇지만 새로움은 이미 확립된 이론을 검증하는 데에서 나온다. 실제로 힉스 입자를 이끌어내는 정확한 조건이 마침내 알려지게 되면, 고에너지 물리학의 완전히 새로운 세대가 시작될 것으로 기대되고 있다.

정상과학을 퍼즐 풀이라고 특징지은 것은 쿤이 정상과학을 중요하지 않다고 생각했다고 비쳐질 수 있다. 반대로 그는 과학 활동이 말할 수 없을 만큼 중요하고, 그 대부분은 정상과학이라고 생각했다. 요즘 쿤의 과학혁명에 대한 생각에 회의적인 과학자들조차 정상과학에 대한 그의 설명에는 큰 존경심을 표시할 정도이다.

패러다임(제5장)

이 요소에는 특별한 관심이 필요한데, 여기에는 두 가지 이유가 있다. 첫 번째로, 쿤은 혼자 힘으로 패러다임이라는 단어가 통용되는 방식을 바꾸어서, 지금의 새로운 독자들은 1962년에 그가 이용할 수 있었던 단어의 뜻과는 매우 다른 뜻을 이 단어에 부여한다. 두 번째로, 쿤이 "후기"에 명확하게 서술했듯이, "공유된 예제로서의 패러다임은 이제 내가 이 책에서 가장 새롭고 사람들이 가장 이해하지 못한 부분이라고 생각하는 핵심 요소이다."(311) 같은 페이지에서 쿤은 패러다임을 대체할 수 있는 가능한 용어로 범례(exemplar)를 제안했다.19) "후기"를 쓰기 바로 전에 쓴 다른 글에서 쿤은 "그 단어에 대한 통제권을 잃었다"라고 토로했다. 나중에 그는 이 단어를 더 이상 쓰지 않았다. 그렇지만 『구조』가 나오고 50년이 되고, 또 숱한 먼지가 이미 다 가라앉은 시점에서 이 책을 읽는 독자들은 기쁜 마음으로 그 중요성을 복원할 수 있기를 나는 희망한다.

책이 출판되고, 책의 독자들은 패러다임이라는 단어가 너무 많은 방식으로 사용되었다고 불평했다. 종종 인용은 되지만 읽은 사람은 거의 없는 글에서, 마거릿 매스터먼은 쿤이 패러다임을 사용했던 21가지의 다른 방식을 발견했다.20) 이런 비판들은 쿤으로 하여금 이

---

19) Kuhn, "Reflections on My Critics," in *Criticism and the Growth of Knowledge*, 272. 같은 제목으로 재출판 *Road since Structure*, 168.

20) Masterman, "Nature of a Paradigm." 이 글은 1966년에 완성되었고 Lakatos의 학회를 위해서 작성되었다(위의 각주 16과 17을 참조). Masterman은 '패러다임'이라는 단어가 사용된 21가지 용례를 나열했고, 쿤은 이상하게도 22가지라고 말한다("Second Thoughts on Paradigms," [1974], in *Essential Tension*, 294). 쿤의 논문 "Reflections on My Critics" (1970) (in *Criticism and the Growth of Knowledge*, 231–278; *Road since Structure*에 재출판, 123–175)은 그가 수십 년간 반복해온 수사를 사용한다. 그는 두 명의 쿤, 즉 쿤1과 쿤2가 있다고 가정을 한다. 쿤1은 바로 쿤 그 자신인데, 가끔씩 그는 쿤1과 다른 의도로 『구조』라는 또다른 책을 쓴 가상적인 인물을 가정해야 한다고 생각했다. 그는 진짜 쿤1인 그 자신의 작업에 대해서 논평하는 Lakatos와 Musgrave, Masterman 중에서 오직 하나의 비평자만을 골라냈다. Masterman은 사납고 신랄하며 인습을 타파하고자 하는 사상가였다. 그녀는 스스로에 대해서 철학적이라기보다는 과학적이라고 묘사했는데, 이때 과학은 물리과학이 아니라 "컴퓨터 과학"에 가까운 것이었다("Nature of a Paradigm," 60). 이에 비견할 만큼 영향력 있는 비평은 쿤이 세심한 관심을 기울였던 Dudley Shapere의 것이 있다("The Structure

개념을 좀더 분명히 하도록 재촉했다. 그 결과는 「패러다임에 관한 재고」라는 글이었다. 그는 이 단어의 두 가지 기본적인 사용법, 즉 "광범위한" 패러다임과 "국소적인" 패러다임을 구분했다. 국소적 용법에 대해서 쿤은 "물론 이것이 내게 그 용어를 채택하게 만든 표준적 예제로서의 '패러다임'이라는 뜻이다"라고 썼다. 그리고 그는 독자들 대부분이 그가 의도했던 것보다 훨씬 더 광범위한 의미로 이를 사용했다고 하면서, "나는 철학적으로 더 적절한 단 하나의 용법, 즉 '패러다임'의 원래의 용법을 다시 탈환하는 일이 거의 가능성이 없다고 본다"라고 했다.21) 아마 이것은 1974년에는 참이었을 것이다. 그러나 50주년을 맞는 지금, 우리는 1962년에 의도한 용법으로 돌아갈 수 있다고 본다. 광범위한 용법과 국소적인 용법에 대해서 다시 이야기하기에 앞서 나는 약간의 탈환에 대해서 언급을 하겠다.

요즘 패러다임 전환과 더불어 패러다임이라는 단어는 당혹스러울 정도로 모든 곳에 존재한다. 쿤이 책을 썼을 당시에는, 이 단어를 접한 사람조차 거의 없었다. 「뉴요커(*New Yorker*)」는 당시 유행에 놀라고 또 재미있어하면서 이를 만평에서 조롱했다. 이 만화에서는 맨해튼의 칵테일파티에서 판탈롱을 입은 풍만한 젊은 여성이 히피가 되려고 하는 머리가 벗겨진 남성에게 "굉장하네요, 거스턴 씨. 당신은 내가 실생활에서 '패러다임'이란 말을 쓴 것을 들은 첫 번째 사람이네요"라고 말한다.22) 요즘은 이 거지같은 단어를 듣지 않고

---

of Scientific Revolutions," *Philosophical Review* 73 [1964]: 383–394). Masterman과 Shapere의 두 논평은 패러다임이라는 관념의 모호함에 초점을 두고 있다는 점에서 볼 때, 핵심을 제대로 짚었다고 나는 생각한다. 공약불가능성에 대한 집착은 이후의 비평가들에게 남겨졌다.

21) Kuhn, "Second Thoughts on Paradigms," 307n16.

22) Lee Rafferty, *New Yorker*, December 9, 1974. 쿤은 몇 년 동안 이 만화를 그의 벽난로 선반에 올려두었다. 이 잡지는 1995년과 2001년, 최근에는 2009년에까지

사는 것이 거의 불가능한데, 이것이 쿤이 1970년에 이 단어에 대한 통제권을 잃었다고 한 이유이다.

이제 과거로 돌아가보자. 그리스 단어 paradeigma는 아리스토텔레스의 논증 이론, 특히 『수사학(*Rhetoric*)』이라고 불린 책에서 매우 중요한 역할을 수행했다. 이 책은 웅변가와 청중이라는 두 그룹 사이의 실제적인 논증에 대한 책인데, 이 두 그룹은 수많은 믿음을 공유하고 있지만 이에 대해서 여기에서 자세히 언급할 필요는 없다. 우리가 쓰는 패러다임의 고대어에 대한 영문 번역은 대개 **사례(example)**로 번역되는데, 아리스토텔레스는 이보다는 가장 뛰어나고 가장 모범이 되는 사례라는 **범례(exemplar)**에 좀더 가까운 뜻으로 이를 사용했다. 그는 두 가지 유형의 논증이 가능하다고 생각했다. 한 가지 종류는 근본적으로 연역적인 것인데, 여기에는 설명되지 않은 숱한 전제들이 필요했다. 두 번째는 근본적으로 유비적인 것이었다.

두 번째 종류의 논증에서는 무엇인가가 논쟁의 대상이 된다. 여기에 아리스토텔레스가 든 한 가지 사례가 있는데, 여러분은 이 상황을 아리스토텔레스가 살았던 도시국가의 상태에서 지금의 민족국가의 상태로 쉽게 경신할 수 있을 것이다. 아테네 사람들은 이웃인 테베 사람들과 전쟁을 해야 할 것인가? 아니다. 테베 사람들이 그들의 이웃인 포시 사람들과 전쟁을 하는 것은 악한 짓이다. 아테네 청중들 모두는 이에 동의하며, 바로 이런 사례가 패러다임이다. 지금 논쟁의 대상이 되는 상황은 정확하게 유비적이다. 따라서 우리가 테베 사람들과 전쟁을 하는 것도 악한 짓이다.[23]

패러다임 전환을 풍자하는 만화를 실었다.

23) Aristotle, *Prior Analytics*, book 2, 24장 (69a1). 패러다임에 대한 가장 광범위한 논의는 *Rhetoric*에 있다(예를 들면, 묘사를 위해서는 book 1, 2장[1356b]을 보고, 또 다른 근사적 예시를 위해서는 book2, 20장[1393a–b]을 참조). 나는 단지 이 견해가

일반론은 다음과 같다. 무엇인가가 논쟁의 대상이 되고 있다. 누군가가 청중의 거의 모든 사람들이 동의할 만큼 설득력 있는 사례, 즉 패러다임을 제시한다. 이 함의는 지금 논쟁이 되는 것도 "이와 똑같다"는 것이다.

아리스토텔레스의 paradeigma는 라틴어로는 exemplum으로 번역되었는데, 이 후자의 단어는 중세와 르네상스 시기의 논증 이론에서 나름대로의 진전을 보였다. 그렇지만 패러다임(paradigm)이라는 단어도 현대 유럽 언어에서 계속 살아남았는데, 이 단어는 이것이 원래 사용되던 수사학과는 상당 부분 분리되었다. 이것은 표준적인 모델을 따르거나 모방하는 상황을 기술하는 매우 제한적인 용법만을 가지게 되었다. 학생들이 라틴어를 배울 때, 사랑하다(love)는 동사의 활용을 배우게 되는데, "나는 사랑한다", "너는 사랑한다", "그는/그녀는/그것은 사랑한다"는 동사의 활용은 라틴어에서 amo, amas, amat이다. 이것이 패러다임이었다. 다른 동사의 경우에도 비슷하게 이를 모방하면 된다. 패러다임이라는 단어는 이렇게 주로 문법학에서 사용되었지만, 그것은 항상 은유적인 표현으로도 쓰였다. 그러나 영어에서는 은유적인 표현으로서의 패러다임이 널리 사용되지는 않았던 반면, 독일어에서는 이 단어가 더 일반적으로 사용된 듯하다. 1930년대에 빈 서클처럼 영향력 있는 철학 그룹의 모리츠 슐리크나 오토 노이라트 같은 구성원들은 이 독일어 단어를 그들의 저작에서 편안하게 사용했다.[24] 쿤은 아마 이를 몰랐을 것이다. 그러나 빈 서클과 미국으로 이주한 다른 독일어권 철학자들의

오래되었음을 지적하기 위해서 아리스토텔레스를 단순화했다.

24) 나는 이 정보를 Stefano Gattei, *Thomas Kuhn's "Linguistic Turn" and the Legacy of Logical Positivism*, (Aldershot, UK: Ashgate, 2008), 19n65에 빚을 졌다.

철학은 쿤이, 그의 표현을 빌리면, "지적(知的)으로 영향을 받은" 과학철학이었다.

『구조』가 무르익을 시기에, 영어권의 몇몇 분석철학자들이 이 단어를 사용했다. 이는 부분적으로는 1930년대에 루트비히 비트겐슈타인이 케임브리지 대학교의 강의에서 이 단어를 자주 사용했기 때문이다. 비트겐슈타인의 케임브리지 강의들은 그의 마법에 빠져 있던 사람들에 의해서 강박적일 정도로 논의되었다. 이 단어는 그의 『철학적 탐구(*Philosophical Investigations*)』(1953년에 출판된 또다른 위대한 책)에서 여러 차례 등장한다. 이 단어가 처음 등장하는 곳(§20)에서 그는 "우리의 문법의 패러다임"이라는 말을 쓴다. 그러나 비트겐슈타인의 문법에 대한 관념은 일반적인 용법보다는 훨씬 더 포괄적이다. 그는 나중에 이 단어를 "언어 게임(language-game)"과 결부시켜서 사용했는데, 언어 게임이라는 말은 원래 모호한 독일어 구절이었지만, 그가 우리의 문화 일반의 한 부분으로 만들어 버린 것이었다.

나는 쿤이 언제 처음으로 비트겐슈타인을 읽었는지는 잘 모른다. 그렇지만 하버드와 버클리에서 그는 놀라울 정도로 독창적인 사상가이자, 비트겐슈타인에 깊이 몰입해 있던 스탠리 카벨과 많은 대화를 나누었다. 이들 모두는 각자의 인생에서 바로 그 시점에 지적인 태도와 문제를 공유한 것의 중요성을 인식했다.[25] 그리고 **패러다임**은 이들의 토론에서 분명하게 문제로 드러났다.[26]

같은 시기에 몇몇 영국 철학자들은 행복하게 짧게 살다간 "패러

---

25) Cavell에 대한 쿤의 감사를 확인하기 위해서는 다음을 참조. Kuhn, *Structure*, xlv. 몇몇 대화들에 대한 기억을 위해서는 다음을 참조. Stanley Cavell, *Little Did I Know: Excerpts from Memory*, (Stanford, CA: Stanford University Press, 2010).

26) Cavell, *Little Did I Know*, 354.

다임 사례 논증(paradigm-case argument)"이라는 이름을 사용했는데, 내 생각으로는 1957년의 일이었다. 이는 꽤나 토론이 되었는데, 그 이유는 이것이 여러 종류의 철학적 회의론에 반대하는 새롭고 일반적인 논증을 제공하는 것처럼 보였기 때문이다. 여기에 이런 논증의 괜찮은 패러디 하나를 소개하겠다. 우리는 (예를 들면) 자유의지가 없다고 말할 수 없는데, 왜냐하면 우리는 "자유의지"라는 것을 여러 사례들로부터 배워야 했기 때문이다. 여기에서 이런 사례들이 패러다임들이다. 우리는 존재하는 패러다임으로부터 그 표현을 배운 것이기 때문에, 자유의지는 존재한다.27) 즉 쿤이 『구조』를 쓸 바로 그 무렵에는 패러다임이라는 말이 전문가들 사이에서는 상당히 회자되고 있었다.28)

그 단어는 붙잡을 거리에 있었고, 쿤은 그것을 붙잡았다.

여러분들은 74쪽에서 이 단어가 처음으로 도입된 것을 보게 되는데, 그 부분은 제2장 "정상과학에로의 길"의 첫 부분이다. 정상과학은 과학자 공동체에 의해서 인식된 선행되는 과학적 성취에 근거한다. 1974년에 쓴 「패러다임에 관한 재고」에서, 쿤은 『구조』에서 패러다임이 과학자 공동체와 함께 도입되었음을 다시 강조했다.29) 이

---

27) 비록 몇몇은 이 주장을 비트겐슈타인의 것이라고 돌리지만, 비트겐슈타인은 이것을 멀리 했을 것이며, 나쁜 철학의 패러다임이라고 간주했을 것임을 강조해야겠다.

28) 권위 있는 *Encyclopedia of Philosophy* (1967)는 6장에 걸쳐 신중하고 많은 정보를 주며 패러다임 사례 논증을 다룬다. Keith S. Donellan, "Paradigm-Case Argument," *The Encyclopedia of Philosophy*, Paul Edwards 편 (New York: Macmillan & The Free Press, 1967), 6: 39–44. 이 논증은 이제 어디서도 찾아볼 수 없다. 온라인 *Stanford Encyclopedia of Philosophy*의 모든 것을 망라한 페이지 어디에서도 이 논증을 언급하지 않는다.

29) 쿤이 시도한 분석의 많은 부분은 1935년 쿤보다 더 급진적일 수 있는 과학에 대한 분석을 출판한 Ludwik Fleck(1896–1961)에 의해서 미리 제시되었다. *Genesis and Development of a Scientific Fact*, Fred Bradley and Thaddeus J. Trenn 역 (Chicago,

성취는 해야 하는 작업, 물어야 하는 질문, 성공적인 응용, 그리고 "모범이 되는 관찰과 실험"의 범례로 기능한다.30)

73쪽에서 이런 성취의 사례들이 뉴턴이나 그와 비슷한 영웅적인 규모로 등장한다. 이후에 쿤은 점차 작은 수의 연구자들이 속하는 규모가 작은 사건들에 관심을 두었다. 유전학, 응집물질(고체) 물리학 같은 사례들은 매우 큰 과학자 공동체를 가지는 경우이다. 그렇지만 이런 공동체 속에는 더 작은 그룹들이 존재하며, 궁극적으로 그의 분석은 "대략 100명이나 그보다 훨씬 더 작은 수의 구성원을 가진 공동체들"에 적용된다.31) 각각의 공동체는 독자적인 공약들, 즉 어떻게 연구를 진행하는가에 대한 고유한 모델을 가지고 있어야 한다.

게다가 패러다임이 되는 성취는 그저 두드러진 것만은 아니다.

1. 그것들은 현재 진행되는 상황에서 "끈질긴 옹호자들의 집단을 떼어내어 유인할 만큼 충분한 전례가 없어야 하며," 그리고
2. 그것들은 "재편된 연구자들의 집단이 해결하도록" 수많은 문제를 던져주는 방식으로 열려 있어야 한다.

IL: University of Chicago Press, 1979). "사고 스타일(thought-style)과 사고 집합체(thought-collective)에 대한 이론 입문"이라는 독일어로 된 부제는 영어 번역에서 빠졌다. 쿤의 과학자 공동체는 이제 많은 사람들이 패러다임과 유사하다고 생각하는 "사고 스타일"로 특징지어진 플렉의 "사고 집합체" 개념과 맞아떨어진다. 쿤은 플렉의 글에 대해서 "나 자신의 개념들 중 많은 부분을 예견했다"(*Structure*, 53)라고 언급했다. 쿤은 플렉의 책을 마침내 영어로 번역하는 데에 기여했다. 말년에 쿤은 공동체가 아니라 개개인의 마음에 내적으로 존재한다는 "사고(thought)"에 대한 플렉의 글이 싫어졌다고 말했다("Discussion with Thomas S. Kuhn," 283).

30) Kuhn, *Essential Tension*, 284.

31) Kuhn, "Second Thoughts on Paradigms," 297.

쿤은 다음과 같이 결론지었다. "이 두 가지 특성을 띠는 성취를 이제 부터 '패러다임'이라고 부르기로 한다."(74쪽)

법칙, 이론, 응용, 실험, 기구 등을 포함한 과학적 실행의 수용된 사례들은 통일된 전통을 형성하며, 무엇보다 과학자 공동체를 만드는 공약의 기능을 한다. 지금 막 인용한 몇몇 문장들은 『구조』의 근본적인 개념들을 구성한다. 패러다임은 정상과학에 핵심적으로 중요하며, 과학자 공동체에 의해서 수행되는 정상과학은 전통에 의해서 인지된 방법들(법칙, 기구 등)을 사용해서 연구 결과를 낳을 수 있는 열린 문제들이 풍부하게 있는 한 지속된다. 76쪽의 마지막까지 쿤은 아무 문제없이 나아간다. 정상과학은 패러다임에 의해서 특징지어지며, 패러다임은 공동체가 해결하는 퍼즐과 문제들을 정당화한다. 이 모든 것은 패러다임에 의해서 정당화된 방법이 일군의 변칙현상을 해결할 수 없을 때까지는 잘 작동한다. 이렇게 되면 위기가 생기고, 이 위기는 새로운 성취가 연구의 방향을 재설정하고 새 패러다임으로 기능할 때까지 지속된다. 이것이 패러다임 전환이다(독자들은 책에서 그가 더 자주 "패러다임의 변화"를 이야기하고 있음을 발견할 것이다. 그러나 전환이 더 인기가 있다는 것이 밝혀졌다).

이 책을 계속 읽다 보면, 이 깔끔한 생각이 점점 더 모호해지는 것을 발견할 것인데, 여기에는 처음부터 문제가 있었다. 자연적인 유비(類比)와 유사성은 거의 모든 항목의 그룹에서 발견될 수 있다. 그리고 패러다임은 그저 하나의 성취가 아니라 그에 근거해서 미래의 실행을 모형화할 수 있는 특정한 방법이다. 『구조』에서 패러다임이 21가지의 서로 다른 의미로 사용되었다고 지적한 뒤에 매스터먼이 (아마 첫 번째로) 주목했듯이, 우리는 유비라는 관념을 재검토해야만 할 것이다.32) 어떻게 하나의 성취에 근거해서 공동체가 특정한 방식으로 연구를 하는 것을 지속할 수 있는가? 언제나처럼 쿤은 「패러다임에 관한 재고」에서도 신선한 방식으로 이에 대해서 답을 했다. 그는 "과학 교과서의 마지막에 나오는 연습문제들의 주요 기능은 무엇인가? 학생들이 이를 풀면서 배우는 것은 무엇인가?"라고 물었다.33) 그가 말하듯이 「패러다임에 관한 재고」의 대부분은 이 예기치 않은 질문에 맞추어져 있다. 그 이유는 이것이 어떤 성취에 근거해서 전통이 가능하게 하는 자연적인 유비가 엄청나게 많을 수 있다는 문제에 대한 그의 핵심적인 답변이 될 수 있기 때문이었다. 여기에서 잠깐 그가 어렸을 때 배운 물리학과 수학의 교과서를 생각하고 있었지, 생물학 교과서를 생각하고 있었던 것은 아니라는 점에 주목할 필요가 있다.

과학도는 "외견상으로는 공통점이 없는 문제들 사이에 유사성을 보는 능력"을 습득해야 한다.34) 교과서는 숱한 사실과 테크닉을 물론 제공한다. 그렇지만 이것들이 과학자를 만드는 것은 아니다. 과학도는 법칙이나 이론에 의해서 교육되는 것이 아니라, 각 장의 마지막에 나오는 문제를 풀면서 교육된다. 과학도는 외견상으로는 무관해 보이는 이런 문제들의 그룹이 비슷한 테크닉을 사용해서 해결될 수 있다는 것을 배워야 한다. 이런 문제를 풀 때, 과학도는 "올바른" 유사성을 사용해서 연구하는 방법을 파악해야 한다. "과학도는 그의 문제를 그가 이전에 이미 겪었던 문제와 비슷하다는 것을 발견하는 방법을 찾아야 한다. 이 유사성, 또는 유비가 보이면, 이제는

---

32) Masterman, "Nature of a Paradigm."

33) Kuhn, "Second Thoughts on Paradigms," 301.

34) 같은 글, 306.

오직 조작상의 어려움만이 남는다."[35]

"각 장의 마지막에 나오는 문제"라는 핵심적인 주제를 다루기 전에, 쿤은「패러다임에 관한 재고」에서 그가 패러다임이라는 단어의 사용에 너무 관대했다는 점을 인정했다. 그래서 그는 패러다임의 두 가지 용법의 집합들을 구분했는데, 그 하나가 광범위한 용법이고, 다른 하나가 국소적인 용법이었다. 국소적인 용법은 다양한 유형의 범례들을 의미했다. 광범위한 용법은 우선 과학자 공동체라는 개념에 초점을 맞추고 있다.

1974년에 이 논문을 출판하면서 쿤은 1960년대에 발전한 과학사회학의 연구들이 과학자 공동체를 구별할 수 있는 날카로운 경험적인 도구를 제공했다고 말할 수 있었다. 과학자 공동체가 무엇인가에 대해서는 의문의 여지가 없다. 문제는 무엇이 그 구성원들을 묶어서 같은 전문 분야에서 일을 하게 만드는가라는 것이다. 그가 지적하지는 않았지만, 이 문제는 공유된 의식을 가진 모든 그룹에 대해서 제기될 수 있는 근본적인 사회학적 질문인데, 이는 그 그룹이 크건 작건, 정치적, 종교적, 인종적 그룹이건, 혹은 그저 청소년들의 축구 모임이거나 휠체어에 앉은 노인에게 음식을 날라다주는 자원봉사이건 간에 마찬가지로 적용되는 질문이다. 무엇이 그 그룹을 그룹으로 묶어주는가? 무엇이 하나의 그룹을 여러 분파로 쪼개거나 혹은 아예 해체시키는가? 쿤은 패러다임으로 이에 대해서 답을 했다.

"어떤 공유된 요소가 전문가들의 소통을 상대적으로 아무런 문제가 없이 만들며, 전문가들의 판단을 상대적으로 만장일치로 만드는 데에 관여하는가? 이 질문에 대해서『과학혁명의 구조』는 그 답을

---

35) 같은 글, 305.

'패러다임' 혹은 '패러다임들의 집합'에서 찾았다."[36] 이것이 패러다임이라는 단어의 광범위한 의미이며, 이는 다양한 공약들과 실행들로 이루어져 있는데 그중에서도 쿤은 상징적 일반화, 모델, 범례를 특히 강조했다. 이 모든 것은 『구조』에서 암시되어 있었지만 충분히 발전되지는 못했다. 여러분은 이 책을 넘기면서 이런 개념을 어떻게 발전시킬 수 있는지 살펴볼 수도 있을 것이다. 우리는 패러다임이 위기에 의해서 위협을 받을 때에 공동체 그 자체가 흔들리는 방식을 강조할 수도 있을 것이다. 173-174쪽에 볼프강 파울리의 감동적인 이야기가 인용되어 있는데, 이 이야기는 파울리가 하이젠베르크의 행렬역학(matrix mechanics)이 나오기 몇 달 전과 몇 달 후에 각각 한 것이다. 몇 달 전에 파울리는 물리학이 붕괴되고 있으며 그가 다른 직업에 종사했기를 바란다고 썼다. 불과 몇 달 후에, 앞길은 명확해졌다. 많은 이들이 같은 느낌을 가지며, 위기의 정점에서 패러다임이 도전을 받으면서 공동체는 조각이 난다.

「패러다임에 관한 재고」에는 급진적인 두 번째 생각 하나가 각주에 들어 있다.[37] 『구조』에서 정상과학은 패러다임으로 역할을 할 수 있는 성취와 함께 출발한다. 그 이전에는 사변적인 전(前)패러다임(pre-paradigm) 시기가 있을 뿐인데, 예를 들면 "제2차 과학혁명"이 패러다임을 가져다주기 전에 열, 자기, 전기와 같은 현상에 대한 초기의 논의들이 이에 해당된다. 열에 대한 베이컨의 논의에는 태양에 대한 논의와 썩고 있는 인분에 대한 논의가 같이 등장한다. 당시에는 사물을 분류할 방법이 전혀 없었고, 연구해야 할 문제가 무엇인지에 대한 합의도 없었는데, 그 이유는 패러다임이 없었

---

36) 같은 글, 297.
37) 같은 글, 295n4.

기 때문이다.

「재고」 논문의 각주 4에서 쿤은 자신의 이전 주장을 완전히 철회했다. 쿤은 이것이 특정한 과학의 발전에서 초기와 후기를 구별하려는 목적으로 그가 '패러다임'이라는 단어를 사용한 가장 끔직한 결과라고 불렀다. 물론 베이컨의 시기와 줄의 시기에 열에 대한 연구에는 차이가 있었지만, 쿤은 이제 그것이 패러다임의 존재나 부재 때문은 아니라고 주장했다. "패러다임이 무엇이던 간에 그것은 모든 과학자 공동체가 가지고 있는 것인데, 이 공동체에는 소위 전패러다임 시기의 여러 학파들이 포함된다."[38] 『구조』에서 전패러다임의 역할은 정상과학의 출범에만 국한된 것은 아니었고, 책 전체를 통해서 여러 번 등장했다(심지어 275쪽에 이르기까지). 이 부분들은 쿤의 이런 철회에 비추어 다시 쓰여야 할 것처럼 보인다. 여러분은 이것이 가장 좋은 방식인지 결정해볼 수 있을 것이다. 두 번째 생각이 첫 번째 생각보다 더 좋기만 하리라는 법은 없다.

변칙(제6장)

제6장의 제목 전체는 "변칙현상 그리고 과학적 발견의 출현"이다. 제7장은 유사한 제목을 가지고 있는데, 그것은 "위기 그리고 과학 이론의 출현"이다. 이러한 오래된 짝짓기는 과학에 대한 쿤의 설명에서 매우 중요하다.

정상과학은 새로움을 겨냥하지 않으며, 현상태를 분명하게 해주는 것을 목표로 한다. 정상과학은 그것이 발견하도록 예상된 것들을 발견하는 경향이 있다. 발견은 잘 되고 있을 때가 아니라 무엇인

---

38) 같은 글.

가가 잘 되지 않을 때 나타나는데, 이것이 예상과 어긋나는 새로움이다. 간단히 말해서, 예상에 반하는 변칙현상인 것이다.

변칙현상을 의미하는 영어 단어인 anomaly에서 a는 '부정'의 의미이다. 비도덕적인(amoral), 무신론자(atheist)에서 사용되는 a이다. nom은 그리스어로 법을 의미하는 단어에서 유래했다. 변칙현상은 법과 같은 규칙성에 반하는 것으로, 더 일반적으로는 우리가 예상한 것에 반하는 것을 말한다. 우리가 보았듯이 포퍼는 논박을 그의 철학의 핵심으로 만들었다. 쿤은 단순한 논박과 같은 것은 거의 존재하지 않는다는 이야기를 하기 위해서 많은 노력을 기울였다. 우리는 기대한 것을 보려는 경향이 있으며, 이는 그것이 거기에 존재하지 않는 경우에도 그러하다. 변칙현상이 그 자체로서, 즉 확립된 질서에 반하는 것으로 인식되는 데에 종종 오랜 시간이 필요하다.

모든 변칙현상이 문제가 되는 것은 아니다. 1827년 로버트 브라운은 현미경을 통해서 본 꽃가루들이 툭툭 떨면서 움직이는 것을 발견했다. 이것은 분자의 운동 이론에 편입되기 이전까지는 이해할 수 없었던 외떨어진 현상이었다. 일단 이해가 된 뒤에 이 운동은 분자 이론을 지지하는 강력한 증거가 되었지만, 그 이전에는 단지 호기심의 대상일 뿐이었다. 이론에는 어긋나지만 그냥 옆으로 밀려버린 숱한 현상들에 대해서도 같은 이야기를 할 수 있다. 이론과 데이터 사이에는 항상 균열들이 있으며, 그중 상당수는 그 균열이 꽤 크다. 어떤 것을, 그저 시간이 가면 해결될 균열이 아니라 설명해야 하는 변칙현상으로 인식하는 것은, 단순한 논박이 아니라 그 자체가 복잡한 역사적 과정인 것이다.

위기(제7-8장)

위기와 이론의 변화는 함께 진행된다. 변칙현상들은 치유할 수 없는 것이 된다. 아무리 땜질을 해도 그것들을 확립된 과학에 맞출 수는 없다. 그렇지만 쿤은 이것이 그 자체로 기존의 이론을 부정하는 것으로 이끌지는 않는다는 데에 확고했다. "하나의 패러다임을 거부하는 결단은 언제나 그와 동시에 다른 것을 수용하는 결단이 되며, 그 결정으로까지 이끌어가는 판단은 패러다임과 자연의 비교 그리고 패러다임끼리의 비교라는 두 가지를 포함한다."(165) 심지어 더 강한 진술도 167쪽에서 나타난다. "그와 동시에 새로운 것으로 대체하지 않은 채로 하나의 패러다임을 파기하는 것은 과학 자체를 포기하는 것이다."

위기는 정상연구가 아닌 비정상연구(extraordinary research)의 시기를 포함하게 되는데, 이 시기 동안에는 "경쟁적인 명료화의 남발, 무엇이든 해보려는 의지, 명백한 불만의 표현, 철학에의 의존과 기본 요소에 관한 논쟁"(183) 등이 등장한다. 이러한 요동 속에서 새로운 아이디어, 새로운 방법, 그리고 최종적으로 새로운 이론이 등장한다. 쿤은 제9장에서 과학혁명의 필연성에 대해서 논한다. 그는 이러한 변칙현상, 위기, 그리고 새로운 패러다임의 패턴이 없다면, 우리는 진흙 속에 빠져버린 것과 비슷하다는 점을 주장하려는 듯하다. 쿤에게 새로움이란 과학의 품질을 증명하는 증명서이며, 혁명이 없다면 과학은 퇴화할 것이다. 여러분은 과연 그가 이 점에서 옳았는지를 고려해보고 싶어할지도 모른다. 과학사에서 찾을 수 있는 모든 심원한 새로움들이 『구조』에서 제시한 구조를 가진 혁명을 통해서만 나타나는가? 아마 모든 새로움은, 현대 광고의 용어를 빌리면,

전부 "혁명적이다." 의문은 『구조』가 이것들이 어떻게 발생하는가를 이해하기 위한 올바른 틀인가 하는 것이다.

세계관의 변화(제10장)

대부분의 사람들은 공동체나 개인의 세계관이 시간에 따라서 변화한다는 관념에 거부감이 없을 것이다. 아마 사람들은 기껏해야 과도하게 웅장한 세계관(world view)이라는 표현에 만족하지 못할 정도일 텐데, 이 세계관이라는 표현은 거의 영어 단어라고 할 수 있는 독일어 Weltanschauung으로부터 유래되었다. 물론 관념, 지식, 연구 프로젝트의 혁명으로서 패러다임의 전환이 있었다면, 우리가 사는 세계가 어떤 것인가에 대한 사람들의 비전이 변할 수 있다. 신중한 사람들은 세계에 대한 우리의 비전이 변했지만 세계는 그대로라고 기꺼이 말할 것이다.

쿤은 무엇인가 더 흥미로운 이야기를 하려고 했다. 혁명 이후, 변화된 분야에서 일하는 과학자들은 다른 세상에서 일을 한다는 것이다. 여러분들 중에서 더 신중한 사람들은 이것이 은유에 불과하다고 생각할 것이다. 글자 그대로 말해서, 오직 하나의 세계만이 존재하고, 이는 과거와 현재에 항상 같은 세계이다. 우리는 미래에 더 좋은 세계를 바라지만, 분석철학자들이 선호하는 엄밀한 의미로 말한다면, 이것은 같은 세계이며 단지 향상된 세계일 뿐이다. 유럽의 항해사들이 판을 치던 시기에 탐험가들은 그들이 뉴(new)프랑스, 뉴잉글랜드, 노바 스코티아(뉴스코틀랜드라는 뜻/역주), 뉴기니라고 명명한 지역을 발견했다. 물론 이 지역들은 구(舊)프랑스, 구잉글랜드, 또는 구스코틀랜드는 아니다. 우리는 이런 지리학적이고 문화적인 의미에서 오래된 세계와 새로운 세계에 대해서 이야기하지만, 세계 전체나 모든 것을 생각하면, 세계는 오직 하나이다. 물론 많은 세계가 존재할 수 있다. 나는 오페라 프리마돈나나 인기 래퍼가 사는 세계와는 다른 세계에서 살고 있다. 우리가 다른 세계에 대해서 이야기하기 시작하면, 분명히 혼란의 여지가 매우 커진다. 온갖 다른 이야기들이 나올 수도 있다.

"세계관의 변화로서의 혁명"이라는 제목이 붙은 제10장에서 쿤은 내가 "시험"의 양식이라고 이름 붙인 방식으로 이 은유를 해결하려고 애쓰는데, 시험의 양식이란 이런저런 것을 주장하는 대신에 "우리는 이런저런 것을 말하고 싶을지도 모른다"라고 하는 것이다. 그렇지만 쿤은 내가 위에서 언급한 은유들 이상을 의미했다.

1. "우리는 코페르니쿠스 이후의 천문학자들이 전과는 다른 세계에서 살게 되었다고 말하고 싶을 수도 있다."(217)
2. "산소를 발견한 후에 라부아지에는 전혀 다른 세계에서 연구를 했다고 말할 수 있다."(219)
3. "이 작업이 이루어졌을 때에는……데이터 자체도 변화되었다. 이것이 혁명 이후 과학자들이 상이한 세계에서 일하게 된다고 말하고 싶어할 수도 있는 마지막 의미이다."(241)

첫 번째 인용에서 그는 천문학자들이 "옛 대상을 옛 기기로 관측하면서"(217) 새로운 현상을 얼마나 쉽게 발견할 수 있는가에 큰 인상을 받는다.

두 번째 인용에서 그는 애매한 태도를 취한다. "그가 '달리 보았던' 자연이 고정된 것이라고 가설적으로 생각할 근거가 없는 상황에서," 우리는 "라부아지에는 전혀 다른 세계에서 연구를 했다"라고 말하고 싶을지도 모른다는 것이다. 여기서 (나 같은) 고루한 비평가는 우리에게 "고정된 자연" 같은 것은 불필요하다고 할 것이다. 실제로 자연은 항상 요동을 친다. 내가 정원에서 힘겹게 일을 할 때, 5분 전의 자연은 지금의 자연과 같지 않다. 잡초를 뽑아버렸기 때문이다. 그렇지만 내가 정원 일을 하는 세상 하나가 존재하며, 이 세상이 라부아지에가 기요틴(guillotine)에서 목이 잘린 세상과 같은 세상이라는 것은 "가설"이 아니다(그의 세상은 얼마나 다른 세상이었나!). 나는 여러분들이 얼마나 혼동되는 것에 도달할 수 있는지를 알았으면 한다.

세 번째 인용과 관련해서 쿤은 그가 의미한 것이, 연관이 전혀 없는 것은 아니지만, 더 좋은 데이터를 제공하는 더 복잡하고 정확한 실험을 의미한 것은 아니라고 설명했다. 문제가 된 주제는 단순 혼합물과는 달리 화합물을 만들 때, 원소들이 일정 성분비로 결합한다는 돌턴의 주장이었다. 오랫동안 이 주장은 당시 가장 뛰어난 화학 분석과는 잘 맞지 않았다. 물론, 물질의 결합이 대략 일정 성분비가 되지 않으면, 그것은 화학적 과정이 아니라는 식으로 개념이 변해야 했다. 모든 것을 들어맞게 하기 위해서 화학자들은 "자연을 두들겨서 줄을 맞추는 과정을 밟아야 했다."(241) 이것은 정말로 세계가 변하는 것처럼 들리는데, 그럼에도 불구하고 우리는 화학자들이 실험했던 원소들이 지구가 식기 시작한 이래 지구상에 존재했던 원소들과 동일한 것이 아니었던가라고 말하고 싶어질지도 모른다.

이 장을 읽으면서 쿤이 무엇을 이야기하려는지가 분명해진다. 그러나 독자는 그의 생각을 드러내는 데에 어떤 형태의 단어가 적합한지를 판단해야 할 것이다. "네가 무엇을 말하는지를 안다면 하고 싶은 말을 하라"라는 격언이 적절해 보인다. 그렇지만 완전히 적절한 것 같지는 않다. 신중한 사람은 한 분야에서의 혁명 이후에 과학자는 세계를 다르게 보고, 과학이 어떻게 작동하는가에 대한 다른 느낌을 가지고, 다른 현상을 관찰하고, 새로운 어려움에 당혹해하고, 그 세계와 새로운 방식으로 상호작용한다고 생각할 것이다. 쿤은 냉정하게 인쇄된 형태로 라부아지에(1743–1794) 이후에 화학자들은 다른 세상에 살았다거나, 돌턴(1766–1844) 이후에 또다른 세상에 살았다고 주장한 적은 결코 없었다.

공약불가능성

다른 세계와 관련해서는 큰 논란이 없었지만, 이와 밀접하게 연관된 주제 하나는 태풍과 같은 논쟁을 몰고 왔다. 『구조』를 쓰는 동안에 쿤은 버클리에 있었다. 나는 스탠리 카벨이 가까운 동료였음을 이미 밝혔다. 거기에는 또 우상 파괴자인 파울 파이어아벤트가 있었는데, 그는 『방법에의 도전(*Against Method*)』(1975)과 과학연구에서 그의 무정부주의에 대한 명백한 옹호로("무엇이든 좋다 [anything goes]") 가장 잘 알려진 사람이었다. 쿤과 파이어아벤트 두 사람은 **공약불가능한**(incommensurable)이라는 단어를 꺼내놓았다. 이들 각각은 다른 사람이 잠깐 동안 유사한 길을 가고 있다는 사실에 즐거워했던 것 같지만, 이후로는 이들의 길은 멀어졌다. 그러나 그 결과는 혁명 이전과 이후의 과학적 이론들이 서로 비교될 수 있는가에 대한 엄청난 철학적 난투를 낳았다. 나는 파이어아벤트의 화려한 진술들이 쿤이 말한 어떤 것보다도 논쟁에 불을 지폈다고 확신한다. 반면에 파이어아벤트는 이 주제를 단념했지만, 쿤은 말년까지 이 문제에 몰입했다.

　아마 공약불가능성에 대한 논쟁은 쿤이 『구조』를 쓸 당시에 정통 과학철학으로 유행하던 논리경험주의라는 배경하에서 일어날 수 있었던 것으로 보인다. 여기에 과도하게 언어적인, 즉 의미에 초점을 맞추어서 생각하는 방식에 대한 매우 단순화된 패러디가 있다. 나는 누가 이런 단순한 이야기를 실제로 했기 때문이 아니라, 단지 이 사례가 개념을 잘 포착한다고 생각하기 때문에 이를 제시하는 것이다. 우리가 관찰하는 사물들의 이름은 그것들을 지목함으로써 배울 수 있다고 생각되었다. 그러나 지목할 수 없는 이론적인 실체들, 예를 들면 전자와 같은 것은 어떻게 되는가? 이런 것들은 그것들이 등장하는 이론의 맥락 속에서만 의미를 가진다고 가르쳐졌다. 따라서 이론의 변화는 의미의 변화를 반드시 수반해야만 했고, 하나의 이론적 맥락하에서의 전자는 다른 이론의 맥락하에서의 전자라는 단어와 다른 것을 의미해야 했다. 만약 한 이론에서 어떤 문장이 참인데 다른 이론에서는 거짓이라고 해도, 그 문장은 두 이론 속에서 다른 진술을 표현한 것이며, 모순이 있는 것은 아니었다. 따라서 이 둘은 비교될 수 없는 것이다.

　이 문제는 종종 질량(mass)의 사례를 이용하여 논의되었다. 이 용어는 뉴턴과 아인슈타인 모두에게 핵심적인 것이었다. 뉴턴의 역학에서 모든 사람들이 기억하는 유일한 문장은 $f = ma$이다. 아인슈타인의 이론에서는 $E = mc^2$이다. 그러나 후자는 고전역학에서는 전혀 이해할 수 없다. 따라서 (몇몇 사람들은 몰아세우기를) 우리는 이 두 이론을 진정으로 비교할 수 없으며, 따라서 (여기에서 "따라서"는 더 나쁜데) 하나의 이론을 다른 이론에 비해서 더 선호할 어떤 합리적인 토대도 없다는 것이다.

결과적으로 어떤 진영에서는 쿤을 과학의 합리성 그 자체를 부정한다고 비난했다. 다른 진영에서 그가 새로운 상대주의의 선구자로 칭송되었다. 이런 생각은 모두 어리석다. 쿤은 이 문제를 직접 논했다.[39] 이론은 예측에서 정확해야 하고, 모순이 없어야 하며, 적용 범위가 넓어야 하고, 현상을 질서정연하고 정합적인 방식으로 제시해야 하며, 새로운 현상이나 현상들 사이의 새로운 관계를 제시하는 데에 효과적이어야 한다. 쿤은 이 다섯 가지 가치 모두에 찬동했으며, 그는 이런 가치들을 (역사학자들은 물론이고) 과학자 공동체 전체와 공유했다. 이것이 (과학적) 합리성의 부분에 다름 아니며, 이런 관점에서 쿤은 "합리주의자"이다.

우리는 공약불가능성의 원칙에 대해서 주의해야 한다. 고등학교 학생들은 뉴턴 역학을 배우며, 대학에서 물리학을 진지하게 공부하는 학생들은 상대론을 배운다. 로켓은 뉴턴 역학에 의해서 목표에 도달하는 궤도를 결정한다. 사람들은 뉴턴 역학이 상대론 역학의 특수한 경우라고 한다. 젊었을 때 상대성 이론으로 전향한 사람들 모두는 뉴턴의 역학을 달달 외던 사람들이었다. 그렇다면 무엇이 공약불가능하다는 말인가?

「객관성, 가치 판단, 이론 선택」이라는 논문의 말미에서 쿤은 그가 계속 이야기해왔던 것을 "주장하기만 한다." "서로 다른 이론을 옹호하는 사람들이 서로서로 소통하는 정도에는 커다란 한계가 있다"는 것이다. 더욱이, "개인이 한 이론에서 다른 이론으로 충성심을 옮기는 것은 선택이라기보다는 개종이라는 용어로 더 잘 서술될 수 있다."(같은 글, 338) 당시는 이론 선택에 대해서 엄청나게 열광

---

39) Kuhn, "Objectivity, Value Judgement, and Theory Choice" (1973), in *Essential Tension*, 320–339.

하던 시기였는데, 실제로 이 논쟁에 참여한 많은 사람들은 합리적인 이론의 선택의 원리를 확인하고 분석하는 것이 과학철학자의 가장 중요한 과업이라고 주장하곤 했다.

쿤은 이론 선택이라는 개념 그 자체를 의심의 대상으로 삼았다. 연구자가 연구를 하도록 하는 이론을 선택한다고 말하는 것은 대개 허튼소리에 가깝다. 대학원이나 박사후과정에 들어가는 연구 초보자들은 그들의 작업에 필요한 도구를 통달하게 해주는 실험실을 선택해야 한다. 그러나 그들이 미래의 삶의 과정을 선택한다고 해도, 이렇게 하는 것이 이론을 고르는 것은 아니다.

다른 이론을 지지하는 사람들 사이에 용이한 소통에 한계가 있다는 것은 그들이 기술적인(technical) 결과를 비교할 수 없다는 것을 의미하지는 않는다. "새로운 이론이 과거 전통의 옹호자들에게 아무리 이해가 되지 않는다고 하더라도, 인상적인 구체적 결과들의 진열은 적어도 이들 중 몇 명을 설득시켜서 이런 결과가 어떻게 나왔는지를 조사해야겠다고 결심하게 만들 수는 있다."(같은 글 339) 쿤의 생각이 아니었으면 주목받지 못했을 또다른 현상이 있다. 고에너지 물리학 같이 거대한 규모의 연구들은 많은 전문 분야들 사이의 협동 작업이 필요한데, 이 전문 분야들은 서로 자세히는 이해하지 못한다. 어떻게 이것이 가능한가? 그들은 "교역 지대(trading-zone)"를 발전시키는데, 이는 서로 다른 언어를 가진 그룹이 교역을 할 때, 간단한 크리올(creole) 말을 만들어 사용하는 것과 유사한 것이다.40)

쿤은 공약불가능성이라는 개념이 예상하지 못했던 방식으로 도

---

40) Peter Galison, *Image and Logic: A Material Culture of Microphysics* (Chicago, IL: University of Chicago Press, 1997), 9장.

움이 된다는 사실을 인식했다. 전문화는 인류의 문화에서 하나의 사실이며, 이것은 과학에서도 사실이다. 17세기에 사람들은 모든 목적에 부합하는 학술지에 만족하면서 살 수 있었는데, 그 전형적인 사례가『런던 왕립학회의 철학회보(*Philosophical Transactions of the Royal Society of London*)』였다. 다학제적인 과학이 계속되었고, 이는 매주 출판되는『사이언스(*Science*)』와『네이처(*Nature*)』가 잘 증명해준다. 그러나 전자 저널 시대에 들어서기 전부터도 과학 분야의 학술지의 수는 지속적으로 증가했으며, 각각의 학술지는 학문적인 공동체를 대표한다. 쿤은 이것이 예측할 수 있었다고 생각했다. 그는 과학을 다원적이라고 보았고, 혁명을 종종 하나의 종이 두 개로 갈라지던가, 혹은 하나의 종이 지속되면서 그 변종이 옆에서 원래 종의 궤적을 따르는 종 분화 사건과 비슷하다고 생각했다. 위기의 기간에는 하나 이상의 패러다임이 등장하는데, 각각은 서로 다른 변칙현상의 그룹을 포함하며 새로운 연구 방향을 펼친다. 이런 하위분과들은 각자의 연구가 모델로 하는 서로 다른 업적을 가지게 된다. 이것들이 발전하면, 하나의 하위분과에 속하는 연구자가 다른 사람이 하는 일을 이해하기가 점점 더 힘들어진다. 이것은 심원한 형이상학적인 지점이 아니다. 이것은 실제 연구를 하는 과학자들에게는 일상의 아주 친숙한 사실인 것이다.

새로운 종들의 관계는 서로 교배할 수 없다는 사실로 특징지어지듯이, 새로운 전문 분야들도 어느 정도는 서로 이해하기가 힘들다. 이것이 진짜 내용을 가지는 상호 공약불가능성의 개념이 활용된 경우이다. 이것은 이론의 선택이라는 가짜 문제와는 아무런 관련이 없다. 쿤은 그의 생애의 마지막을 과학적 언어에 대한 새로운 이론의 관점에서 이러한 공약불가능성과 다른 종류의 공약불가능성에 대한 연구에 바쳤다. 그는 영원한 물리학자였으며, 그의 제안들은 모든 것들을 오히려 단순하고 추상적인 구조로 환원한다는 공통점을 가지고 있었다. 그것은 『구조』와는 다른 구조인데, 이를 감안한다면 그것은 다양한 현상에 명료한 조직화를 해내려는 물리학자의 같은 열망을 담은 것이었다. 이 작업들은 아직 출판되지 않았다.[41] 쿤은 빈 서클과 그 후계자들의 과학철학을 완전히 타도해서, 탈실증주의를 시작한 것으로 알려져 있다. 그러나 그는 이들의 전제 중 많은 것을 보존했다. 루돌프 카르나프의 가장 유명한 책의 제목은 『언어의 논리적 구문론(*The Logical Syntax of Language*)』이었다. 쿤의 말년의 작업은 과학 언어의 논리적 구문론에 집중되어 있었다고 말할 수 있을 것이다.

혁명을 통한 진보(제13장)

과학은 빠른 속도로 성장하고 커지면서 진보한다. 많은 이들에게 과학적 발전은 진보의 요약본이다. 정치적 삶이나 도덕적 삶이 과학처럼 진보한다면 얼마나 좋겠는가! 과학 지식은 과거의 기준점에다가 새로운 봉우리를 쌓는 식으로 누적적이다.

이것은 정확히 정상과학에 대한 쿤의 묘사이다. 정상과학은 진정으로 누적적이지만, 혁명은 그 연속성을 무너뜨린다. 새로운 패러다임에 의해서 새로운 문제들의 집합이 제기됨에 따라서, 예전의 과학이 잘 했던 많은 것들이 망각될 수 있다. 실제로 이것은 아무

---

41) 다음을 참조. Conant and Haugeland, "Editor's Introduction," in *Road since Structure*, 2. 쿤의 미출판 연구의 대부분은 곧 출간될 예정인 James Conant 편, *The Plurality of Worlds* (Chicago, IL: University of Chicago Press)에 실릴 예정이다.

문제도 없는 공약불가능성의 한 가지 유형이다. 혁명 이후에는 연구하는 주제에 근본적인 변화가 생길 수 있기 때문에, 새로운 과학은 오래된 주제 모두를 온전히 다룰 수는 없다. 그것은 한때 적절했던 많은 개념들을 수정하거나 포기할 수 있다.

그렇다면 진보는 어떻게 되는가? 우리는 과학이 그 영역 내에서 진리를 향해서 진보한다고 생각한다. 쿤은 정상과학에서 그러한 관념을 부정한 것은 아니다. 그의 분석은 정확하게 왜 정상과학이 그 자체로서 그렇게 신속하게 진보하는 사회적 제도인가에 대한 독창적인 설명이다. 그렇지만 혁명은 다르며, 혁명은 다른 종류의 진보를 위해서 필수불가결하다.

혁명은 과학의 영역을 바꾸며, 심지어 (쿤에 의하면) 우리가 자연의 일정한 측면에 대해서 말하는 언어 그 자체를 바꾼다. 여하튼 혁명은 새로운 부분의 자연을 연구하도록 우리를 굴절시킨다. 쿤은 혁명이 격변을 일으킬 정도의 어려움에 직면한 이전 세계의 관념에서 벗어나는 식으로 진보한다는 격언을 만들었다. 이것은 미리 설정된 목표를 향한 진보가 아니다. 이것은 한때 잘 작동했지만, 더 이상 새로운 문제를 잘 다루지 못하는 세상으로부터 벗어나는 진보이다.

이 "벗어나는"이라는 생각은 과학이 우주의 유일한 진리를 향해서 나아간다는 지배적인 관념에 의문을 던진다. 모든 것에 대한 유일하게 참되고 완벽한 설명이 오직 하나 존재한다는 생각은 서양의 전통에 깊이 박혀 있다. 이것은 실증주의의 아버지인 콩트가 인간의 탐구의 신학적 단계라고 불렀던 시기로부터 내려오는 것이다.[42]

---

42) Auguste Comte(1798-1857)는 "실증적인(positive)"이라는 단어가 모든 유럽의 언어에서 긍정적인 의미를 내포하기 때문에 그의 철학에 "실증주의(positivism)"라는 이름이 붙었다. 전형적인 낙천주의와 진보에 대한 믿음을 가지고 있었던 그는 인간이 우주 내 인간의 지위를 이해하기 위해서 처음에는 신을, 그 다음에는 형이상학

유대교, 기독교, 이슬람교의 우주론의 대중적인 판본에 의하면, 모든 것에 대한 하나의 진실되고 완벽한 설명이 있는데, 그것이 바로 신이 아는 것이다(신은 하찮은 참새의 죽음에 대해서도 알고 있다).

이런 이미지가 기초 물리학으로 옮겨졌는데, 이 분야의 많은 연구자들은 자신들을 자랑스럽게 무신론자라고 하지만, 자연에 대한 하나의 충분하고 완전한 설명을 어딘가에서 발견하기를 기다리면서 그것이 존재한다는 것을 당연하게 생각한다. 이런 생각이 그럴듯하다면, 이것은 과학이 그것을 向해서 진보하는 이상이 된다. 따라서 쿤의 벗어나는 진보는 완전히 잘못된 생각처럼 보인다.

쿤은 이러한 상을 거부했다. 그는 289쪽에서 다음과 같이 묻는다. "과학에는 자연을 완벽하게 객관적으로 진리에 부합되게 하는 하나의 설명이 있으며, 과학적 성취에 대한 합당한 측정이란 우리를 그 궁극적 목표에 얼마나 근접시켰는가를 나타내는 정도라고 생각하는 것이 정말로 도움이 되는가?" 많은 과학자들은 그렇다고 답할 것이다. 이는 그들이 하고 있는 것과 왜 그것이 가치가 있는가에 대한 이미지에 근거한다. 쿤은 그의 수사적 질문을 너무 짧게 했다. 이 주제는 독자들이 더 탐구해볼 주제이다(나는 쿤의 회의론에 공감하지만, 이 문제는 어려운 문제이고 쉽게 결정해서는 안 된다고 생각한다).

을 찾았지만, 결국에는(1840) 실증적인 시대에 들어서 과학적인 연구의 도움으로 우리가 우리 스스로의 운명에 책임을 지게 되었다고 생각했다. 콩트와 버트런드 러셀의 영향을 받은 빈 서클은 그들을 논리실증주의자라고 일컬었고, 후에는 논리경험주의자라고 불렀다. 이제는 논리실증주의자들을 "실증주의자"라고 일반적으로 칭하며, 나는 이 글에서 이 관행을 따랐다. 엄밀히 말해서 실증주의는 콩트의 반형이상학적 생각을 의미한다.

진리

쿤은 "자연을 완벽하게 객관적으로 진리에 부합되게 하는 하나의 설명"을 심각하게 받아들이지 않았다. 이것이 그가 진리를 진지하게 생각하지 않았다는 것인가? 전혀 아니다. 그가 말했듯이, 그는 베이컨을 인용하는 것(289쪽) 외에는 진리에 대해서 아무런 말도 하지 않았다. 무엇인가에 대해서 진리를 판단하려고 하는 현명한 사실 애호가라면, "진리론"을 이야기하지 않을 것이다. 또 그래서도 안 된다. 요즘의 분석철학에 친숙한 사람이라면, 진리에 대해서 수많은 이론들이 서로 경쟁하고 있다는 사실을 알 것이다.

쿤은 소박한 "대응 이론(correspondence theory)"을 거부했다. 이는 참된 진술이 세상의 사실에 대응한다는 이론이다. 순환성에 근거할 수만 있다면, 아마 빈틈없는 분석철학자들 대부분은 똑같은 입장을 취할 것이다. 여기서 순환성이란 진술을 말하는 것을 제외하고는 임의적인 진술이 대응되는 사실을 명시하는 것이 불가능하다는 뜻이다.

20세기 말엽에 미국의 학계를 휩쓴 회의주의의 물결 속에서, 많은 지식인들은 쿤을 덕(德)으로서의 진리를 부정하는 그들의 동지라고 생각했다. 이들은 **참된**이라는 단어에 (글자 그대로건 비유적으로건) 따옴표를 넣지 않고서는 이 단어를 적거나 말하지도 못하는 사람들을 의미하는데, 이는 이들이 이런 해로운 생각을 하는 것만으로도 진저리를 친다는 것을 드러낸다. 쿤이 과학에 대해서 말한 것들 중에서 많은 부분을 존경했던 성찰적인 과학자들 다수가 쿤이 이런 진리를 부인하는 사람들을 격려했다고 믿는다.

『구조』가 과학의 사회학적 연구에 엄청난 동력을 부여한 것은 사실이다. 사실이 "사회적으로 구성되었다"는 생각에 대한 강조와 "진리"를 부정하는 것에의 동참과 같은 작업은 정확하게 보수적인 과학자들이 항의했던 것들이다. 쿤은 자신의 작업이 그런 식으로 발전했다는 것을 혐오했음을 분명하게 밝혔다.43)

이 책에 사회학은 없다. 그러나 과학자 공동체와 이들의 실행은 책의 핵심이며, 우리가 보았듯이 패러다임과 함께 73쪽에 나타나기 시작해서 책의 마지막까지를 관통한다. 쿤 이전에도 과학 지식의 사회학이 있었지만, 『구조』 이후에 이것이 급격하게 자라나서 지금 과학학(science studies)이라고 부르는 분야로 성장했다. 이 분야는 (독자적인 학술지와 학회 등을 가지고) 자체적으로 성장하는 분야가 되었는데, 이 분야는 약간의 과학기술사와 과학기술철학을 포함하지만 그 강조점은 관찰과 이론적 작업을 포함한 다양한 종류의 사회학적 접근이다. 쿤 이후에 과학에 대한 진정으로 독창적인 사고의 많은 부분은, 아니 아마도 대부분은, 사회학적인 경향을 가진 것들이다.

쿤은 이러한 발전에 적대적이었다.44) 젊은 학자들의 입장에서 이는 섭섭한 것이었다. 우리는 이런 어긋남을 아버지와 아들의 따분한 은유로 이해해보는 대신에 과학학 분야가 성장하면서 겪는 성장통이라고 생각하자. 쿤이 남긴 최고의 유산 중에 하나는 지금 우리가 알고 있는 과학학이다.

43) Kuhn, "The Trouble with the Historical Philosophy of Science" (1991), in *Road since Structure*, 105–120.
44) 같은 글.

성공

『구조』는 원래『국제 통합 과학 백과사전(*International Encyclopedia of Unified Science*)』의 제2권, 2호로 출판되었다. 이는 초판과 재판의 속표지(i쪽)와 차례(iii쪽)에 명기되어 있다. ii쪽은 이『백과사전』에 대한 약간의 정보를 제공하며, 여기에 28명의 편집인과 자문위원의 이름이 열거되어 있다. 알프레드 타르스키, 버트런드 러셀, 존 듀이, 루돌프 카르나프, 닐스 보어처럼 많은 이들이 50년이 지난 지금도 잘 알려져 있다.

이『백과사전』은 오토 노이라트와 빈 서클의 몇몇 구성원들이 시작한 프로젝트의 일부이다. 나치를 피해서 이 그룹은 유럽에서 시카고로 이주했다.[45] 노이라트는 각 분야의 전문가들이 집필한 짧은 책으로 이루어진 적어도 14권을 기획했다. 쿤이 초고를 제출하기 전에 그것은 제2권의 1호를 넘지 못했다. 그 후에『백과사전』은 빈사 상태에 이르렀다. 많은 사람들은 쿤이 이 책을 출판한 곳이『백과사전』이라는 사실이 오히려 역설적이라고 생각하는데, 이는 쿤의 책이 이 프로젝트에 내재한 실증주의를 붕괴시켰기 때문이다. 나는 쿤이 빈 서클과 이들의 동료들의 견해의 계승자라는 반대 견해를 이미 제시했다. 이런 견해에 의하면, 쿤은 이들의 기초를 영속시켰다.

쿤 이전의『백과사전』저작들은 전문가들의 작은 집단을 위한 출판물이었다. 시카고 대학교 출판부는 쿤의 책이 폭탄 같은 위력을 가졌다는 것을 알고 있었을까? 1962–1963년 동안 쿤의 책은

---

45) 이 멋진 프로젝트의 역사에 대해서는 다음을 참조. Charles Morris, "On the History of the *International Encyclopedia of Unified Science*," *Synthese* 12 (1960): 517–521.

919부가 팔렸고, 1963–1964년 동안에는 774부가 팔렸다. 다음 해에 보급판은 4,825부가 팔렸고, 이후부터는 순조로웠다. 1971년이 되면, 초판은 9만 부 이상 판매되었고, "후기"를 덧붙인 재판이 뒤를 이었다. 책이 출판된 시 25년이 된 1987년 중반까지 65만 부에 조금 못 미친 부수가 팔렸다.[46]

한참 동안 사람들은 이 책이 모든 책들 중에서 가장 많이 인용된 책 중 한 권이라고 말했다. 많이 인용된 책들의 유력한 후보 중에는 『성서』와 프로이트도 있었다. 새 천년이 시작될 때, 언론이 20세기의 가장 위대한 책의 목록을 꼽을 때에도 『구조』는 자주 등장했다.

그러나 훨씬 더 중요한 것은, 이 책이 실제로 "우리가 지금 홀려 있는 과학의 이미지"를 바꾸었다는 점이다. 영원히.

---

46) 시카고 대학교 출판부의 아카이브에서 Karen Merikangas Darling이 찾아냄.

저자의 서문

이 책은 거의 15년 전에 착상했던 프로젝트에 대한 최초의 완간된 보고서이다. 그 당시 나는 박사학위 논문의 완성을 눈앞에 둔 이론물리학 전공의 대학원생이었다. 나는 비자연계 학생에게 물리과학을 가르치는 실험적인 학부 수업에 참여하게 되면서 운 좋게 처음으로 과학사(科學史)에 접할 기회를 가졌다. 참으로 놀랍게도, 낡아빠진 과학의 이론과 실행에 접하게 된 그 경험은 과학의 본질과 그 특별한 성공의 이유에 대해서 품고 있던 나의 기본 관념의 일부를 흔들어놓았다.

나의 기본 관념들은 더러는 과학적 훈련 그 자체로부터 이미 터득한 것들이었고, 더러는 과학철학에 대해서 오래 전부터 가져온 취미 같은 관심으로부터 얻은 것들이었다. 아무튼 그 관념들의 교육적 효용과 추상적 타당성이 무엇이든 간에, 그런 관념들은 역사적 고찰에서 드러났던 과학과 전혀 들어맞지 않았다. 그럼에도 불구하고 예나 지금이나 그런 관념들이 과학의 여러 논의에서 근간을 이루고 있으므로, 그것들이 사실처럼 보이지 않는다는 점은 내게는 철저히 따져볼 만한 가치가 있어 보였다. 그 결과, 나의 인생계획은 그 방향을 급선회하여 물리학으로부터 과학사로, 그 다음에는 점차 비교적 직설적인 과학사의 문제들로부터 애초에 나를 역사로 인도했던 보다 철학적인 관심사로 돌아가게 되었다. 몇 편의 논문들을 제외하면, 이 책은 출간된 나의 저술들 중 이들 초기의 관심이 두드러지게 나타나는 최초의 책이다. 부분적으로 이 책은 나 자신과 친구들에게 애초에 어떻게 해서 내가 과학으로부터 그 역사로 길을 바꾸게 되었는가를 설명하려는 시도이다.

이 책에서 말하려고 하는 견해들을 처음으로 깊이 파고들 수 있는 기회가 마련된 것은 하버드 대학교 펠로회(Society of Fellows of Harvard University)의 주니어 펠로(Junior Fellow)로 있던 3년 동안이었다. 그렇듯 자유로운 시기가 없었더라면 새로운 연구 분야로 옮겨가는 일은 무척 어려웠을 것이고, 어쩌면 전혀 불가능했을지도 모른다. 그 연구 기간의 일부를 나는 계속해서 엄밀한 의미의 과학사에 바쳤다. 특히 알렉상드르 쿠아레의 저술을 계속해서 공부했으며, 에밀 메예르송, 엘렌 메스제르 그리고 아넬리제 마이어의 연구업적들을 처음으로 접하게 되었다.[1] 이 그룹은 최근의 학자들 대다수보다 훨씬 더 뚜렷하게 과학적 사고의 규범이 오늘날의 조류와는 크게 다르던 시기에 과학적으로 사색한다는 것이 과연 무엇이었는가를 보여주었다. 그들의 특정한 과학사적 해석 가운데 몇 가지에 대해서는 갈수록 의문이 일기도 했지만, 그들의 업적은 A. O. 러브조이의 저서 『존재의 대연쇄(*Great Chain of Being*)』와 더불어 과학사상의 역사란 무엇인가에 대한 나의 관념의 형성에 1차 사료들 다

---

1) 특히 큰 영향을 받은 것으로는 Alexandre Koyré, *Etudes Galiléennes* (3권, Paris, 1939); Emile Meyerson, *Identity and Reality*, Kate Loewenberg 역 (New York, 1930); Hélène Metzger, *Les doctrines chimiques en France du début du XVIII° à la fin du XVIII° siècle* (Paris, 1923)와 *Newton, Stahl, Boerhaave et la doctrine chimique* (Paris, 1930); Anneliese Maier, *Die Vorläufer Galileis im 14. Jahrhundert* ("Studien zur Naturphilosophie der Spätscholastik"; Rome, 1949)를 들 수 있다.

음으로 큰 영향을 미쳤다.

그 기간 동안 나는 과학사와 명백한 관련이 없어 보이는 분야들을 탐색하는 데에도 많은 시간을 보냈으나, 이런 연구도 이제는 내가 역사를 통해서 관심을 가지게 된 문제들과 비슷한 문제들을 드러내고 있다. 우연히 어떤 각주를 들여다보고서, 나는 성장기 어린아이의 다양한 세계와 한 세계로부터 다른 것으로 넘어가는 과정을 둘 다 밝혀낸 장 피아제의 실험에 이끌리게 되었다.2) 한 친구는 나에게 지각작용에 대한 심리학, 특히 게슈탈트 심리학(Gestalt psychology) 연구자들의 논문을 읽어보라고 권했다. 또다른 친구는 언어가 세계관에 미치는 영향에 관한 B. L. 워프의 추론을 소개했다. W. V. O. 콰인은 나에게 분석적-종합적 구별짓기라는 철학적 문제를 던져주었다.3) 이런 것이 바로 하버드 대학교 펠로회가 자유롭게 연구하도록 해준 주제였고, 오로지 그 덕분으로 나는 루드비크 플렉의 거의 알려지지 않았던 논저인 『과학적 사실의 근원과 발전(*Entstehung und Entwicklung einer wissenschaftlichen Tatsache*)』(바젤, 1935)을 읽을 기회까지 얻게 되었는데, 그 책은 나 자신의 개념들 중 많은 부분을 예견했다. 나처럼 주니어 펠로였던 프랜시스 X. 서턴의 논평과, 플렉의 글은 나의 개념들이 과학자 공동체(scientific community)의 사회학 속에서 정립될 필요가 있다는 것을 상기시켜주었다. 독자

---

2) 과학사에서도 직접적으로 나타나는 개념과 과정이 표현되어 있는 피아제의 두 가지 고찰은 각별히 소중한 것이었다. Jean Piaget, *The Child's Conception of Causality*, Marjorie Gabain 역 (London, 1930)과 *Les notions de mouvement et de vitesse chez l'enfant* (Paris, 1946).

3) 워프의 논문은 그 뒤로 줄곧 John B. Carroll, *Language, Thought, and Reality— Selected Writings of Benjamin Lee Whorf* (New York, 1956)에 의해서 모아져 출판되었다. 콰인은 *From a Logical Point of View* (Cambridge, Mass., 1953), pp. 20-46에 재수록된 "Two Dogmas of Empiricism"에서 자신의 견해를 피력한 바 있다.

들은 내 책에서 이러한 저술이나 대화에 관한 언급을 거의 볼 수 없겠지만, 지금 재구성하거나 평가할 수 있는 것 이상의 여러 방식으로 나는 그들의 신세를 지고 있다.

주니어 펠로로 있던 마지막 해에 보스턴에 있는 로월 연구소(Lowell Institute)에 연사로 초청을 받은 나는 조금씩 형태를 갖추어 가던 과학에 대한 나의 생각을 처음으로 발표할 기회를 얻었다. 그리하여 1951년 3월, "물리 이론에 대한 탐구(The Quest for Physical Theory)"라는 주제로 여덟 차례에 걸친 공개 강의를 했다. 다음해, 나는 과학사를 본격적으로 가르치기 시작했다. 거의 10년 동안 체계적으로 배운 적도 없는 분야에 대한 강의를 하자니, 당초 나를 과학사로 몰고 간 개념들을 명료화시킬 만한 시간이 거의 없었다. 그러나 다행히도 그런 개념들은 보다 높은 수준의 강의 내용에 대한 은연중의 방향 설정과 몇몇 문제 구성의 원천이 되었다. 그러므로 나는 내 견해의 타당성과 이를 효과적으로 전달하는 데에 적절한 테크닉 양쪽 모두에 값진 교훈을 준 학생들에게 감사한다. 같은 문제들과 방향 설정이 나의 주니어 펠로 기간이 끝난 이후로 발표한, 주로 과학사적 성격을 띤 다양한 연구 논문들 대부분에도 일관되게 나타난다. 그중 몇 편의 글은 창의적 과학 연구에서 이런저런 형이상학적 요소가 수행한 주요한 역할을 다루고 있다. 또 일부 연구는 새로운 이론의 실험적 근거가 이와 모순된 옛 이론에 매달린 사람들에 의해서 어떻게 누적되고 동화되었는가를 검토한다. 이 과정에서 그 연구들은 내가 이 책에서 새로운 이론의 "출현", 혹은 발견이라고 부르는 과학 발전의 형태를 서술하고 있다. 이 밖에도 이러한 연결이 더 있다.

이 책의 최종 단계는 행동과학 고등연구소(Center for Advanced

Studies in the Behavioral Sciences)의 초청을 받아 보낸 1958-1959년에 착수되었다. 그곳에서 다시 한번 나는 이 책에서 논할 문제들에만 관심을 집중할 수 있었다. 보다 더 중요한 것은 주로 사회과학자들로 구성된 공동체에서 생활을 함으로써, 이 공동체와 내가 쭉 훈련받아온 자연과학자들의 공동체의 차이라는 미처 예기치 못한 문제들과 직면한 것이었다. 특히 나는 정당한 과학적 문제와 방법의 본질에 대해서 사회과학자들 사이의 공공연한 의견 대립이 대단한 것에 충격을 받았다. 과학의 역사와 약간의 경험에 근거해서 나는 자연과학에 종사하는 사람들이 사회과학 분야의 동료들보다 그런 문제에 대해서 보다 확고하고 영속적인 답을 가지고 있다고는 생각하지 않았다. 그러나 어쨌든 천문학, 물리학, 화학, 또는 생물학의 과학 활동은 오늘날의 심리학자나 사회학자들에게는 널리 퍼져 있는 근본에 대한 논쟁을 불러일으키지 않는 것이 보통이다. 이러한 차이의 근원을 찾아내려는 시도를 하던 도중에 나는 그때부터 내가 "패러다임(paradigm)"이라고 부른 것이 과학적 탐구에서 차지하는 역할에 관해서 깨닫게 되었다. 나는 패러다임이 어느 일정한 시기에 전문가 집단에게 모범이 되는 문제와 풀이를 제공하는, 보편적으로 인식된 과학적 성취라고 간주한다. 내 수수께끼의 조각이 이렇게 맞아떨어지자, 이 책의 초고는 대번에 작성되었다.

이 책의 초고가 뒤에 어떤 역사를 밟았는가에 대해서 여기서 말할 필요는 없겠지만, 다만 여러 차례의 수정을 거치면서도 그것이 유지해온 형식에 대해서는 몇 마디 꼭 이야기할 것이 있다. 초벌이 완성되고 크게 수정되기까지 나는 이 원고가 『통합 과학 백과사전(Encyclopedia of Unified Science)』의 한 권으로만 출판될 것으로 기대했다. 이 획기적인 사업의 편집자들은 당초 나에게 그렇게 권유했고 그 일에 매진하도록 했으며 결과가 나올 때까지 잘 참아주었다. 나는 탈고가 되기까지 아낌없는 격려와 충고를 보내준 그들 모두에게, 특히 찰스 모리스에게 깊은 감사를 드린다. 그런데『백과사전』의 지면이 제한된 관계로 나의 견해는 극히 함축되고 개괄적인 형태로 피력될 수밖에 없었다. 나중에 여러 가지 이유로 이러한 제한은 상당히 완화되었고 결국에는 동시에 별도의 책으로 출간되기까지 했지만, 이 연구는 나의 주제가 궁극적으로 요구하는 전면적인 저술이라기보다는 이렇게 하나의 에세이가 되고 말았다.

나의 가장 근본적인 목적은 이미 친숙한 데이터에 대한 지각과 평가에서의 변화를 촉구하는 것이므로, 세상과의 첫 만남이 개요적인 성격을 띠었다고 해서 꼭 약점이라고 할 수는 없다. 오히려 자신의 연구를 통해서 여기에서 주장하는 식의 방향 재설정에 기틀이 잡힌 독자라면, 이런 에세이 형식이 시사하는 것이 많고 소화하기 쉽다고 느낄지도 모른다. 그러나 약점 또한 가지고 있고, 그 약점은 내가 확대판에 궁극적으로 포함시키기를 원하는 폭과 깊이의 확장에 대해서 책의 서두에서 설명하는 것을 합리화해줄지도 모른다. 일단, 내가 이 책에서 탐구하는 것보다 훨씬 더 방대한 역사적인 자료가 갖추어져 있다. 더욱이 그러한 자료들은 물리과학뿐만 아니라 생물과학의 역사에서도 나온다. 여기서는 전적으로 물리과학의 역사만을 다루기로 했는데, 더러는 이 책의 일관성을 유지하기 위함이요, 더러는 나의 현재 능력 때문이다. 뿐만 아니라 여기에 전개하려는 과학관(科學觀)은 여러 가지 새로운 종류의 역사적이고 사회학적인 연구들이 가진 잠재적 유용성을 시사해준다. 예를 들면 변칙현상(anomaly), 혹은 예상의 어긋남을 순응시키려는 시도가 거듭 실패하면서 야기되는 위기의 출현을 더 자세히 살펴야 하는 것과 마찬가지로, 변칙현상이 과학자 공동체의 관심을 더욱더 증폭시키는 방식은 정밀한 연구를 필요로 한다. 또는 내 생각이 정말 옳아서, 과학혁명이 일어날 때마다 그것을 겪는 공동체의 역사적인 관점이 바뀐다면, 그런 관점의 변화는 혁명 이후의 교과서와 연구 논문의 골격에 영향을 미칠 것이다. 연구 보고서의 각주에 인용된 전문적 문헌의 분포 변화가 혁명의 한 가지 영향이라면, 이 주제도 혁명의 발발을 가리키는 하나의 지표로서 연구되어야 마땅할 것이다.

내용을 몹시 압축시키다보니 주된 문제의 논의도 여럿 빠뜨릴 수밖에 없었다. 예를 들면 과학의 발전에서 패러다임 이전과 이후의 시기에 대한 나의 구별이 너무 개괄적으로 흘러버렸다. 패러다임 이전 시기에 경쟁했던 학파들 각각은 패러다임과 매우 유사한 어떤 것에 의해서 이끌어진다. 이후의 시기에 이르면 두 가지 패러다임이 사이좋게 공존하는 경우도 아주 드물기는 하지만 존재한다고 생각한다. 단순히 패러다임을 소유했다는 것 자체가 제2장에서 논하는 발전적 전이(轉移)에 필요한 충분조건이 되는 것은 아니다. 보다 중요한 것으로, 나는 과학의 발전에서 기술의 진보나 외적인 사회적, 경제적, 지적 여건이 무슨 역할을 했는가에 대해서는 때때로 짤막하게 언급한 것을 제외하면, 전혀 논하지 않았다. 그러나 코페르니쿠스와 달력의 문제만 보더라도, 외적인 조건이 단순한 변칙현상을 첨예한 위기의 근원으로 전환시킬 수 있다는 것을 곧 알게 된다. 바로 이 실례는, 과학의 외적인 여건이 이런저런 혁명적인 개혁을 제시함으로써 위기를 모면하려는 과학자가 접근 가능한 대안의 범위에 영향을 미칠 수 있다는 점을 설명해줄 것이다.[4] 나의 견해로

---

4) 이런 요인들은 T. S. Kuhn, *The Copernican Revolution: Planetary Astronomy in the Development of Western Thought* (Cambridge, Mass., 1957), pp. 123-132, 270-271

는 이런 유형의 영향을 명백히 고찰하는 것이 이 책에서 전개하고 자 하는 주제를 변형시키지는 않겠지만, 과학의 진보를 이해하는 데에서 가장 큰 중요성을 가지는 분석적인 차원을 첨가해줄 것이라 는 사실은 자명하다.

마지막으로, 그리고 어쩌면 가장 중요한 문제일 수 있겠는데, 지 면의 제약 때문에 이 책의 역사적으로 편중된 과학관의 철학적 함 의를 다루는 것이 심각하게 제한을 받고 말았다. 분명히 거기에는 철학적 함의가 내포되어 있으며, 나는 주된 것들을 지적하고 증거 를 제시하고자 노력을 기울였다. 그러나 그렇게 하는 과정에서 나 는 해당되는 이슈에 대한 당대 철학자들의 다양한 입장에 대해서 대체로 상세히 논의하는 것은 삼갔다. 내가 의구심을 표시한 부분 은 충분히 개진된 견해들이라기보다는 철학적인 자세에 대한 부분 이다. 따라서 이렇게 충분히 개진된 입장들 속에서 연구하는 사람 들은 더러 내가 그들의 핵심을 잘못 짚었다고 느낄는지도 모른다. 나는 그들이 틀리다고 생각하지만, 이 책에서 그들을 설득할 생각 은 아니다. 그렇게 하려면 이 책보다는 엄청나게 길고 형태도 다른 책이 필요했을 것이다.

이 서문의 첫머리를 자서전적인 논조로 쓴 것은 나의 사고(思考) 에 형태를 갖추도록 해준 학문적 업적들과 연구기관 양쪽 모두에

에서 논의되었다. 외적인 지적, 경제적 여건이 실질적인 과학 발달에 미치는 또다른 영향들은 나의 다음 논문들에서 설명된다. "Conservation of Energy as an Example of Simultaneous Discovery", *Critical Problems in the History of Science*, Marshall Clagett 편 (Madison, Wis., 1959), pp. 321-356; "Engineering Precedent for the Work of Sadi Carnot", *Archives internationales d'histoire des sciences*, XIII(1960), 247-251; "Sadi Carnot and the Cagnard Engine", *Isis*, LII (1961), 567-574. 그러므 로 외적 요인들의 역할을 대단치 않게 취급한 것은 이 책에서 논의된 문제들에만 한정된 것이다.

크게 진 빚에 대해서 고마움을 표현하기 위함이다. 그리고 나머지 빚진 것들에 대해서는 이 책의 여러 곳에서 인용을 통해서 갚으려고 노력할 것이다. 그러나 이런 앞뒤의 이야기들이 제안과 비판으로 나의 지적 계발을 이모저모로 지탱해주고 이끌어준 여러 사람들에 대한 감사를 충분히 대신하지는 못할 것이다. 이 책에 실린 개념들이 형태를 갖추기 시작한 지는 무척 오래되었다. 이 책의 책장을 넘기면서 자신이 어딘가 영향을 끼쳤다고 느낄 사람들의 목록은 내 동료들과 친지들 모두의 명단과 맞먹을 정도이다. 이러한 상황에서, 지금은 내 결점 많은 기억도 도저히 덮을 수 없는 가장 중요한 몇몇 영향에 대해서만 언급하겠다.

우선 처음으로 나에게 과학사를 소개하고 그럼으로써 과학 발전의 성격에 대한 나의 관념을 변형하는 계기를 마련해준 사람은 당시의 하버드 대학교 총장이던 제임스 B. 코넌트였다. 이런 변형 과정이 시작된 이래로 그는 줄곧 그의 견해, 비판, 그리고 내 원고의 초고를 읽고 중요한 부분을 고치도록 할애한 시간을 비롯하여 많은 시간을 베풀어주었다. 레너드 K. 내시는 코넌트 박사가 시작한 과학사 성격의 교과목을 5년간 나와 함께 가르쳤는데, 내 발상이 형태를 갖추는 첫발을 내디딜 그 무렵 더없이 적극적인 공동 연구자였으며, 연구 진전의 후반부에는 곁에 없는 것이 무척 아쉽게 느껴지던 친구였다. 그러나 다행스럽게도 내가 케임브리지 시를 떠난 뒤, 창의적인 반향판(反響板), 혹은 그 이상으로서의 내시의 자리는 버클리의 동료 스탠리 카벨이 채워주었다. 주로 윤리학과 미학에 관심을 가진 철학자인 카벨이 나와 아주 잘 맞아떨어지는 결론을 얻었다는 점은 내게는 늘 자극과 격려가 되었다. 더욱이 그는 내가 불완전한 문장으로 나의 생각들을 꺼내놓을 수 있었던 유일한 인물이기도 했다.

그런 방식의 의사소통은 첫 원고를 준비하는 동안 내가 겪어야 했던 몇 가지 큰 장벽을 뚫거나 또는 선회하는 방법을 내게 일깨워줄 만큼 그가 나를 이해했음을 보여주는 것이었다.

초고가 작성된 이후에도 여러 다른 친구들의 도움으로 다시 수정을 하게 되었다. 여기서 그 가운데 가장 전폭적이고 결정적인 역할을 한 네 사람의 이름만 들어도 다른 친구들은 나를 용서해주리라. 이들은 버클리의 파울 파이어아벤트, 컬럼비아의 어니스트 네이글, 로런스 방사능 연구소의 H. 피에르 노이즈 그리고 출간을 위한 최종 원고를 준비하는 일을 나와 함께 해준 나의 학생 존 L. 하일브론 등이다. 이들의 걱정과 제안은 대단히 도움이 되었으나, 그들 또는 앞에 열거한 다른 여러 사람들이 이 책에 쓰인 내용에 대해서 전적으로 찬성할지에 대해서는 확신이 서지 않는다(전적으로 찬성하지는 않으리라는 감이 든다).

끝으로, 나의 부모님과 아내와 아이들에게 고마운 마음을 표하고 싶은데, 이는 앞에서 말한 것과는 다른 의미가 되겠다. 내가 결코 인식하지 못할 방식으로 그들은 저마다 나의 연구에서 지적인 활력소가 되었다. 그렇지만 그들은 더욱 중요한 무엇인가를 여러모로 베풀었다. 그것은 내가 연구를 계속하도록 하고, 심지어 내가 연구에 몰두하도록 북돋아준 것이다. 나의 이러한 연구와 같은 프로젝트와 씨름해본 사람이라면 가족들이 얼마나 큰 대가를 치르는지 알 것이다. 그들에게 어떻게 감사를 표시해야 할지 모르겠다.

1962년 2월
캘리포니아 주 버클리에서
T. S. K

1

서론 : 역사의 역할

만일 역사가 일화나 연대기 이상의 것들로 채워진 보고(寶庫)라고 간주된다면, 역사는 우리가 지금 홀려 있는 과학의 이미지에 대해서 결정적인 변형을 일으킬 수 있을 것이다. 심지어 과학자들 자신도 그런 이미지를 주로 완결된 과학적 업적들에 대한 연구로부터 만들었는데, 이런 업적들은 예전에는 과학 고전에 기록되고 그리고 보다 최근에는 과학의 새로운 세대가 과학이라는 직업을 훈련하기 위해서 배우는 교과서에 기록된 것들이다. 그러나 이러한 저작들의 목적은 필연적으로 설득과 교육을 위한 것이다. 그런 것들로부터 얻은 과학의 개념이란 마치 어느 국가의 문화의 이미지를 관광안내 책자나 어학 교본에서 끌어낸 격이나 다를 바 없이 실제 활동과는 잘 맞지 않는다. 이 책은 근본적으로 우리가 그런 것들에 의해서 오도되어왔다는 것을 밝히려고 한다. 이 글이 겨냥하는 것은 연구 활동 자체의 역사적인 기록으로부터 드러날 수 있는 전혀 새로운 과학의 개념을 그리는 것이다.

그러나 과학 교과서로부터 얻게 되는 비역사적인 상투적 서술이 제기하는 질문에 답하기 위해서 역사적인 데이터를 찾고 조사하는 것이라면, 역사를 살펴보았자 새로운 과학 개념은 나타나지 않을 것이다. 예를 들면, 이런 교과서들은 흔히 과학의 내용이란 교과서의 내용 속에서 설명된 관찰, 법칙 그리고 이론에 의해서 고유하게 예시되는 것 같은 인상을 풍긴다. 거의 예외 없이, 이런 책들은 과학적 방법들이 단순히 교과서의 데이터를 모으는 데에 쓰인 조작적인 테크닉과 이 데이터를 교과서의 이론적 일반화에 연관시키는 과정에 적용된 논리적 조작에 불과하다고 말해주는 것으로 읽혀왔다. 그 결과가 바로 과학의 본질과 발전에 대한 중대한 함의를 가진 과학 개념이 되었다.

만일 과학이 요즘의 교재에 실린 사실, 이론, 방법의 집합이라면, 과학자는 성공적이든 성공적이지 않든 간에 그 특정한 집합에 한두 가지 요소를 보태기 위해서 온갖 애를 쓰는 사람이 된다. 과학의 발전은 과학적 테크닉과 지식을 이루면서 날로 쌓여가는 자료 더미에, 하나씩 또는 여러 개씩 이들 항목이 덧붙여지면서 차츰차츰 진행되는 과정이 된다. 그리고 과학사는 이러한 연속적인 누적과 이 누적을 방해한 장애물의 연대기를 기록하는 분야가 된다. 그렇게 되면, 과학사학자는 과학의 발전과 관련해서 두 가지 주요 임무를 띠게 된다. 그는 한편으로는 지금의 과학적인 사실, 법칙, 이론이 과거에 언제, 누구에 의해서 발견되었거나 창안되었는가를 일일이 확인해야 한다. 다른 한편으로는 현대의 과학 교과서를 구성하는 내용이 보다 빠르게 누적되는 것을 방해해온 오류, 신화 그리고 미신의 퇴적 더미를 찾아내고 설명해야 한다. 많은 연구들이 이런 목표를 겨냥해서 이루어졌으며, 더러는 지금도 그렇게 진행되고 있다.

그러나 최근에 몇몇 과학사학자들은 누적에 의한 발전이라는 개념이 그 기능을 완수하기가 점점 더 어려워지고 있다고 느낀다. 점증하는 과정에 대한 연대기 기록자로서 그들은 깊게 파고들수록 다음과 같은 물음에 답하기가 더욱 곤란해진다는 것을 발견한다. 산소는 언제 발견되었는가? 에너지 보존에 대해서 처음으로 알아낸 사람은 누구인가? 일부 과학사학자들은 점차 이러한 질문이, 묻는 것 자체가 잘못된 유형의 질문이라고 생각한다. 아마도 과학은 개별적인 발견과 발명의 누적에 의해서 발달되는 것이 아닐 수 있다. 그와 동시에 바로 이 학자들은 과거의 관찰과 믿음에서 온 "과학적인" 요소를, 그들의 선대 과학자들이 주저하지 않고 "오류"와 "미신"이라고 못 박았던 것들로부터 구별하는 데에서 점차 곤경에 빠지고 있다. 이를테면 아리스토텔레스의 역학, 플로지스톤(phlogiston : 물체가 연소할 때 물체에서 빠져나간다고 가정되었던 가상적 입자/역주) 화학, 칼로릭(caloric : 물체에 들어와서 물체의 온도를 높인다고 가정되었던 가상적 입자/역주) 열역학을 자세히 연구하면 할수록, 과학사학자들은 자연에 대해서 그 당시를 풍미했던 견해들이 전반적으로 보면 오늘날 받아들이는 것보다 덜 과학적인 것도 아니요, 인간의 특이한 기질의 산물도 아님을 느끼게 된다. 시대에 뒤지는 이러한 믿음을 신화라고 부르기로 한다면, 신화는 현재에도 과학적 지식에 이르는 동일한 유형의 방법에 의해서 생성될 수 있고, 동일한 유형의 이치에 의해서 받아들여질 수 있는 것이 된다. 다른 한편으로 그런 것을 과학이라고 부르기로 한다면, 과학은 현재 우리가 가진 것들과는 상당히 부합되지 않는 믿음의 집합을 포함한 것이 된다. 양자택일을 해야 한다면, 과학사학자는 후자를 선택해야 한다. 시대에 뒤진 이론들이 폐기되었다는 이유로, 원칙적으로 비과학적인 것은 아니기 때문이다. 그러나 이 선택은 과학의 발전을 누적의 과정으로 보기 어렵게 만든다. 개개의 발명과 발견을 분리하는 데에 곤란함을 드러내는 바로 이러한 역사적인 연구는, 이들 개별적인 기여들이 모여서 이루어진다고 사료되는 누적적인 과정에 대해서 심각한 회의를 일으키는 원천이 된다.

이들 모든 의문과 어려움이 빚은 결과는, 비록 초기 단계이지만 과학사 연구의 서술방법론에서 혁명을 일으키고 있다. 점진적으로, 그리고 흔히 자신들도 모르는 사이에, 과학사학자들은 새로운 유형의 질문을 제기하고, 과학에 대해서 색다르고 종종 덜 누적적인 발전 노선을 추적하기 시작했다. 역사가들은 보다 옛 과학이 현재 우리의 우월한 지위를 위해서 베푼 영속적 기여를 따지기보다는, 바로 그 당대에서 그 과학의 역사적인 온전성을 드러내려고 애쓰고 있다. 예를 들면, 현대 과학의 관점과 갈릴레오의 관점과의 관계를 묻는 것이 아니라, 갈릴레오의 견해와 그의 그룹, 즉 그의 스승들, 동시대 학자들과 과학 분야에 종사하는 직계 제자들의 견해 사이의 관계를 묻는 것이다. 더욱이 과학사학자들은 그 견해들에 최고의 정합성(整合性)을 제공하고 자연과 가장 가까운 일치를 제공하는 관점을 바탕으로 해서, 그 그룹과 그 비슷한 다른 그룹들의 견해를 연구해야 한다고 주장하는데, 대체로 이런 관점은 현대 과학의 관점과는 전혀 다르다. 이렇게 얻어진 연구는 아마도 알렉상드르 쿠아레의 저술에서 가장 잘 예시되어 있을 것이다. 이런 연구를 살펴보면, 과학은 과거의 역사서술의 전통을 따르는 편찬자들에 의해서 논의된 것과 같은 활동은 아닌 것으로 보인다. 적어도 묵시적으로 이런 역사적 고찰은 과학의 새로운 이미지에 대한 가능성을 시사한다. 이 책은 새로운 과학사 서술의 함의를 명백하게 밝혀냄으로써 이러한 새로운 이미지의 윤곽을 잡고자 쓴 것이다.

이런 노력의 과정에서 과연 과학의 어느 측면이 두드러지게 부각될 것인가? 적어도 설명의 순서대로 말하자면, 첫째는 다양한 유형의 과학적 질문에 대해서 자체적으로 고유한 결론을 이끌어내는 방법론적 지령들이 충분하지 못하다는 것이다. 전기적 또는 화학적 현상을 조사해보라고 지시를 받은 경우, 이들 분야에 대해서는 모르지만 과학적인 것이 무엇인가를 아는 사람이면, 여러 가지 부합되지 않는 결론들 중에서 어느 하나에 정당하게 도달할 수도 있다. 많은 정당한 가능성들 가운데 그가 도달한 특정한 결론은 아마도 다른 분야에서의 사전 경험에 의해서거나, 그의 탐구의 우연에 의해서, 또는 그 자신의 개인적 성격에 의해서 결정된 것이다. 예를 들면, 별에 대한 어떤 믿음을 화학이나 전기학의 연구에 작용시킬 것인가? 새로운 분야에 관련되는 여러 가지 그럴듯한 실험들 가운데 우선 무엇을 하기로 결정할 것인가? 그리고 거기서 얻은 복잡한 현상의 어떤 측면들이 화학적 변화나 전기적 친화력의 본질을 밝히는 데에 특별히 관계가 있는 것으로 밝혀지게 되는가? 적어도 개인에게, 그리고 때로는 과학자 공동체에게 이들 질문에 대한 해답은 흔히 과학 발전을 핵심적으로 결정하는 요소가 된다. 제2장에서 사례를 살펴보게 되겠지만, 대다수 과학의 초창기 발전 단계는 자연에 관한 상이한 견해들 간의 부단한 경쟁으로 특징지어지는데, 그 각각의 견해들은 모두 부분적으로 과학적 관찰과 방법의 명령으로부터 유도된 것이며, 모두 그런 명령과 대개 부합하는 것들이다. 이들 다양한 학파를 구별 지었던 것은 저마다 나름대로 "과학적"이었던 방법론의 이런저런 실패가 아니라, 나중에 자세히 설명하겠지만 세계를 공약불가능한(incommensurable) 방식으로 보고 그 속에서 과학을 한다는 점이었다. 관찰과 경험은 수용할 수 있는 과학적 믿음의 범위를 극단적으로 제한할 수 있으며 또 제한해야 하는데, 그렇지 않다면 과학이란 존재하지 않을 것이기 때문이다. 그러나 관찰과 경험만으로는 과학적 믿음의 특정한 요체를 결정할 수가 없다. 개인적인 이유에서나 역사적 우연 때문에 만들어진 임의적인(arbitrary) 요소가 항상 한 시대의 과학자 공동체에 의해서 제창된 믿음의 구성성분으로 끼어들게 마련이다.

그러나 임의적인 요소가 개입한다고 해서 이것이 과학자 그룹이 일련의 수용된 믿음 없이 과학 활동을 수행할 수 있음을 가리키는 것은 아니다. 또한 이런 요소가 주어진 시대에서 그 그룹이 실제로 의존하는 특정한 기존 지식체계의 필연성을 경감시키는 것도 아니다. 효율적 연구는 과학자 공동체가 다음과 같은 질문에 대한 확실한 대답을 얻었다고 생각하기 이전에는 시작되는 일이 거의 없다. 우주를 구성하는 근본적 실체들은 무엇인가? 이 실체들은 서로 어떻게 작용하고, 또 인간의 지각과는 어떻게 작용하는가? 그러한 실체에 대해서 어떠한 질문이 적법하게 제기될 수 있으며, 풀이를 찾을 때에는 어떠한 테크닉이 적용되어야 하는가? 적어도 성숙 단계의 과학에서는 이들 질문에 대한 해답(또는 해답의 완전한 대체물)이 교육적인 전수(傳授) 과정에 확고하게 내재되어 있는데, 이런 과정은 전문적 활동을 위해서 학생들을 준비시키고 자격을 갖추게 한다. 그런 교육은 철저하고도 확실하기 때문에, 이 해답들은 과학적 정신의 소유자들에게 심각한 위력을 발휘하게 된다. 그것들이 그렇게 할 수 있다는 사실은 정상과학(normal science) 연구 활동의 고유한 효율성과 한 시기에 그것이 진행되는 방향을 잘 설명해준다. 제3-5장에서 정상과학을 검토하고 나면, 결국 우리는 그러한 연구를 가리켜서, 자연을 전문적인 교육에 의해서 제공된 개념의 상자들에 끼워맞추려는 격렬하고 헌신적인 시도라고 묘사하고 싶어질 것이다. 그와 동시에 역사적 기원과 그 뒤에 따르는 발전에서 임의적인 요소가 무엇이든 간에, 우리는 이런 상자들 없이 과연 연구가 진행될 수 있는 것인가의 여부에 대해서 의심하게 될 것이다.

아무튼 임의적 요소는 존재하며, 그것 역시 과학 발전에 중대한 영향을 미치는데, 이에 관해서는 제6-8장에서 상세히 다루기로 한다. 대부분의 과학자들이 필연적으로 그들의 시간을 거의 모두 바치는 활동인 정상과학은 과학자 공동체가 세계가 무엇인가를 알고 있다는 가정에 입각한 것이다. 과학 활동에서 성공의 대부분은, 필요하다면 상당한 대가를 치르고서라도, 공동체가 그 가정을 기꺼이 옹호하려는 의지로부터 나온다. 예컨대 정상과학은 근본적인 새로움을 흔히 억제하는데, 그 까닭은 그러한 새로움이 정상과학의 기본 공약들을 전복시킬 수 있기 때문이다. 그럼에도 불구하고 기본 공약들이 임의적 요소를 포함하는 한, 정상과학의 바로 그 성격은 새로움이 아주 오랫동안 억제되지는 않을 것임을 보장한다. 때로는 정상적인 문제, 즉 기존의 규칙과 과정에 의해서 풀려야 하는 문제가 그것을 거뜬히 풀 수 있는 가장 유능한 학자들의 되풀이되는 공격에도 풀리지 않는다. 또 어떤 경우에는 정상연구(normal research)의 목적으로 고안되고 만들어진 도구가 예상대로 작동하지 않아, 아무리 애를 써도 전문적 예측과는 들어맞지 않는 변칙현상이 나타난다. 이외에도 이런저런 방식으로, 정상과학은 거듭해서 길을 잃게 된다. 또한 그렇게 될 때, 즉 어떤 전문 분야가 과학 활동의 전통을 전복하는 변칙현상들을 더 이상 회피할 수 없을 때, 드디어 비정상적인(extraordinary) 탐구가 시작되는데, 이는 그 전문 분야를 과학의 실행을 위한 새로운 기초가 되는 일련의 새로운 공약으로 이끈다. 전문 분야의 공약에 변동이 생기는 비정상적인 에피소드들이 바로 이 책에서 과학혁명(scientific revolution)이라고 부르는 사건들이다. 과학혁명은 전통준수적인 정상과학 활동을 보완하는 전통파괴적인 활동이다.

과학혁명 가운데 가장 뚜렷한 실례는 이전에 흔히 혁명이라는 이름표가 붙었던, 과학 발달사의 유명한 에피소드들이다. 그러므로 과학혁명의 성격이 처음으로 직접 파헤쳐지는 제9-10장에서는 코페르니쿠스, 뉴턴, 라부아지에, 아인슈타인의 이름과 연관되는 과학 발전의 주요 전환점들에 대해서 되풀이하여 다루게 될 것이다. 적어도 물리과학의 역사에서는 이 사례들이 다른 어느 사례들보다 더 명료하게 과학혁명이 무엇인가를 드러낸다. 이것들은 각기 과학자 공동체로 하여금 한때 높이 기리던 과학 이론을 버리고, 그것과는 양립되지 않는 다른 이론을 받아들이게 했다. 각 혁명은 과학의 탐구 대상이 되는 문제들의 이동을 낳았으며, 또한 그 전문 분야가 어떤 것을 받아들일 만한 문제로 간주할 것인가, 또는 적법한 문제 풀이로 인정할 것인가를 결정짓는 기준을 바꾸었다. 그리고 이 각각은 과학적 상상력을 변형했는데, 그 방식은 우리가 궁극적으로 세계의 변환이라고 기술해야만 하는 것이었다. 이러한 변화들과 이런 변화들에 거의 빠짐없이 수반되는 논쟁은 과학혁명을 정의하는 특성이다.

이러한 특성은 뉴턴 혁명이나 화학혁명을 분석해보면 특히 뚜렷하게 드러난다. 그러나 이 책의 기본 명제는 혁명의 성격이 그다지 확실치 않아 보이는 다수의 역사적 사례들에서도 그러한 특성들을 볼 수 있다는 것이다. 맥스웰의 방정식(Maxwell's equations)은 그 영향을 받은 소규모 전문가 그룹에게는 아인슈타인의 방정식 못지 않게 혁명적이었으며, 따라서 저항에 직면했다. 다른 새로운 이론이 특정 분야의 전문가의 능력에 영향을 미친다면, 이런 이론의 창안은 규칙적이고 당연하게 이 분야의 전문가들로부터 이와 같은 저항을 유발한다. 이런 사람들에게 새로운 이론은 정상과학의 기존 활동을 지배하던 규칙에서 변화가 일어남을 의미한다. 그러므로 이미 성공적으로 완결되었던 과학 업적의 많은 부분에 영향을 미치는 것이 불가피해진다. 이러한 이유로, 응용 범위가 얼마나 전문적이든 간에, 새로운 이론이 이미 알려진 것을 단순히 누적적으로 보완하는 경우는 아주 드물거나 혹은 전혀 없다. 새로운 이론이 동화되기 위해서는 기존 이론의 재구축과 기존 사실의 재평가가 필요한데, 이는 본연적으로 혁명적인 과정이며, 한 사람에 의해서나 하룻밤 사이에 완결되는 경우가 거의 없다. 과학사학자들이 사용하는 용어는 이들에게 이 과정을 한순간의 독립된 사건으로 다루도록 종용하지만, 실제로 과학사학자들이 이 광범위한 과정의 정확한 시점을 확정하는 데에 어려움을 느끼는 것은 당연하다.

새로운 이론의 창안이 그것이 발생한 영역의 전문가들에게 혁명적인 충격을 주는 유일한 과학적 사건은 아니다. 정상과학을 규제하는 공약은 우주가 어떤 유형의 실체를 포함하는가를 명시할 뿐만 아니라, 묵시적으로 그것에 포함되지 않는 실체들도 제시한다. 논의를 더 확장시켜야 할 주제이기는 하지만, 이렇게 되면 산소나 X선의 발견과 같은 사건은 과학자의 세계에 속한 항목에 단순히 하나를 더 첨가하는 것이 아니다. 궁극적으로 그런 결과를 가져오기는 하지만, 이는 전문가 사회가 전통적인 실험 과정을 재평가하고, 오랫동안 익숙했던 실체에 대한 개념을 바꾸고, 이 과정에서 자신들이 세계를 다루기 위해서 사용하던 이론의 연결망을 개편시킨 뒤에야 일어난다. 아마도 정상과학의 실행이라는 단일한 전통 속에서 나타나는 경우를 제외하면, 과학적 사실과 이론은 범주로서 분리되지 않는다. 여기에 예기치 않았던 발견이 단순한 사실로 도입되지 않는 이유와, 과학자의 세계가 근본적으로 새로운 사실이나 이론에 의해서 양적으로 풍요로워질 뿐만 아니라 질적으로 변형되는 이유가 있다.

과학혁명의 본질에 대한 이러한 확장된 관념은 이후 이어지는 장들에서 설명될 것이다. 물론 이런 확장은 통상적인 용법을 왜곡하는 측면이 있다. 그럼에도 불구하고 나는 계속해서 발견에 관해서 이야기할 때에도 혁명이라는 표현을 쓸 것이다. 왜냐하면 발견의 구조를 예컨대 코페르니쿠스 혁명의 구조와 연관 지을 수 있는 가능성이 바로 여기에 있기 때문이다. 앞에서의 논의는 정상과학과 과학혁명의 상호보완적인 관념이 곧 이어질 9개의 장(章)에서 어떻게 전개될 것인가를 시사한다. 이 책의 나머지 부분은 남아 있는 세 가지의 핵심적 물음에 대해서 매듭을 지으려고 시도할 것이다. 제11장은 교과서의 전통을 논함으로써 왜 이전에는 과학혁명을 보기가 어려웠는가를 다룬다. 제12장은 옛날의 정상과학 전통의 옹호자들과 새로운 것의 지지자들 사이에서 벌어지는 혁명적인 경쟁에 관해서 기술한다. 따라서 이 장은 과학적 탐구에 대한 이론에서 등장하는 확증(confirmation)이나 반증(falsification) 과정을 어떤 방식으로든 대체하는 과정에 대해서 고찰할 것인데, 확증이나 반증은 과학에 대한 우리의 통상적인 이미지에 의해서 익숙해진 개념들이다. 과학자 공동체의 분파 간의 경쟁은 실제적으로 이전에 수용된 이론을 폐기하거나 또는 다른 이론을 채택하는 결과를 도출하는 유일한 역사적 과정이다. 마지막으로 제13장에서는 혁명을 통한 발전이 과학적 진보의 독특한 특성과 어떻게 양립될 수 있는가를 물을 것이다. 그러나 이 물음에 대해서 이 책은 해답의 주요 개론 이상의 것을 제공하지는 못할 것이다. 그 해답이 훨씬 더 많은 탐색과 연구를 필요로 하는 과학자 공동체의 특성에 달려 있기 때문이다.

분명히 일부 독자들은 역사적 연구가 여기서 목표로 하는 것 같은 개념적 전환에 과연 영향을 미칠 수 있을 것인가에 대해서 이미 의구심을 품었을 것이다. 우리 주변에서 흔히 발견할 수 있는 이분법들은 역사적 연구가 이런 일을 적절히 할 수 없음을 암시한다. 우리가 흔히 말하듯이, 역사는 순수한 기술적(descriptive) 전문 분야이다. 그러나 앞에서 제시된 명제들은 때로는 해석적(interpretive)이고 때로는 규범적(normative)이다. 여기서 다시 나의 일반화의 대부분은 과학자들의 사회학 또는 사회심리학에 관한 것들임을 지적해야겠다. 그러나 적어도 나의 결론들 중에서 몇 가지는 전통적으로 논리학이나 또는 인식론에 속한다. 앞의 단락에서 나는 "발견의 맥락(context of discovery)"과 "정당화의 맥락(context of justification)" 간의 막강한 영향력을 가진 현대식 구분을 위배한 것으로까지 보일 수도 있다. 독자들은 이렇게 다양한 분야들과 관심사가 뒤섞임으로써 심각한 혼돈 이외에 다른 무엇이 나타날 수 있겠는가라고 물을지도 모른다.

나는 이러한 구분과 그와 비슷한 다른 것들에 대해서 지적(知的)으로 영향을 받으면서, 그것들의 의미와 위력을 잘 알 수 있었다. 또한 여러 해 동안 이런 구분들이 지식의 본성에 관한 것이라고 간주해왔으며, 아직도 그것들이 적절하게 다시 변형되기만 하면 우리에게 중요한 무엇인가를 일러줄 것이라고 생각한다. 그럼에도 불구하고 대충의 방식으로라도 지식이 획득되고, 수용되고, 동화되는 실제 상황에 이런 구분들을 적용해보려는 나의 시도는 그런 구분들이 매우 문제가 많은 것처럼 보이게 한다. 이러한 구분들은 과학적 지식의 분석에 선행하는 단순한 논리적 구분이거나 방법론적 구분이라기보다는, 오히려 지금까지 그것들이 배치되어왔던 질문에 대한 실질적 해답들로 구성된 전통적인 집합의 필수요소인 것 같다. 그러한 순환성이 그것들을 무효화하는 것은 결코 아니다. 그러나 이는 그것들을 이론의 일부로 만드는 것이며, 그렇게 함으로써 다른 분야들의 이론에 규칙적으로 적용되는 그런 동일한 엄밀한 조사를 받게 만든다. 만일 이런 구분들이 그 내용으로 순수한 추상 이상의 것을 가지려면, 그 내용은 그것들이 규명하기로 되어 있는 데이터에 그것들을 적용해서 관찰함으로써 발견되어야 한다. 어떻게 과학의 역사가 지식의 이론들이 정당하게 적용될 수 있는 현상의 근원이 되지 않을 수 있겠는가?

2

정상과학에로의 길

이 책에서 '정상과학(normal science)'은 과거에 있었던 하나 이상의 과학적 성취에 확고히 기반을 둔 연구 활동을 뜻하는데, 여기서의 성취는 더 나아간 실천의 토대를 제공하는 것으로 특정 과학자 공동체가 한동안 인정한 것을 말한다. 원래의 형태로는 아니지만, 요즘에는 이러한 성취들이 초급 및 고급 과학 교과서에 자세히 설명된다. 이 교과서들은 수용된 이론의 요체를 상세히 설명하고, 그 성공적인 응용 사례의 다수나 전부를 해설하며, 이 응용을 범례적 관찰과 실험과 비교한다. 이런 책들이 19세기 초에 이르러 널리 퍼지기 전에는(그리고 성숙한 지 얼마 되지 않은 과학에서는 더 최근까지도) 과학 분야의 유명한 고전들의 다수가 교과서와 비슷한 기능을 맡고 있었다. 아리스토텔레스의 『자연학(*Physica*)』, 프톨레마이오스의 『알마게스트(*Almagest*)』, 뉴턴의 『프린키피아(*Principia*)』와 『광학(*Opticks*)』, 프랭클린의 『전기에 관한 실험과 관찰 기록(*Experiments and Observations on Electricity*)』, 라부아지에의 『화학요론(*Traité élémentaire de chimie*)』, 라이엘의 『지질학(*Geology*)』 등의 책들과 다수의 여타 저작들은 한동안 연구 분야에서의 합당한 문제들과 방법들을 다음 세대의 연구자에게 묵시적으로 정의해주는 역할을 맡았다. 이 저술들은 두 가지 본질적인 특성을 공유했기 때문에 그럴 수 있었다. 그것들의 성취는 경쟁하는 과학 활동의 양식으로부터 끈질긴 옹호자 집단을 떼어내어 유인할 만큼 놀랄 만한 것이었다. 그리고 동시에, 그것은 재편된 연구자 집단에게 온갖 종류의 문제들을 해결하도록 남겨놓을 만큼 충분히 융통성이 있었다.

이 두 가지 특성을 띠는 성취를 이제부터 '패러다임(paradigm)'이라고 부르기로 한다. 이 용어는 '정상과학'과 밀접한 연관이 있다. 패러다임이라는 용어를 선택함으로써, 나는 법칙, 이론, 응용, 도구의 조작 등을 모두 포함한 실제 과학 활동의 몇몇 인정된 실례들이, 과학 연구의 특정한 정합적 전통을 형성하는 모델을 제공한다는 점을 시사하고자 한다. 이것들은 과학사학자들이 '프톨레마이오스의 천문학'(또는 '코페르니쿠스의 천문학'), '아리스토텔레스의 동역학'(또는 '뉴턴의 동역학'), '입자광학'(또는 '파동광학') 등의 제목으로 기술하는 전통들이다. 패러다임은 지금 거론된 이런 이름들보다 훨씬 더 전문적인 전통들도 포함하는데, 이런 패러다임에 대한 공부는 과학도가 훗날 과학 활동을 수행할 특정 과학자 공동체의 구성원이 될 수 있도록 준비시키는 것이다. 이런 공부를 통해서 과학도는 바로 그 확고한 모델로부터 그들 분야의 기초를 익혔던 사람들과 만나게 되므로, 이후에 계속되는 그의 활동에서 기본 개념에 대한 노골적인 의견 충돌이 빚어지는 일은 드물 것이다. 공유된 패러다임에 근거하여 연구하는 사람들은 과학 활동에 대한 동일한 규칙과 표준에 헌신하게 된다. 그러한 헌신과 그것이 만들어내는 분명한 합의는 정상과학, 즉 특정한 연구 전통의 출현과 지속에 필수 불가결한 요소가 된다.

이 책에서는 패러다임이라는 개념이 여러 가지 친숙한 관념들을 종종 대체할 것이기 때문에, 그것의 도입 이유에 대해서 좀더 설명할 필요가 있다. 전문가들의 헌신이 집중되는 확고한 과학적 성취는 어째서 그것으로부터 추출되는 다양한 개념, 법칙, 이론, 관점보다 우선하는 것인가? 공유된 패러다임은 어떤 의미에서 과학의 발전을 연구하는 사람에게 기본적 단위, 즉 그 대신 작용할지도 모르는 논리적 기본 요소들로 완전히 환원될 수 없는 그런 단위가 되는가? 제5장에서 이것들을 다룰 때, 이런 질문과 그 비슷한 것들에 대한 해답은 정상과학과 그와 연관된 패러다임 개념을 이해하는 데에 기초가 될 것이다. 그러나 보다 추상적인 논의는 정상과학의 실례나 작동하는 패러다임의 실례를 전에 접해보았는가에 따라서 달라질 것이다. 특히 이러한 연관 개념들은 패러다임이 없는 연구, 또는 적어도 앞에서 거론된 것들처럼 명백함과 구속력을 갖추지 않은 과학 연구의 유형이 있을 수 있다는 사실을 주목함으로써 명확해질 것이다. 한 과학 분야가 패러다임과 그것이 허용하는 보다 비전적(秘傳的, esoteric) 연구 형태를 획득했다는 것은 그 분야의 발전에서 성숙의 징조이다.

만일 과학사학자가 연관된 현상의 집합에 대한 과학 지식을 과거로 거슬러올라가면서 추적한다면, 물리광학(physical optics)의 역사와 관련하여 여기에 예시된 양상과 거의 다름없는 유형을 발견하게 될 것이다. 오늘날의 물리학 교과서는 학생들에게 빛은 광자(光子, photon), 즉 파동과 입자의 특성을 아울러 나타내는 양자역학적 실체라고 가르친다. 연구는 그에 따라서 진행되거나, 아니면 이런 통상적인 언어 표현이 유도되는 더 정교하고 수학적인 특성화에 따라서 진행된다. 그러나 빛의 그러한 특성은 반세기 정도 전에 규정되었다(쿤의 책의 초판은 1962년에 출간되었다/역주). 20세기 초에 플랑크, 아인슈타인 그리고 그 밖의 다른 학자들이 이런 생각을 발전시키기 전까지는, 물리학 교재는 빛을 횡파(橫波 : 진행방향에 대해서 수직으로 진동하는 파동/역주) 운동이라고 가르쳤는데, 이 관념은 19세기 초 광학에 대한 토머스 영과 프레넬의 저술들로부터 유도되었던 패러다임에 기초한 것이었다. 그런데 파동 이론도 광학의 거의 모든 과학자들이 수용한 첫 번째 학설은 아니었다. 18세기 내내 이 분야의 패러다임은 뉴턴의『광학』이 제공했는데, 그것은 빛을 물질 입자들이라고 가르쳤다. 그 당시 물리학자들은 고체인 물체에 부딪치는 빛의 입자에 의해서 나타나는 압력에 대한 증거를 찾으려고 애썼는데, 초기의 파동 이론가들은 이런 증거를 찾으려고 하지 않았다.[1]

물리광학에서 패러다임의 이러한 전환들은 과학혁명이며, 하나의 패러다임으로부터 혁명을 거쳐서 다른 패러다임으로 연속적으로 이행하는 것은 성숙한 과학에서의 통상적인 발달 양상이다. 그러나 뉴턴의 연구가 출현하기 이전 시대의 특징적인 양상은 그렇지 않으며, 이 차이는 지금 우리가 관심을 가지는 주제이다. 아득한 고대로부터 17세기 말까지의 시기에 빛의 본질에 관해서 널리 수용된 단일한 견해가 나타난 적은 없었다. 그 대신 다수의 경쟁하는 학파들과 그 분파들이 산재했고, 대부분이 에피쿠로스주의, 아리스토텔레스주의, 또는 플라톤주의 이론의 이러저러한 변형을 신봉하고 있었다. 어느 그룹은 빛을 물체로부터 발산되는 입자라고 보았고, 또어느 그룹에게는 빛이 물체와 눈[目] 사이에 존재하는 매질(媒質)의 변형이었다. 다른 그룹은 눈으로부터 발산되는 것과 매질의 상호작

---

1) Joseph Priestley, *The History and Present State of Discoveries Relating to Vision, Light, and Colours* (London, 1772), pp. 385–390.

용으로 빛을 설명했다. 이 밖에도 이러한 설명들의 갖가지 조합과 수정된 설명들이 존재했다. 해당 학파들은 각각 어느 특정 형이상학적 사고와 관련을 맺으면서 자신의 세력을 키웠으며, 자신들의 고유한 이론이 가장 잘 설명할 수 있는 특수한 광학 현상을 모범적인 관찰 사례로 강조했다. 그 밖의 관찰은 임시방편적 설명에 의해서 다루어졌거나, 나중에 연구할 중요한 문제로 남겨두었다.[2]

이들 학파 모두는 어느 한 시기에 개념, 현상, 기법의 전반에 걸쳐 상당한 기여를 했고, 뉴턴은 그것들로부터 거의 최초로 보편적으로 받아들여진 물리광학의 패러다임을 끌어냈다. 우리가 만일 이 다양한 학파의 보다 창의적인 학자들을 제외하는 방식으로 과학자를 정의한다면, 이런 정의는 이들의 근대적 후계자들도 마찬가지로 제외시킬 것이다. 그들은 과학자였다. 그러나 뉴턴 이전에 나온 물리광학의 개요를 검토해본 사람이라면, 비록 이 분야의 종사자들이 과학자였음에도 불구하고, 이들의 활동이 낳은 총체적 결과는 과학 이하의 무엇이었다는 결론을 내리게 될 것이다. 당연하게 받아들일 수 있는 공통된 믿음의 요체가 아무것도 없었던 까닭에, 모든 물리광학의 저자는 저마다 기초부터 새롭게 그의 분야를 개척해야 했다. 이 과정에서 관찰과 실험을 고르는 선택은 비교적 자유로웠는데, 그 이유는 광학 분야의 저자마다 채택해서 설명해야겠다고 생각했던 방법이나 현상에 대한 표준이 없었기 때문이다. 이런 상황에서 나온 책의 논의는 통상적으로 자연 못지않게 다른 학파의 학자들을 향해 있었다. 이런 양상은 오늘날에도 창의적인 여러 분야에서 결코 낯설지 않으며, 의미 있는 발견이나 발명과 모순되지도 않는다. 그렇지만 이것은 물리광학이 뉴턴 이후에 획득한 그리고 여타의 자

---

2) Vasco Ronchi, *Histoire de la lumière*, Jean Taton 역(Paris, 1956), i–iv장.

연과학이 오늘날 익숙해진 그런 발달의 유형은 아니다.

18세기 전반에 이루어진 전기학(電氣學) 연구의 역사는 과학이 보편적으로 인정된 최초의 패러다임을 획득하기 이전에 발전하는 방식에 대한 보다 확실하고 잘 알려진 사례를 제공한다. 이 시기에는 전기의 본성에 대한 견해가 전기학 실험학자들의 주요 인물의 수만큼이나 갖가지였다. 당시 주요 전기학 실험학자로는 혹스비, 그레이, 데자귈리에, 뒤페, 놀레, 왓슨, 프랭클린 등을 들 수 있는데, 이들의 수많은 전기 개념들에는 모두 어떤 공통점이 있었다. 그 개념들은 부분적으로는 당대의 모든 과학적 연구의 지침이 되었던 역학적-입자적 철학(mechanico-corpuscular philosophy)의 이런저런 변형본으로부터 유도되었다. 게다가 그런 개념들은 모두 실제적인 과학 이론들의 구성요소였는데, 실험과 관찰로부터 유도되었던 이런 이론들이 연구에서 수행된 추가적 문제의 선택과 설명을 부분적으로 결정했기 때문이다. 그러나 모든 실험들이 전기에 관한 것이었음에도 불구하고, 또한 실험자들 대부분이 서로의 연구 논문을 읽었음에도 불구하고, 그들의 이론들은 가족 유사성(family resemblance : 가족의 구성원들 사이에 존재하는 비슷비슷한 특성/역주) 이상을 가지지 못했다.[3]

---

3) Duane Roller and Duane H. D. Roller, *The Development of the Concept of Electric Charge : Electricity from the Greeks to Coulomb* ("Harvard Case Histories in Experimental Science", Case 8; Cambridge, Mass., 1954); I. B. Cohen, *Franklin and Newton : An Inquiry into Speculative Newtonian Experimental Science and Franklin's Work in Electricity as an Example Thereof* (Philadelphia, 1956), vii−xii장. 본문에 나오는 구절의 분석적인 상세한 내용은 나의 학생인 존 하일브론의 아직 출간되지 않은 논문에 빚진 것이다. 프랭클린의 패러다임의 출현에 대해서 광범위하고 더 자세하게 설명한 내용이 다음 책들에 실려 있다. T. S. Kuhn, "The Function of Dogma in Scientific Research", in A. C. Crombie 편, "Symposium on the History of Science, University of Oxford, July 9−15, 1961", Heinemann Educational Books, Ltd.

한 초기 이론은 17세기 과학 활동을 따라서 인력(引力)과 마찰에 의한 전기 발생을 기본적 전기 현상으로 간주했다. 이 그룹은 전기적 척력(斥力)을 모종의 역학적 반동으로 인한 이차적 효과로 취급하는 경향을 띠었고, 또한 그레이가 새로 발견한 전기 전도(electrical conduction) 현상에 관한 논의와 체계적 연구도 가능한 한 뒤로 미루려고 했다. 다른 "전기학자들(electricians)"(그들 스스로가 사용한 용어이다)은 인력과 척력을 동등하게 전기의 기본적인 현상이라고 생각했고, 그에 준해서 그들의 이론과 연구를 수정했다(실은 이 그룹은 지극히 규모가 작았다. 심지어 당시 프랭클린의 이론도 음전하[陰電荷]를 띤 두 개의 물체 사이의 상호 반발에 관해서 제대로 설명하지 못했다). 그러나 그들은 가장 단순한 전도 효과를 제외하고는 첫 번째 그룹과 마찬가지로 어느 것도 동시에 제대로 설명하지 못했다. 그러나 이런 효과들은 다시 제3의 그룹에게 출발점을 제공했는데, 이 그룹은 전기를 부도체(不導體)로부터 튀어나오는 "전기소(電氣素, effluvium)"(전기 작용을 일으킨다고 가정된 작은 입자/역주)로 보기보다는 도체를 통해서 흐를 수 있는 "유체(流體, fluid)"로 설명하려고 했다. 그렇지만 이 그룹도 자신들의 이론을 여러 가지 인력이나 척력과 조화시키는 데에 곤란을 겪었다. 프랭클린과 그의 직계 후계자들의 연구가 나온 후에야 비로소 전기의 이러한 효과들을 모두 거의 비슷한 정도로 그럴듯하게 설명해줄 수 있는 하나의 이론이 출현했으며, 그럼으로써 다음 세대의 "전기학자들"에게 연구를 위한 공유된 패러다임을 제공할 수 있었고 실제로도 그렇게 했다.

수학과 천문학처럼 최초의 확고한 패러다임이 선사시대부터 존재했던 분야들과 생화학처럼 이미 성숙한 전문 분야들이 분할되고 재결합되어 형성된 분야를 제외하고는 앞에서 서술했던 상황들이 역사적으로 보아 전형적이라고 할 수 있다. 나는 여기서 광범위한 역사적 사건을 상당히 임의적으로 선정된 이름으로(예컨대 뉴턴이나 프랭클린) 나타내는 직절하지 않은 단순화를 거듭하고 있지만, 내가 말하려는 것은 이를테면 아리스토텔레스 이전의 운동 연구와 아르키메데스 이전의 정역학(靜力學) 연구, 블랙 이전의 열 연구, 보일과 부르하버 이전의 화학 연구, 허턴 이전의 지사학(地史學) 연구에서 이와 비슷한 근본적인 의견의 불일치를 보이는 특징이 나타난다는 것이다. 예를 들면 유전학 같은 생물학의 일부 영역에서는 최초의 보편적인 정통 패러다임들이 상당히 최근에 나타났다. 그리고 사회과학의 어느 부분이 과연 그러한 패러다임을 얼마만큼 획득했는가의 문제는 지금도 미결의 과제로 남아 있다. 역사는 확고부동한 연구 합의에 이르는 길이 지극히 험난함을 시사한다.

그러나 역사는 또한 그 노정에서 난관들에 부딪치게 되는 이유를 일부 제시한다. 패러다임 혹은 후보 패러다임이 없는 상태에서는, 어느 과학 분야의 발전에 관계될 수도 있는 모든 사실들이 그저 비슷비슷하게 다 관련이 있는 것으로 보이기 십상이다. 따라서 초기의 사실 수집(fact-gathering)이란 이후의 과학적 발전에서 친숙하게 찾을 수 있는 활동과는 비교도 되지 않을 정도로 거의 무작위적인 활동이 되고 만다. 더욱이 깊숙하게 숨어 있는 특정한 정보를 추구해야 할 이유도 없으므로, 초기의 사실 수집은 보통 손쉽게 얻을 수 있는 데이터 더미를 쌓는 데에 그친다. 그렇게 쌓인 사실들의 집합은 의술, 달력 제작, 야금술처럼 비교적 잘 확립된 기예(craft)로부터 얻을 수 있는 좀더 심오한 의미를 가진 데이터는 물론이고, 덧붙여서 평범한 관찰과 실험으로 얻을 수 있는 사실들을 모두 포함한다.

이런 기예는 우연히 발견될 수 없는 사실들에 접할 수 있는 하나의 용이한 원천이 될 수 있기 때문에, 기술(technology)은 종종 새로운 과학의 탄생에서 결정적 역할을 수행해왔다고 볼 수 있다.

그러나 이런 종류의 사실 수집이 다수의 주요 과학의 기원에 필수적이기는 했지만, 예컨대 플리니우스의 백과사전식 저술이나 17세기 베이컨식의 자연사(自然史)를 자세히 검토해본 사람이라면, 이것이 난국을 초래한다는 사실을 발견할 것이다. 이 문헌을 과학적이라고 하는 것도 망설여질 것이다. 베이컨이 말하는 열, 색깔, 바람, 채광(採鑛) 등의 "역사들"(소위 자연사[natural history]/역주) 중 일부는 심오한 정보로 충만하다. 그러나 그것들은 나중에 놀랍게도 실제로 판명된 사실들(예컨대 혼합에 의한 가열 작용)과 또한 너무 복잡해서 한참 동안 이론과 전혀 합치되지 않은 채로 남겨진 사실들(예를 들면 거름더미가 따뜻해지는 현상)을 그저 나란히 배열했을 뿐이었다.[4] 게다가 모든 설명이 부분적일 수밖에 없으므로, 전형적인 자연사의 상황적인 설명에는 이후의 과학자들이 중요한 통찰의 원천으로 간주한 상세한 내용들이 흔히 생략된다. 전기에 대한 초기 "역사들" 중 어느 것도, 이를테면 비벼준 유리 막대에 끌렸던 왕겨가 다시 튕긴다는 이야기는 거의 언급하지도 않았다. 그런 작용을 전기적이 아니라 역학적으로 보았기 때문이다.[5] 더욱이 평범한 사실 수집가는 비판적 식견을 발전시키는 데에 필요한 시간

---

4) Bacon, *Novum Organum* (*The Works of Francis Bacon*의 VIII권), J. Spedding, R. L. Ellis, D. D. Heath 편(New York, 1869), pp. 179-203에 실린 열(熱)의 자연사에 관한 개요와 비교하라.

5) Roller and Roller, 앞의 책, pp. 14, 22, 28, 43. 이들 인용문의 맨 끝에 기록된 연구가 이루어진 뒤에야 비로소 척력은 재론의 여지없이 전기적이라는 인정을 받게 되었다.

이나 도구를 가진 적이 거의 없었으므로, 자연사는 이와 같은 기술(記述)과 함께 이제 와서 확인할 도리가 없는 사실들, 예를 들면 '해열(또는 식힘)에 의한 가열' 같은 사실을 그저 나열하기 일쑤였다.[6] 고대의 정역학, 동역학 그리고 기하광학의 경우에서처럼 확립된 기존 이론에 의해서 거의 이끌어지지 않고 수집된 사실들이 충분히 분명하게 첫 패러다임의 탄생을 허용한 역할을 한 경우가 있는데, 이는 매우 드문 사례이다.

이것이 과학 발전사의 초기 단계를 특징짓는 여러 학파들을 창출한 상황이다. 자연사의 어느 것도 적어도 서로 얽혀 있는 이론적, 방법론적 믿음의 암묵적인 요체가 없이는 해석해낼 수 없는데, 이러한 믿음의 요체는 자연사의 선택이나 평가 그리고 비판을 가능하게 하기 때문이다. 그 믿음의 요체가 사실의 집합체에 암묵적으로 존재하지 않는다면(그리고 "단순한 사실들" 이상의 것이 준비된 경우라면) 그것은 외부로부터 제공될 수밖에 없는데, 아마도 당시의 형이상학적 관점에서나, 다른 과학에서 혹은 개인적이거나 역사적인 우연이 될 것이다. 그러고 보면 어느 과학이든 그 발달의 초창기에는 동일한 현상은 아니어도 현상의 같은 영역을 맞닥뜨린 사람들이 제각기 다른 방식으로 그 현상을 기술하고 해석한다는 것이 전혀 이상하지 않다. 정작 놀라운 것은, 그리고 아마도 우리가 과학이라고 부르는 분야들에서 정도에 따라 고유한 것은, 그러한 초기의 차이가 거의 대부분 사라진다는 사실이다.

이러한 차이는 상당한 정도까지 사라지고, 결국 외견상으로는 완

---

6) Bacon, 앞의 책, pp. 235, 337에는 "약간 따스한 물은 아주 차가운 물보다 더 쉽게 언다"라고 쓰여 있다. 이런 야릇한 관찰에 관한 초창기 역사의 부분적인 설명을 찾아보려면, Marshall Clagett, *Giovanni Marliani and Late Medieval Physics* (New York, 1941), iv장 참조.

전히 없어진다. 더욱이 그러한 견해 차이의 소멸은 보통 전패러다임(pre-paradigm) 학파들 가운데 하나의 승리에서 연유되는데, 승리한 학파도 보통 특성적 신념과 선입견 때문에 지극히 방대하고 미완성인 정보 더미의 어느 특수한 부분만을 강조했다. 전기를 유체(流體)라고 생각했고, 그럼으로써 전도 현상에 각별한 관심을 기울인 전기학자들은 이 관점에서 훌륭한 사례를 보여준다. 서로 끌어당기는 작용과 반발하는 작용의 여러 가지 유형을 해결하기가 벅찼던 믿음에 이끌려오다가, 그들 가운데 몇몇은 전기의 흐름을 병 속에 담을 궁리까지 하게 되었다. 그들의 시도가 맺은 직접적인 결실이 바로 레이던 병(Leyden jar : 전하를 저장한 첫 번째 콘덴서/역주)인데, 자연을 멍청하게 바라본다든가 또는 되는 대로 무작위적으로 탐사하는 사람은 결코 이것을 발견하지 못했을 것이다. 레이던 병은 1740년대 초반에 적어도 두 사람의 연구자에 의해서 독자적으로 개발되었다.[7] 프랭클린은 전기에 관한 그의 연구의 출발 시점부터, 이상하지만 결국에는 여러 전기 현상을 드러내는 이 특수장치를 설명하는 데에 각별한 관심을 쏟았다. 비록 이미 알려진 전기적 반발 현상들을 전부 다 설명할 수는 없었지만, 이 레이던 병 현상을 설명한 것은 그의 이론을 패러다임으로 승격시킨 가장 결정적인 논거의 기틀이 되었다.[8] 하나의 패러다임으로 인정되기 위해서는 그 이론이 여타 경쟁 상대들보다 더 좋아 보여야 하는 것임에는 틀림없지만, 그것이 직면할 수 있는 모든 사실을 다 설명해야 되는 것은 아니며 실제로 결코 그렇게 하지도 못한다.

---

7) Roller and Roller, 앞의 책, pp. 51-54.

8) 말썽 많은 경우가 바로 음전하를 띤 물체들이 서로 반발하는 것이었는데, 이에 관해서는 Cohen, 앞의 책, pp. 491-494, 531-543 참조.

전기의 유체 이론이 그것을 신봉했던 작은 학파에게 했던 일은 나중에 프랭클린의 패러다임이 전기학자들 모두에게 했던 일과 같은 것이었다. 그것은 어떤 실험이 해볼 만한 가치가 있으며, 또 어떤 것은 전기의 이차적 작용이거나 너무 복잡한 작용이기 때문에 해볼 만한 가치가 없는지를 가려주었다. 그 패러다임이 매우 유효적절하게 그 역할을 했던 데에는 더러는 학파 간 논쟁의 종식이 기본 원리에 대한 끊임없는 중언부언을 종식시킨 까닭도 있고, 또 더러는 올바른 길을 걷고 있다는 자신감이 과학자들을 보다 정밀하고 심오하고 열띤 형태의 연구를 진행시키도록 사기를 진작시켰기 때문이기도 했다.[9] 전기 현상의 모든 것을 규명하지 않아도 됨으로써, 전기학자들의 단합된 그룹은 연구를 위한 특수장치를 많이 고안했고, 그것을 이전에 수행했던 어느 것보다도 더 확고하고 체계적으로 활용하면서, 선정된 현상을 아주 자세히 연구할 수 있게 되었다. 사실 수집과 이론의 명료화는 둘 다 방향이 뚜렷한 활동으로 변모되었다. 그에 따라서 전기학 연구는 그 성과와 능률을 증진시켜나갔으며, 이는 베이컨의 예리한 방법론적 금언의 사회적 해석을 뒷받침하는 생생한 증거였다. "진리는 혼동에서보다는 실수로부터 더 쉽게 나타난다."[10]

---

9) 프랭클린의 이론을 받아들임으로써 모든 논쟁에 종지부를 찍게 된 것은 아니라는 사실을 주목해야 한다. 1759년, 로버트 심머는 프랭클린 이론을 수정한 두 가지 유체 이론을 제안했으며, 이후 여러 해 동안 전기학자들은 전기가 한 가지 유체냐, 두 가지 유체냐를 놓고 분열되었다. 그러나 이 주제에 관한 논란은, 보편적으로 인정된 성취가 어떻게 그 분야의 전문가들을 통합하는가의 방법과 관련하여 앞에서 설명한 내용을 확인해줄 따름이다. 전기학자들은 이 견해에 관해서 줄곧 대립하기는 했지만, 어떤 실험 검증으로도 그 두 가지 이론을 구별할 수가 없다는 결론을 내렸고, 따라서 두 이론은 동격이라고 판정했다. 그 뒤로 두 학파는 프랭클린 이론이 제공한 이점을 모두 이용할 수 있었고, 또 그렇게 했다(같은 책, pp. 543-546, 548-554).
10) F. Bacon, 앞의 책, p. 210.

우리는 다음 장에서 이렇듯이 방향이 뚜렷한 연구, 즉 패러다임에 근거한 연구의 성격에 관해서 보게 될 것인데, 그에 앞서서 하나의 패러다임의 탄생이 그 분야를 연구하는 그룹의 구조에 어떤 영향을 미치는지를 간단하게나마 살펴보아야 한다. 자연과학의 발달에서는 어느 개인이나 그룹이 다음 세대의 전문가 대다수를 유인하기에 충분한 종합을 처음으로 이룩하게 되면, 그보다 낡은 학파들은 점진적으로 사라져간다. 그들의 퇴조는 더러 그들 학파의 학자들이 새로운 패러다임으로 전향했기 때문이기도 하다. 그러나 어느 시대든 간에 보다 낡은 이론 중에서 이런저런 것에 집착하는 사람은 어느 정도 있게 마련이고, 그들은 이후 그들의 연구를 무시하는 그 전문 분야로부터 소외된다. 새로운 패러다임은 그 분야의 새롭고 보다 확고한 정의를 내포한다. 자신들의 연구를 새로운 패러다임에 적응시키기를 원하지 않거나 또는 적응시킬 수 없는 사람들은 고립된 채로 연구를 계속하거나 아니면 다른 그룹으로 옮겨야 한다.[11] 역사적으로 그들은 철학의 분파에 안주하곤 했는데, 많은 특

----

11) 전기학의 역사는 프리스틀리, 켈빈 등의 생애에서와 똑같은 기막힌 실례가 된다. 프랭클린의 보고서에 따르면, 18세기 중엽 대륙의 전기학자들 가운데 가장 영향력이 컸던 학자인 놀레는 "그의 생도였고 직속 제자인 미스터 B를 제외하고는, 그의 학파에는 아무도 없이 혼자 남게 되었다"고 전해진다(Max Farrand 편, *Benjamin Frandklin's Memoirs* [Berkeley, Calif., 1949], pp. 384-386). 그렇지만 보다 흥미로운 실례는 학파 전체가 전문적인 과학으로부터 차츰 고립되어가는 것을 잘 견뎠다는 것이다. 예를 들면, 한때는 천문학의 한 부분이었던 점성학의 경우를 생각해보도록 하자. 아니면, 18세기 말과 19세기 초에 이전에 존중되었던 전통인 "로맨틱한" 화학이 끈질기게 지속되었던 것을 생각해보자. 후자에 관한 논의는 Charles C. Gillispie의 "The Encyclopédie and the Jacobin Philosophy of Science: A Study in Ideas and Consequences", *Critical Problems in the History of Science*, Marshall Clagett 편 (Madison, Wis., 1959), pp. 255-289; "The Formation of Lamarck's Evolutionary Theory", *Archives internationales d'histoire des sciences*, XXXVII (1956), 323-338에 실려 있다.

수한 과학 분야가 철학에서 산란되었다. 이러한 지적이 시사하듯이, 이전에는 단지 자연의 연구에만 관심을 두었던 그룹을, 전문가 집단(profession) 또는 적어도 하나의 전문 분야(discipline)로 변형시키는 것은 때로는 바로 그 그룹의 패러다임 수용 여부이다. 과학에서 (예컨대 의학, 기술, 법학처럼 주된 존재 이유가 외부의 사회적 요구 때문인 학문에서는 그렇지 않지만) 전공 분야 학술지의 발간, 전문가들의 학회 결성, 교과 과정에서의 특별한 위치에 대한 주장은 어느 그룹이 단일 패러다임을 최초로 수용했는지와 흔히 연관되어왔다. 적어도 이것은 지난 150년 동안, 즉 과학 전문화의 제도적 형태가 최초로 전개된 시기인 한 세기 반 이전(19세기 초엽/역주)부터 전문화되고 세분화된 분야들이 그들 고유의 명성을 획득한 아주 최근 시기까지에 해당하는 경우이다.

과학자 그룹에 대한 보다 철저한 정의는 다른 결과들을 낳기도 한다. 과학자 개인이 하나의 패러다임을 당연하다고 받아들일 수 있게 되면, 그는 자신의 주요 연구에서 제1원리들로부터 출발하고 도입된 개념의 용도를 정당화하는 것 같은, 자신의 분야를 처음부터 다시 정립하기 위해서 애쓰지 않아도 된다. 그것은 교과서의 저자에게 맡길 수 있기 때문이다. 그렇지만 교과서가 주어지면 창의적인 과학자는 그 책이 끝나는 곳에서 연구를 시작할 수 있으며, 따라서 그의 집단의 관심을 끄는 자연현상에 대한 가장 미묘하고 해득하기 어려운 측면에 전적으로 집중할 수 있다. 그리고 이렇게 함으로써 그의 연구 보고서들은 여러 가지 방식으로 변화를 겪을 터인데, 이런 변화의 양상이 어떻게 진화했는가에 대해서는 거의 연구되지 않았지만, 그 최종 결과는 모두에게 확실하며 다수에게 구속력을 발휘한다. 그의 연구들은 통상적으로, 프랭클린의 『전기에 관한 실험과 관찰 기록』 또는 다윈의 『종의 기원』처럼 그 분야의 주제에 관심이 있을지도 모르는 일반 대중을 위한 저술 형태 속에 그 내용이 담기지 않을 수 있다. 그 대신 그의 연구는 오직 전문 분야의 동료들을 향한 간명한 논문으로 공표될 것인데, 이들은 공유된 패러다임에 대한 지식을 갖추었고 논문을 읽을 능력이 있다고 생각되는 유일한 사람들이다.

요즘 과학 분야에서 서적은 흔히 교과서나 과학자의 생애의 이러 저러한 면모를 되돌아보는 회상의 형식을 띤다. 이런 것을 저술한 과학자는 전문가로서의 자신의 평판이 올라가기보다는 오히려 손상되었음을 발견한다. 과학 서적은 다양한 과학의 발전에서 초창기, 즉 전(前)패러다임 시기에만 전문적 업적과의 연관성을 가지는 것이 보통이었다. 반면에 다른 여러 창의적인 분야에서 서적은 아직도 전문적 업적과의 연관성을 유지한다. 그리고 논문과 함께하건 그렇지 않건 간에 서적이 여전히 연구를 전달하는 수단으로 이용되는 분야에 한해서는, 보통 사람이 그 분야 전문가의 원전을 읽고서 분야의 발전을 이해할 수 있다는 희망을 품는 상황이 빚어지는데, 이는 전문화의 윤곽이 심히 모호하기 때문이다. 수학과 천문학에서는 양쪽 모두 이미 고대에 연구 보고서가 일반교양 교육을 받은 사람들은 이해하기 어려운 것이 되었다. 동역학에서는 연구가 중세 후반에 이와 비슷하게 비전적(秘傳的)인 것이 되었는데, 새로운 패러다임이 중세의 연구를 주도하던 패러다임을 대체한 17세기 초에 동역학은 잠시 보통 사람이 이해할 수 있을 정도로 바뀐 적이 있었다. 18세기 말 이전에 이미 전기학의 연구는 비전문인이 이해하기 위해서는 번역이 필요한 상태가 되었고, 물리과학의 다른 분야들도 거의 모두가 19세기에 들어 일반인들이 근접할 수 없는 내용으로 바뀌었다. 바로 이 두 세기 동안에는 생물과학의 다양한 분야에서도 이와 비슷한 전환을 찾아볼 수 있다. 사회과학의 부문들에서는 요즘 그런 전이가 일어나고 있는 것 같다. 전문 과학자를 다른 분야들의 동료 학자들로부터 갈라놓은 간극이 점점 넓어짐을 개탄하는 것은 통상적이고 분명 당연한 일이기는 하지만, 그 간극과 과학적 진보의 고유한 메커니즘 사이의 본질적인 관계에 대해서는 거의 아무도 주의를 기울이지 않고 있다.

선사의 태곳적부터 일련의 연구 분야들이 하나씩, 역사학자들이 과학의 전사(前史)라고 부를 수 있는 시대와 엄밀한 의미의 역사 시대의 경계를 넘곤 했다. 학문 전통의 성숙을 향한 이런 전이는, 도식적일 수밖에 없는 나의 논의가 함축하듯이, 그렇게 돌연히 또는 그렇게 명백하게 일어난 적은 거의 없었다. 그러나 역사적으로 그런 전이가 그 분야들의 총체적인 발전 그 자체와 같은 범위에 이를 정도로 점진적으로 일어난 것도 아니었다. 18세기 초 40년 동안 전기학에 관한 저자들은 16세기 그들의 선행자들이 전기 현상에 대해서 가졌던 정보에 비해서 훨씬 더 풍부한 정보를 갖추게 되었다. 반면에 1740년 이후 반세기 동안, 전기 현상의 항목에 덧붙여진 새로운 현상은 몇 종류 되지 않았다. 그럼에도 불구하고 중요한 점에서 18세기의 마지막 30여 년 동안 저술된 캐번디시, 쿨롱, 볼타의 전기학 저술은 그레이, 뒤 페 심지어 프랭클린의 것들과는 큰 차이를 보인다. 그 차이는 18세기 초의 전기 발견자들의 저술과 16세기의 저술 사이의 차이에 비해서 훨씬 더 큰 것 같다.12) 1740년에서 1780년

---

12) 프랭클린 이후 시대의 진전에는 다음 사항들이 포함되는데, 구체적으로 검전기(檢電器)의 민감도가 엄청나게 향상되고, 신뢰할 만한 수준의 전하를 측정하는 기술도 처음으로 널리 보급되고, 전기 용량이라는 개념이 탄생하고, 전압의 새로 밝혀진 개념과 용량 사이의 관계가 밝혀지고, 정전기력이 정량화되었다. 이 모든 내용은

사이의 어느 시점에 전기학자들은 사상 최초로 그들 분야의 기초 원리들을 당연한 것으로 받아들이게 되었다. 이 시점에서부터 그들은 보다 구체적이고 난해한 문제들로 전진했으며, 그런 다음에는 점차 일반 지식층을 주요 대상으로 하는 저술보다 다른 전기학자들에게 공표하는 논문 형식으로 그들의 연구 결과를 발표하게 되었다. 하나의 학파로서 그들은 고대 천문학자들이 얻었던 것을 성취했으며, 중세의 운동에 관한 연구자들, 17세기 후반의 물리광학 연구자들, 그리고 19세기 초의 지질사 연구자들이 얻은 것들을 달성했다. 그들은 전체 그룹의 연구를 인도할 수 있는 패러다임을 획득했다. 과거를 돌아볼 수 있다는 이점을 제외한다면, 한 분야를 명백하게 과학이라고 선언할 만한 또다른 기준을 찾아내기는 힘든 일이다.

다음의 문헌에 실려 있다. Roller and Roller, 앞의 책, pp. 66−81; W. C. Walker, "The Detection and Estimation of Electric Charges in the Eighteenth Century", *Annals of Science*, I (1936), 66−100; Edmund Hoppe, *Geschichte der Elektrizität* (Leipzig, 1884), Part I, iii−iv장.

3

정상과학의 성격

그렇다면 한 그룹의 단일한 패러다임의 수용이 허용하는 보다 전문화되고 심오한 연구의 성격이란 무엇인가? 만일 그 패러다임이 완전히 수행된 연구를 대표하는 것이라면, 그것은 통합된 그룹에게 어떤 문제들을 해결 과제로 남겨놓는가? 지금까지 사용해온 용어들이 우리를 오인하게 할 수도 있는 하나의 측면에 주목한다면, 이런 질문들은 더욱 시급한 것으로 보인다. 확립된 용법으로 보면, 하나의 패러다임은 인정된 '모형(model)' 또는 '유형(pattern)'이 되며, 더 좋은 단어가 없는 상태에서 의미의 그런 측면은 나로 하여금 이 책에서 '패러다임(paradigm)'이라는 말을 전용(專用)하도록 만들었다. 그러나 전용을 허용하는 '모형'과 '유형'의 의미는 '패러다임'을 정의하는 데에 통상적인 것이 아니라는 점이 곧 분명하게 드러날 것이다. 문법에서 예컨대 'amo, amas, amat'는 하나의 패러다임인데, 왜냐하면 그것은 다른 숱한 라틴어 동사의 활용에서, 이를테면 'laudo, laudas, laudat'를 얻는 데에 쓰이는 패턴을 나타내기 때문이다. 이러한 표준적 사용에서 패러다임은 사례들을 복사하도록 허용하는 기능을 하는데, 원칙적으로 이 사례들 중 어느 것이든 패러다임을 대체하는 역할을 할 수 있다. 반면에 과학에서는 패러다임이 모사의 대상인 경우는 거의 없다. 오히려 관습법에서 수용된 판결처럼, 패러다임은 새롭거나 보다 엄격한 조건 아래에서 더욱 명료화되고 특성화되어야 하는 대상이다.

어떻게 그럴 수 있는가를 살피려면, 먼저 패러다임이 처음 출현했을 때에 패러다임의 전망과 정확도의 양쪽 측면 모두가 얼마나 크게 제한되어 있는지를 깨달아야 한다. 패러다임은 전문가들 그룹이 시급하다고 느낀 몇몇 문제를 푸는 데에 경쟁 상대들보다 훨씬 더 성공적이라는 이유로 그 지위를 획득한다. 그러나 보다 성공적이라는 말은 단일한 문제에 대해서 완벽하게 성공적이라든가, 많은 문제들에 대해서 상당히 성공적임을 의미하지는 않는다. 운동에 관한 아리스토텔레스의 해석, 행성의 위치에 대한 프톨레마이오스의 계산, 라부아지에의 천칭 저울의 이용, 또는 전자기장(電磁氣場, electromagnetic field)에 대한 맥스웰의 수학화 같은 패러다임의 성공은 당초에는 주로 선별적이고 아직은 불완전한 예제들에서 발견될 수 있는 성공의 약속일 뿐이었다. 정상과학은 그런 약속의 실현을 통해서 이루어진다. 이러한 실현은 패러다임이 특히 흥미롭다고 제시하는 사실들에 대한 지식을 확장시키고, 그런 사실들과 패러다임의 예측 사이에 일치 정도를 증진시키며, 패러다임 자체를 더욱 명료화시킴으로써 달성된다.

실제로 성숙한 과학에 종사해본 적이 없는 사람은 패러다임이 이런 유형의 마무리 작업을 얼마나 많이 남겨두는지, 그리고 이런 마지막 마무리 작업(mop-up work)을 수행하는 것이 얼마나 매력적인 것인지를 알 수 없다. 이런 점을 이해할 필요가 있다. 대부분의 과학자들이 그들의 생애를 마무리 작업에 바친다. 바로 그런 작업들이 내가 여기서 정상과학이라고 부르는 것을 구성한다. 역사적으로든 또는 현대의 연구 실험실에서든 간에, 자세히 검토해보면 이런 활동은 패러다임이 제공하는, 미리 만들어진, 상당히 고정된 상자 속으로 자연을 밀어넣은 시도라고 볼 수 있다. 정상과학의 목적은 새로운 종류의 현상을 불러내려는 것이 아니다. 실제로 그 상자에 들어맞지 않는 현상들은 종종 전혀 보이지도 않는다. 과학자들은 새로운 이론의 창안을 목적으로 하지도 않으며, 다른 과학자들에 의해서 창안된 이론을 잘 받아들이지도 못한다.1) 오히려 정상과학 연구는 패러다임이 이미 제공한 현상과 이론을 명료화하는 것을 지향한다.

아마 이런 것들은 결함일지도 모른다. 정상과학에 의해서 탐구되는 영역들은 극히 작고, 여기서 논의되는 활동은 지극히 제한된 시야(視野)만을 가지고 있기 때문이다. 그러나 패러다임에 대한 확신으로부터 파생되는 이러한 제한은 과학의 발전에서 불가결한 것으로 드러난다. 상당히 심오한 문제의 작은 영역에 주의를 집중함으로써, 패러다임은 과학자들로 하여금 자연의 어느 부분을 상세하고 깊게 탐구하도록 만드는데, 이는 그렇지 않았더라면 상상조차 하지 못했을 것이다. 그리고 정상과학은 연구를 이끄는 패러다임이 효과적으로 작동하지 못하는 경우에는 언제든지 연구를 구속하던 제한을 느슨하게 하는 메커니즘을 내재하고 있다. 이 시점에 이르면, 과학자들은 저마다 다르게 행동하기 시작하며, 그들의 연구 문제의 성격도 바뀌게 된다. 그러나 패러다임이 잘 들어맞는 얼마 동안, 전문 분야는 패러다임에 의존하지 않고서는 구성원들이 상상조차 하지 못하고 도저히 손댈 수 없던 문제들을 잘 풀어낼 것이다. 그리고

---

1) Bernard Barder, "Resistance by Scientists to Scientific Discovery", *Science*, CXXXIV (1961), 596–602.

적어도 그 성취의 일부는 언제나 영구한 깃으로 판명된다.

정상과학 연구, 또는 패러다임에 기초한 연구가 과연 무엇을 뜻하는가를 좀더 명백하게 밝히기 위해서, 이제 정상과학을 주로 구성하는 문제들을 분류하고 설명해보려고 한다. 편의상 나는 이론적 활동은 뒤로 미루고 우선 사실 수집부터 시작하려고 한다. 사실 수집은 전문 학술지에 서술된 실험과 관찰을 의미하는데, 과학자들은 학술지를 통해서 자신들이 계속해서 수행하는 연구의 결과를 동료들에게 알린다. 이런 과학자들은 보통 자연의 어느 측면을 연구하고 보고하는가? 무엇이 그들의 선택을 결정짓는가? 그리고 대개의 과학적 관찰에는 많은 시간과 시설 그리고 경비가 소요되는데, 무엇이 과학자로 하여금 그 선택을 결론에 이르기까지 추진하게 하는 동기를 부여하는가?

나는 사실적 과학 탐구에는 오직 세 가지 정상적인 초점이 있다고 보는데, 물론 이것들은 항상 구별되거나 또는 영구히 구별되는 것은 아니다. 첫 번째는 패러다임이 사물의 본질에 대해서 특히 뚜렷하게 흥미롭다고 밝히는 사실들의 부류이다. 문제를 해결하는 데에 그 사실들을 적용함으로써 패러다임은 그런 사실들을 정확도를 높이고 더욱 다양한 상황 속에서 확정할 만한 가치가 있는 것으로 만들어준다. 어느 시대에나 의미 있는 사실적 결정은 다음과 같은 것들을 포함해왔다. 즉 천문학에서는 별들의 위치와 광도(光度), 연성(蓮星)의 식(蝕) 주기와 행성의 주기, 물리학에서는 물질의 비중과 압축률, 파장과 스펙트럼의 강도, 전기 전도도(傳導度)와 접촉 전위(電位), 그리고 화학에서는 조성과 결합 무게, 용액의 끓는점과 산도(酸度), 구조식과 광학 활성 등이 그런 예들이다. 이와 같은 사실들을 더 정확하고 광범위하게 알아내고자 하는 시도는 실험 및 관찰의 과학을 다루는 문헌의 상당한 부분을 차지하는 것으로 알려져 있다. 복잡한 특수장치들이 그런 목적을 위해서 잇달아 고안되었고, 그러한 장치의 고안, 구성, 활용은 최고 수준의 재능과 많은 시간 그리고 상당한 재정적 지원을 필요로 했다. 싱크로트론(synch-rotron : 입자가속기의 하나/역주)과 전파망원경은, 패러다임이 과학자들에게 그들이 추구하는 사실들이 중요하다는 것을 확신시키는 경우에 연구자들이 얻어낼 기다란 과학 기기의 목록 중 가장 최신의 사례에 지나지 않는다. 티코 브라헤로부터 E. O. 로렌스에 이르기까지, 몇몇 과학자들은 무슨 신기한 새로운 발견을 해서가 아니라, 이미 알려진 종류의 사실을 재정립하는 데에 필요한 매우 정밀하고, 신뢰도가 크며, 적용 범위가 넓은 방법을 찾아내서 대단한 명성을 얻었다.

두 번째 사실의 결정은 패러다임 이론으로부터 유도되는 예측들과 직접 비교할 수 있는 사실의 결정이다. 이는 일상적이지만 첫 번째 것보다 작은 규모로 행해지며 그 자체로서의 흥미는 대단하지 않은 것들이다. 곧 설명하겠지만 정상과학의 실험적인 문제로부터 이론적인 것으로 방향을 돌리게 되면, 과학 이론이 직접 자연과 비교될 수 있는 분야들은 많지 않은데, 이는 특히 이론이 뚜렷하게 수학적 형태로 주어지는 경우에는 더욱 그러하다. 아인슈타인의 일반 상대성 이론(general theory of relativity)에 접근할 수 있는 자연의 영역은 세 가지뿐이다.[2] 더욱이 응용이 가능한 분야라고 할지라도,

---

2) 유일하게 오래 지속되고 널리 인정된 검증은 수성의 근일점(近日點)의 세차(歲差)이다. 멀리 떨어진 별들로부터 온 빛의 스펙트럼에서 나타나는 적색편이(red shift)는 일반 상대성 이론보다 더 기본적인 고찰로부터 유도될 수 있으며, 태양 주위에서의 빛의 휘어짐에 대해서도 마찬가지 논의가 가능할 것 같지만, 이것은 현재로서는 다소 논쟁이 되고 있다. 아무튼 후자의 현상에 대한 측정은 애매한 상태로 남아

그것은 흔히 기대되는 일치성을 심각하게 제한하는 이론적이고 방법론적 근사(approximation)를 필요로 한다. 이론과 실험의 일치를 증진시키거나 또는 어찌하든 간에 그런 일치가 증명될 수 있는 새로운 영역을 찾아내는 일은 실험과학자와 관찰자의 숙련과 상상력에 끊임없는 도전을 제기한다. 연주시차(parallax : 지구가 공전하기 때문에 봄과 가을에 보는 가까운 별의 위치가 다르게 보이는 현상/역주)에 대한 코페르니쿠스의 예측을 증명하기 위한 특수 망원경, 『프린키피아』이후 거의 한 세기가 지난 뒤에 창안되어 뉴턴의 제2법칙을 최초로 재론의 여지없이 증명한 애트우드의 기계, 빛의 속도가 수중에서보다 공기 중에서 더 빠르다는 것을 증명한 푸코의 장치, 또는 중성미자(neutrino)의 존재를 실증하기 위해서 고안된 거대한 섬광 계수기(scintillation counter) 등이 그 예인데, 이런 특수장치는 자연과 이론을 점점 더 가깝게 일치하도록 만드는 데에 엄청난 노력과 발명의 재능이 필요했음을 보여준다.3) 일치를 증명하는 이런 시도는 정상과학의 실험 연구의 두 번째 형태이며, 첫 번째 것

있다. 뫼스바우어 복사의 중력에 의한 이동처럼 또 한 가지 조사할 점은 아주 최근에 확실해진 것 같다. 지금은 이처럼 활발한 분야이지만 오랫동안 휴지 상태에 있던 다른 분야들이 속속 더 나타나게 될 것이다. 이 문제에 관한 요약된 최신 해설에 대해서는 L. I. Schiff, "A Report on the NASA Conference on Experimental Tests of Theories of Relativity", *Physics Today*, XIV (1961), 42-48에 실려 있다.

3) 시차망원경 두 가지에 대해서는 Abraham Wolf, *A History of Science, Technology, and Philosophy in the Eighteenth Century* (제2판, London, 1952), pp. 103-105 참조. 애트우드의 기계에 대해서는 N. R. Hanson, *Patterns of Discovery* (Cambridge, 1958), pp. 100-102, 207-208 참조. 나머지 두 개의 특수장치에 대해서는 M. L. Foucault, "Méthode générale pour mesurer la vitesse de la lumière dans l'air et les milieux transparants. Vitesses relatives de la lumière dans l'air et dans l'eau……", *Comptes rendus……de l'Académie des sciences*, XXX (1850), 551-560; C. L. Cowan, Jr. 외, "Detection of the Free Neutrino: A Confirmation", *Science*, CXXIV (1956), 103-104 참조.

보다 패러다임에 보다 분명하게 의존한다. 패러다임의 존재는 풀어야 할 문제를 설정해주는데, 종종 패러다임의 이론이 문제를 해결할 수 있는 장치의 고안에 직접적으로 관련되는 경우가 많다. 예컨대 『프린키피아』가 없었더라면 애트우드의 기계를 이용한 측정은 아무런 의미가 없었을 것이다.

나는 실험과 관찰의 세 번째 부류가 정상과학의 여타 사실 수집 활동을 모두 포괄한다고 생각한다. 그것은 패러다임 이론을 명료화하기 위해서 수행되는 경험적인 연구로 이루어지는데, 이는 남아 있는 이론적 모호성의 일부를 해결하고 이전에는 단지 관심을 끄는 것에 그쳤던 문제들에 대해서 해결의 실마리를 허용하게 된다. 이 부류는 가장 중요한 것으로 드러나는데, 그것을 설명하려면 이를 다시 세 가지로 세분화하는 것이 필요하다. 첫 번째로, 보다 수학적인 과학에서는 명료화를 겨냥한 실험의 일부가 물리적 상수(常數)를 결정하는 방향으로 진행된다. 뉴턴의 연구는 예컨대 단위 거리만큼 떨어진 두 개의 단위 질량 사이에 작용하는 힘이 우주의 모든 위치에서 모든 종류의 물질에 대해서 똑같다는 것을 가르쳐주었다. 그러나 그의 문제들은 이런 인력의 크기인 만유인력 상수를 결정하지 않고도 풀릴 수 있었다. 그리고 『프린키피아』의 출현 이후 한 세기 동안 아무도 그 상수를 결정할 수 있는 장치를 고안하지 못했다. 1790년대에 이루어진 캐번디시의 유명한 측정도 결정적인 해결은 되지 못했다. 물리 이론에서의 그 핵심적 지위로 인해서, 이후로도 줄곧 중력 상수의 값을 개량시키는 작업은 다수의 우수한 실험학자들이 끈질기게 공략하던 목표로 남게 되었다.[4] 이와 같은 유형

---

[4] J. H. P[oynting]는 1741년부터 1901년 사이에 이루어진 중력 상수의 측정 24가지에 대해서 *Encyclopaedia Britannica* (제1판, Cambridge, 1910-1911), XII, 385-389

의 지속적인 연구 사례들은 이 밖에도 천문단위(지구의 타원형 공전궤도에서 긴 반지름/역주), 아보가드로의 수(Avogadro's number), 줄의 계수(Joule's coefficient), 전하(electronic charge) 등의 측정을 포함한다. 이러한 정교한 시도들은 문제를 정의하고 불변적인 해답의 존재를 보증하는 패러다임 이론이 없었더라면 거의 엄두도 내지 못했을 것이며 아무것도 수행되지 못했을 것이다.

그러나 패러다임을 명료화하려는 시도들은 보편 상수의 결정에 국한되지 않는다. 두 번째는 과학자들이 정량적인 법칙을 얻기 위해서도 노력한다는 것이다. 기체의 압력과 부피의 관계를 나타내는 보일의 법칙, 전기적 인력에 대한 쿨롱의 법칙, 생성된 열량을 전기 저항과 전류에 연관 짓는 줄의 관계식 등이 모두 이 범주에 든다. 이들과 같은 법칙들의 발견에 패러다임이 선행 조건이라는 사실은 어쩌면 분명해 보이지 않을지도 모른다. 흔히 그러한 법칙들은 이론에 의존하지 않고 그 자체를 위해서 진행된 측정들을 검토함으로써 발견된 것으로 알려져 있다. 그러나 역사는 그처럼 지나친 베이컨식의 방법을 뒷받침하지 않는다. 보일의 실험도 공기를 탄성의 유체로 인식하게 되기 전까지는 구상되지 못했는데, 이런 인식 뒤에야 유체정역학(流體靜力學)의 모든 정교한 개념이 적용될 수 있었다(그 전에 만일 보일의 실험이 구상되었다고 하더라도, 그 해석은 엉뚱했거나 아니면 어떤 해석도 등장하지 못했을 것이다).[5] 쿨롱이 성공을

에 실린 "Gravitation Constant and Mean Density of the Earth"에서 개관하고 있다.

5) 유체정역학의 개념을 기체화학에 완전히 이식시킨 데에 대해서는 F. Barry의 서론 및 주해와 함께 출판된 *The Physical Treatises of Pascal* (I. H. B. Spiers and A. G. H. Spiers 역)(New York, 1937)을 보라. 토리첼리의 병행 이론("우리는 공기 성분으로 이루어진 대공간의 밑바닥에 잠겨서 살고 있다")에 관한 원래의 설명은 p. 164에 나와 있다. 두 가지 주요 논저에 의해서 이런 견해는 급진전을 이루게 된다.

거둔 것은 점전하들(point charges) 사이의 힘을 측정하는 특별한 장치를 스스로 만들었기 때문이다(이전에 일반적인 접시저울 등을 이용해서 전기적 힘을 측정했던 사람들은 일관성과 단순한 규칙성을 전혀 발견하지 못했다). 그러나 그런 장치의 고안은 결국 전기 유체의 각 입자는 서로 떨어져 있는 상태에서 서로에게 작용을 미친다는 사실을 이미 알고 있었던 덕분이다. 그것이 쿨롱이 찾고 있었던 입자들 사이의 힘이었는데, 이 힘은 거리의 단순한 함수라고 가정해도 무방했던 유일한 힘이었다.[6] 줄의 실험도 패러다임의 명료화를 통해서 정량적인 법칙들이 어떻게 출현하는가에 관해서 설명해줄 수 있을 것이다. 실상 정성적(定性的) 패러다임과 정량적(定量的) 법칙 사이의 관계는 매우 일반적이며 긴밀하기 때문에, 갈릴레오 이래로 실험적 측정에 필요한 장치가 고안되기 한참 이전에도 패러다임의 도움을 받아 그러한 법칙을 추측할 수 있는 경우가 흔했다.[7]

마지막으로 패러다임을 명료화시키는 것을 목적으로 하는 세 번째 유형의 실험이 존재한다. 다른 것들에 비해서 이 실험은 자연에 대한 탐구 작업에 가까우며, 자연의 규칙성에서의 정량적 측면보다 정성적 측면을 더 많이 다루는 시대와 과학들에서 특히 두드러지게 드러난다. 흔히 일군의 현상에 대해서 전개된 패러다임은 그 밖의 밀접하게 관련된 현상들에 적용할 때에 모호해질 수 있다. 그렇게 되면 실험을 통해서 새로운 관심 영역에 패러다임을 응용하는 대안적 방법들 중에서 어떤 것을 선택해야 하는가를 알 필요가 생긴다.

---

6) Duane Roller and Duane H. D. Roller, *The Development of the Concept of Electric Charge: Electricity from the Greeks to Coulomb* ("Harvard Case Histories in Experimental Science", Case 8; Cambridge, Mass., 1954), pp. 66-80.

7) 예를 들면 T. S. Kuhn, "The Function of Measurement in Modern Physical Science", *Isis*, LII (1961), 161-193 참조.

예를 들면, 칼로릭 이론(caloric theory)의 모범적인 응용은 혼합하거나 상태의 변화에 의해서 가열 작용과 냉각 작용이 일어나는 경우였다. 그러나 예컨대 열은 화학적 결합이나 마찰이나, 혹은 기체의 압축 또는 흡수 등의 갖가지 다른 방식들로도 방출되거나 흡수될 수 있었고, 칼로릭 이론은 이들 여타 현상 각각에 대해서 여러 방식들로 적용될 수 있었다. 만일 진공이 열용량(熱容量)을 가진다면, 압축에 의한 발열 현상은 기체를 진공과 섞은 결과라고 설명될 수 있을 것이었다. 아니면, 압력이 변화하는 데에 따라서 기체의 비열(比熱)이 변화하기 때문일지도 모를 일이었다. 이 밖에도 여러 가지 설명이 시도되었다. 이렇듯이 다양한 가능성들을 조사하기 위해서, 그리고 그것들 사이의 차이를 구분하기 위해서 많은 실험들이 수행되었다. 이 실험들은 모두 패러다임으로서의 칼로릭 이론으로부터 파생되었으며, 한결같이 실험의 고안과 결과의 해석에서 패러다임을 사용했다.8) 일단 압축에 의한 발열 현상이 확립된 다음에는 이후의 그 분야의 모든 실험들은 이런 방식으로 패러다임에 의존하게 되었다. 현상이 주어진 이상, 그것을 밝히는 실험이 어떻게 달리 선택될 수 있었겠는가.

이제 실험 및 관찰에 관한 문제들과 거의 비슷한 부류에 속하는 정상과학의 이론적 문제들로 방향을 돌리기로 하자. 작은 부분을 차지하는 정상과학의 이론 연구의 일부는 단순히 기존 이론을 이용해서 고유의 가치가 있는 사실적 정보를 예측하는 일이 된다. 천체력(天體曆)의 제작, 렌즈 특성의 계산, 그리고 전파(電波)의 전파(傳播) 곡선 작성 등이 이런 종류의 문제들에 속한다. 그렇지만 과학자

---

8) T. S. Kuhn, "The Caloric Theory of Adiabatic Compression", *Isis*, XLIX (1958), 132–140.

들은 일반적으로 그것들을 엔지니어나 테크니션의 소관인 별로 창의성이 없는 활동으로 간주한다. 어느 시대에나 그런 것들은 주요 과학 문헌에 많이 실리지 않는다. 그러나 이들 학술지는 문제들에 대한 이론적 고찰을 굉장히 많이 싣는데, 이런 것들은 과학자가 아닌 사람에게는 거의 똑같아 보일 것이다. 이 논문들은 채택된 이론을 조작하는 작업인데, 그 속에서 나타나는 예측이 본질적으로 가치가 커서라기보다 이 예측이 실험과 직접 만날 수 있는 것들이기 때문이다. 그러한 고찰의 목적은 패러다임의 새로운 응용을 제시하기 위해서이거나, 또는 이미 이루어졌던 응용의 정확성을 높이기 위한 것이다.

이런 유형의 연구의 필요성은 이론과 자연 사이의 접촉점을 전개시키는 데에서 흔히 당면하게 되는 엄청난 난관들로부터 발생한다. 이러한 난관은 뉴턴 이후의 역학의 역사를 살핌으로써 간단하게 설명할 수 있다. 18세기 초에 이르러 『프린키피아』에서 하나의 패러다임을 찾아낸 과학자들은 그 결론의 일반성을 당연한 것으로 받아들였으며, 그들에게는 그럴 만한 이유가 매우 충분했다. 과학사에서 알려진 업적들 가운데 그 어느 것도 과학 연구의 범위와 정확성, 양자 모두를 동시에 그만큼 놀랍게 증진시키지는 못했다. 하늘에 대해서 말하자면, 뉴턴은 행성의 운행에 관한 케플러의 법칙을 수학적으로 유도했으며, 케플러의 법칙을 만족시키지 않았던 달의 관찰 결과의 일부에 대해서도 설명을 제공했다. 지구에 대해서는 진자(pendulum)와 조수(潮水)의 간만에 대한 몇몇 단편적인 관찰 결과들을 수학적으로 유도했다. 무작위적이지만 추가적인 가정을 도입함으로써, 그는 보일의 법칙과 공기 중에서의 소리의 속도에 대한 중요한 관계식도 끌어낼 수 있었다. 그 당시 과학의 상황에서 이러한 증명들의 성공은 지극히 인상적인 것이었다. 그러나 뉴턴 법칙들의 일반성에 대한 믿음에도 불구하고 그 응용 사례는 많지 않았으며, 뉴턴은 다른 응용을 거의 전개시키지 않았다. 더욱이 물리학 전공 대학원생이 오늘날 그와 똑같은 법칙들을 가지고 성취할 수 있는 것에 비교하면, 뉴턴의 몇 가지가 되지 않는 응용 사례는 심지어 정확성 있게 전개되지도 못했다. 마지막으로, 『프린키피아』가 주로 천체역학에 관한 문제들에 응용되도록 고안되었다는 점을 다시 고려해야 한다. 지상의 문제들, 특히 속박된 운동에 어떻게 그것을 적용해야 할 것인가는 전혀 확실하지 않았다. 어쨌든 지상의 문제에 대한 접근은 어느 경우에나 매우 다른 일련의 테크닉을 사용해서 크게 성공을 거두고 있었는데, 이는 원래 갈릴레오와 하위헌스가 전개시켰고 18세기 동안에는 대륙에서 베르누이, 달랑베르 그리고 그 밖의 많은 학자들에 의해서 확장되었던 방법이다. 아마도 그들의 테크닉과 『프린키피아』의 테크닉은 보다 일반적인 정식화의 특수한 사례로 밝혀질 수도 있었을 것이나, 얼마 동안은 아무도 그 방법을 제대로 찾지 못했다.[9]

이제 잠시 정확성의 문제에 주의를 국한시켜보자. 우리는 이미 그 경험적 측면에 대해서는 다룬 바 있다. 뉴턴 패러다임의 구체적 응용이 요구했던 특수한 데이터를 얻기 위해서는 캐번디시 장치, 애트우드의 기계, 또는 개량된 망원경과 같은 특별한 기기들이 필

---

9) C. Truesdell, "A Program toward Rediscovering the Rational Mechanics of the Age of Reason", *Archive for History of the Exact Sciences*, I (1960), 3–36, and "Reactions of Late Baroque Mechanics to Success, Conjecture, Error, and Failure in Newton's *Principia*", *Texas Quarterly*, X (1967), 281–297. T. L. Hankins, "The Reception of Newton's Second Law of Motion in the Eighteenth Century", *Archives internationales d'histoire des sciences*, XX (1967), 42–65.

요했다. 이론 쪽에서도 일치를 얻는 데에는 그와 비슷한 여러 가지 난관이 따랐다. 뉴턴은 그의 법칙들을 진자에 적용시킬 때, 예컨대 진자의 길이에 특정한 값을 매기기 위해서 추를 질량점(질량만 가지고 크기를 가지지 않는 점/역주)으로 취급해야 했다. 또한 가설적이고 예비적인 몇몇 예외를 제외하고 그의 정리(定理)의 대부분은 공기 저항의 영향을 무시했다. 이런 것들은 건실한 물리적 근사(近似)였다. 그럼에도 불구하고 근사로서 그것들은 뉴턴의 예측과 실제 실험 사이에서 기대되는 일치성을 제한했다. 뉴턴의 이론을 하늘에 적용하는 데에서는 바로 이 난점이 더욱 두드러지게 나타났다. 망원경을 이용한 간단한 계량적 관찰에 따르면, 행성들은 케플러의 법칙을 꼭 만족시키지는 않는데, 뉴턴의 이론은 이것이 그래야만 함을 지적했다. 케플러의 법칙들을 유도하기 위해서 뉴턴은 각 행성과 태양 사이를 제외하고는 인력에 의한 작용을 모두 무시해야 했다. 그런데 행성들은 상호 간에도 끌어당기고 있으므로, 적용된 이론과 망원경의 관찰 결과 사이에는 고작해야 근사적인 일치만을 예상할 수 있었다.10)

이 정도의 일치성이라고 해도 그것을 얻은 사람들에게는 물론 상당히 만족스러운 것이었다. 지상의 문제들 중 몇몇을 제외하고는, 어떤 이론도 그렇듯이 잘 풀어낼 수가 없었다. 뉴턴 연구의 타당성을 의심했던 사람들 중 어느 누구도 실험과 관찰 사이의 일치가 한계를 가진다는 이유로 이를 의심하지는 않았다. 그럼에도 불구하고 일치성에서의 이러한 한계는 뉴턴의 후계자들에게 매력적인 이론적 문제들을 많이 남겨놓았다. 이를테면 동시에 서로 끌어당기는

---

10) Wolf, 앞의 책, pp. 75-81, 96-101; William Whewell, *History of the Inductive Sciences* (개정판, London, 1847), II, 213-271.

둘 이상의 물체의 운동을 다루기 위해서, 그리고 교란된 궤도에서의 안정성을 고찰하기 위해서는 이론적 기교들이 요구되었던 것이다. 18세기와 19세기 초에 걸쳐서 이와 같은 문제들은 유럽의 가장 우수한 수학자들을 사로잡았다. 오일러, 라그랑주, 라플라스, 가우스는 모두들 뉴턴의 패러다임과 하늘 세계의 관찰 결과 사이의 일치를 증진시키기 위한 문제들을 해결하면서 가장 빛나는 업적을 남겼다. 이 인물들 대다수가 응용에 요구되는 수학을 전개시키는 일도 했는데, 이는 뉴턴이나 동역학의 당대의 어느 대륙 학파도 시도조차 하지 못했던 것이다. 이를테면, 그들은 유체 역학과 진동하는 현(弦)의 문제에 대해서 방대한 문헌과 몇 가지의 막강한 수학적 기법을 탄생시켰다. 이런 응용의 문제들은 18세기의 가장 빛나고 심혈을 기울인 과학적 연구가 과연 무엇인가를 설명해준다. 패러다임 이후의 시대를 검토해보면 다른 실례들이 발견되는데, 그런 것으로는 열역학, 빛의 파동 이론, 전자기 이론, 또는 그 기본 법칙들이 완전히 정량적인 과학의 여타 분야의 발전을 들 수 있다. 적어도 보다 수학적인 과학에서는 이론적 연구가 거의 모두 이런 유형의 작업이 된다.

그렇다고 해서 모든 연구가 그런 유형인 것은 아니다. 수학적인 과학일지라도 패러다임 명료화의 이론상 문제는 따르게 마련이다. 과학의 발전이 주로 정성적인 성격을 띤 시기에는 이런 문제들이 두드러지게 많다. 보다 정량적인 과학과 보다 정성적인 과학 양쪽에서 다루는 문제의 일부는 재정식화를 통해서 패러다임을 명료화하는 것을 단순히 목표로 하고 있다. 이를테면『프린키피아』는 응용하기 용이한 책은 아니었는데, 그 이유로는 최초의 모험이어서 어쩔 수 없는 미숙함도 있었고, 또 응용 과정에서는 그 의미의 많은 부분이 단지 묵시적으로만 드러났던 까닭도 있었다. 어쨌든 지상계에 대한 다수의 응용에서, 겉보기에는 뉴턴과 관련이 없는 듯한 유럽 대륙의 기법이 대단히 더 막강한 것으로 보였다. 그러므로 18세기의 오일러와 라그랑주로부티 19세기의 해밀턴, 야코비, 헤르츠에 이르기까지 유럽의 가장 탁월한 수리물리학자들은 역학 이론을 동등하면서도 논리적이고 심미적으로 보다 만족스러운 형태로 재구성하려는 노력을 끊임없이 경주하게 되었다. 다시 말해서 그들은『프린키피아』의 그리고 유럽 대륙 역학의 명시적이고 묵시적인 교훈을 논리적으로 더욱 정연한 형태로 나타내기를 원했는데, 그런 수정안은 새롭게 파헤쳐진 역학 문제에 대한 응용에서 즉각적으로 보다 통일적이며 보다 좋은 일치를 나타낼 것들이었다.[11]

하나의 패러다임을 재정식화하는 이와 같은 작업은 과학의 모든 분야에 걸쳐 끊임없이 진행되어왔으나, 이런 재정식화의 대부분은 앞에서 언급한『프린키피아』의 경우보다 훨씬 더 뚜렷한 패러다임의 변화를 불러왔다. 그러한 변화들은 앞에서 패러다임 명료화를 겨냥하는 것이라고 설명된 경험적 연구의 결과로부터 나타난다. 그런데 그런 종류의 연구를 경험적이라고 분류하는 것은 임의적이다. 정상과학의 다른 어느 유형보다도 패러다임 명료화의 문제는 이론적이면서도 동시에 실험적이다. 앞에서 주어진 사례들은 여기서도 똑같은 역할을 할 것이다. 쿨롱은 스스로 그의 장치를 꾸며서 그것으로 측정을 할 수 있기에 앞서서, 그 장치가 어떻게 꾸며질 것인가를 결정하는 데에 전기 이론을 원용해야 했다. 그의 측정 결과는 그 이론을 세련화한 것으로 나타났다. 다시, 압축에 의한 발열 현상에 관한 갖가지 이론들을 구별할 수 있는 실험을 고안한 사람들은 대

---

11) René Dugas, *Histoire de la mécanique* (Neuchatel, 1950), Books IV-V.

체로 비교되고 있는 여러 가지 해석들을 내놓은 바로 그 사람들이었다. 그들은 사실과 이론 두 가지를 모두 다루었고, 그들의 연구 결과는 단순히 새로운 정보가 아니라 보다 정확한 패러다임을 산출했으며, 그들은 연구의 시작점이었던 원래의 패러다임이 가진 모호함을 제거함으로써 그것을 얻었다. 다수의 과학에서 정상연구 활동은 대부분 이런 성격을 띤다.

나는 이들 세 가지 유형의 문제들, 즉 의미 있는 사실의 결정, 사실의 이론과의 일치, 그리고 이론의 명료화 등은 실험과학과 이론과학 양쪽에서 정상과학 문헌을 모두를 차지한다고 본다. 그렇지만 그것들이 과학의 문헌을 모두 차지하는 것은 아니다. 거기에는 일반적이 아닌 비정상적인 문제들도 들어 있으며, 이런 비정상적인 문제의 풀이는 과학적 활동 전부를 특별한 가치를 가진 것으로 만들어준다. 그러나 비정상적인 문제들은 요구한다고 해서 가질 수 있는 것이 아니다. 그런 문제들은 정상연구의 진보에 의해서 마련된 특별한 경우에 한해서 출현한다. 그러므로 아무리 뛰어난 과학자에 의해서 다루어지는 문제들이라고 할지라도, 그 압도적 다수는 보통 앞에서 요약한 세 가지 범주 가운에 하나에 속하게 된다. 패러다임 아래에서의 연구는 여타의 방법으로는 수행될 수 없으며, 그 패러다임을 버리는 것은 바로 그것이 정의하는 과학의 실행을 중단한다는 뜻이 된다. 우리는 곧이어 실제로 그러한 패러다임이 폐기되는 것을 보게 될 것이다. 그런 폐기가 바로 과학혁명이 돌아가는 축이 된다(혁명[revolution]의 중심과 회전[revolution]의 축을 비유적으로 빗대어 쓴 말/역주). 그러나 그런 혁명에 대한 고찰을 시작하기 전에, 거기에 이르는 길을 마련하는 정상과학적 연구 활동의 총체적인 조망에 관해서 개관할 필요가 있다.

4

퍼즐 풀이로서의 정상과학

　우리가 방금 살펴본 정상연구의 문제들의 가장 두드러진 특징은 아마도 그 연구가 개념적이거나 현상적으로 중요한 새로운 발견을 얻어내는 것을 거의 목표로 하지 않는다는 점일 것이다. 일례로 파장의 측정을 보면, 그 결과의 가장 비전적인 세부 내용을 제외하고는 어느 것이나 이전에 알려진 것이며, 전형적인 예상의 폭이 약간 더 넓어질 따름이다. 쿨롱의 측정은 아마도 역제곱 법칙(inverse square law)에 맞추어야 할 필요가 없었을 것이며, 압축에 의한 가열 현상에 관해서 연구하던 사람들은 여러 가지 결과 중의 어느 하나를 얻으리라고 기대하는 것이 보통이었다. 이러한 경우에조차도, 예상되고 따라서 동화 가능한 결과들의 범위는 상상이 허용하는 범위에 비하면 언제나 소폭이다. 그리고 그 결과가 그런 좁은 범위에 맞아떨어지지 않는 프로젝트는 대개 연구의 실패로 간주되는데, 그런 실패는 자연이 아니라 과학자에게 영향을 미치게 된다.

　18세기에는 예컨대 접시저울 같은 장치로 전기적 인력을 측정한 실험은 거의 주목을 받지 못했다. 그런 실험들은 일관성 있는 결과나 간단한 결과조차도 얻지 못했으므로, 그것들이 유도된 패러다임을 명료화시키는 데에 이용될 수 없었다. 그러므로 이런 결과들은 전기학 연구의 지속적인 발전과는 무관하고 또 관계를 맺을 수도 없는 그저 **단순한** 사실로 남아 있었다. 다만 패러다임을 획득하고 난 뒤에 회고해보면, 우리는 그 실험이 전기 현상의 어떤 특성들을 드러내는지를 알 수 있다. 물론 쿨롱과 그와 동시대의 연구자들 역시 이런 후기의 패러다임을 소유하고 있었는데, 이 패러다임은 인력의 문제에 적용될 때에 똑같은 예측을 낳았다. 이것은 쿨롱이 패러다임 명료화에 의해서 동화될 수 있는 결과를 낳는 장치를 고안할 수 있었던 이유이다. 또한 그것은 어째서 그 결과에 아무도 놀라지 않았는가에 대한 이유이며, 쿨롱의 동시대인들 중 몇몇도 어떻게 그것을 미리 예측할 수 있었는가에 대한 이유도 된다. 그 목적이 패러다임을 명료화하려는 프로젝트일지라도 **예기치 못한** 새로움을 겨냥하지는 않는다.

그러나 만일 정상과학의 목표가 실질적인 주요 혁신이 아니라면 (예측된 결과의 근처에 이르지 못하는 것이 일반적으로 과학자로서의 실패라고 한다면), 도대체 왜 이런 문제들이 애초에 다루어지는 것일까? 이에 대한 대답의 일부는 이미 앞에서 제시되었다. 과학자에게는 적어도 정상연구에서 얻은 결과는 의미 있는 것인데, 그 이유는 그것이 패러다임이 적용될 수 있는 범위와 정확성을 증진시키기 때문이다. 그렇지만 그 대답은 과학자들이 정상연구의 문제들에 대해서 드러내는 열성과 헌신을 설명하지는 못한다. 단지 거기서 얻게 될 정보의 중요성 때문에, 이를테면 개량된 분광계를 만드는 일이나 진동하는 현(弦)의 문제에 보다 나은 해답을 얻기 위해서 몇 년을 쏟아붓는 사람은 없다. 천체력을 계산하거나 기존의 기기로 더 많은 측정을 해서 얻은 데이터도 흔히 그만큼 의미 있는 것이기는 하지만, 과학자들은 이런 활동이 예전부터 줄곧 수행되었던 과정의 반복이라고 보고 이를 대수롭지 않은 것으로 생각한다. 이러한 거부 반응은 과학자들이 왜 정상연구 문제에 매혹되는가를 이해하는 단서를 제공한다. 결과가 종종 아주 상세하게 예측되어서 알아야 할 것이 별 흥미를 유발하지 못하는 경우라고 할지라도 그 결과를 성취하는 방법은 의문 속에 남게 된다. 정상연구 문제를 결론으로 몰고 가는 것은 예측한 것을 새로운 방법으로 성취하는 것이며, 그것은 갖가지 복합적인 도구적, 개념적 그리고 수학적 퍼즐 풀이를 요구한다. 이것을 해내는 사람은 능력 있는 퍼즐 풀이 선수로 밝혀지며, 퍼즐에 대한 도전은 통상적으로 과학자로 하여금 지속적인 연구를 수행하게 하는 중요한 요소가 된다.

'퍼즐(puzzle)' 그리고 '퍼즐 풀이자(puzzle-solver)'라는 용어는 앞의 단락에서 점진적으로 뚜렷해졌던 주제들 몇 가지를 강조시킨다. 완전한 표준적 의미로서 여기에서 사용된 퍼즐은 풀이에서의 탁월함이나 풀이 기술을 시험하는 구실을 할 수 있는 문제들의 특이한 범주를 말한다. 사전적 예로는 '조각그림 맞추기 퍼즐(jigsaw puzzle)'과 '낱말 맞추기 퍼즐(crossword puzzle)'이 있는데, 이것들은 여기서 우리가 분리해야 하는 정상과학의 문제들의 특성들과 공통점을 가진다. 그중 한 가지는 방금 언급된 것이다. 퍼즐의 결과가 본질적으로 흥미로운 것이냐 또는 중요한 것이냐는 퍼즐에서 우열을 가리는 기준이 아니다. 오히려 대조적으로 참으로 급박한 문제들, 이를테면 암 치료라든가 평화를 영속시키는 계획 같은 것은 전혀 퍼즐이 아닌 경우가 많은데, 그 이유는 대체로 이런 문제들에 아무런 해답도 없을지도 모르기 때문이다. 두 가지 전혀 다른 종류의 조각그림 맞추기 상자 속에서 멋대로 조각들을 꺼내어 그림을 맞춘다고 생각해보자. 그런 퍼즐은 아무리 솜씨 좋은 사람이라도 별도리가 없는 까닭에(그렇지 않을지도 모르지만), 그것은 풀이하는 사람의 재주를 평가하는 것이 될 수 없다. 통상적인 의미로 보면, 그것은 퍼즐이 아니다. 본질적인 가치는 결코 퍼즐에 대한 기준이 되지 못하지만, 반면에 확실히 해답이 존재한다는 것은 그 기준이 된다.

그러나 우리가 이미 앞에서 보았듯이, 과학자 공동체가 패러다임과 함께 획득하는 것들 가운데 하나는, 패러다임이 당연한 것으로 인식되는 동안 풀이를 가진 것으로 간주될 수 있는 문제들을 선정하는 기준이다. 이 문제들 대부분은 과학자 공동체가 과학적이라고 인정하거나 구성원들에게 참여하라고 권장하는 유일한 문제들이 된다. 이전에는 표준이었던 다수의 문제들을 비롯하여 여타의 문제들은 탁상공론이라거나, 다른 분야의 관심사라거나, 또는 시간 낭비일 정도로 너무 말썽이 많다는 이유로 거부당하게 된다. 이런 점 때문에 하나의 패러다임은 과학자 공동체를 사회적으로 중요한 퍼즐 형태로 환원될 수 없는 문제들로부터 격리시키기까지 하는데, 이는 이런 문제들이 패러다임이 제공하는 개념적, 도구적 수단으로는 진술될 수 없기 때문이다. 그런 문제들은 혼란스러운 것으로 간주되는데, 이는 17세기 베이컨주의와 현대의 사회과학 분야들의 몇몇 측면에 의해서 분명하게 드러나는 교훈이다. 정상과학이 이렇게 급속도로 진전되는 것처럼 보이는 이유들 가운데 하나는 전문가들이 그들 자신의 독창성을 가지고 해결할 수 있는 문제들에만 집중하기 때문이다.

그렇지만 만일 정상과학의 문제들이 이런 의미에서 퍼즐이라고 한다면, 과학자들이 정열과 헌신을 바쳐서 그런 문제들을 공격하는 이유를 물을 필요가 없어진다. 인간이 과학에 흥미를 느끼는 데에는 갖가지의 이유들이 있다. 그 가운데는 유용성에의 욕구, 새로운 영역을 탐사하는 경이감, 질서를 찾아내려는 희망, 이미 정립된 지식을 시험하려는 충동 등이 포함된다. 이러한 동기와 다른 동기들 역시 이후에 그 사람이 다루어야 할 특수한 문제들을 결정짓는 데에 도움을 준다. 물론 경우에 따라서 결과는 낭패를 보기도 하지만, 이와 같은 동기들이 일차적으로는 과학자의 관심을 유발하고, 그 다음에는 그를 나아가게 하는 충분한 이유가 된다.[1] 전반적으로 과학 활동 전체는 종종 유용하다고 증명되며, 새로운 영역을 개척하고 질서를 표출하며, 오랫동안 받아들여진 믿음을 시험한다고 간주된다. 그럼에도 불구하고, 정상연구의 문제에 종사하는 개인들은 이런 유형의 활동은 전혀 하지 않는다. 일단 과학에 몸담게 되면 과학자의 동인(動因)은 상당히 다른 양상을 띤다. 그 다음 그에게 도전장을 내미는 것은, 그에게 충분히 재능이 있다면, 이전에 아무도 풀지 못했거나 제대로 잘 풀지 못했던 퍼즐을 푸는 데에 성공할 것이라는 확신이다. 가장 위대한 과학적 정신의 대가들은 대개 이런 종류의 미결된 퍼즐들을 푸는 전문가로서 헌신해왔다. 거의 모든 경우에, 세분화된 어느 특수 분야건 간에 그 밖의 다른 할 일은 아무것도 없다. 이 사실은 적당한 부류의 중독자들에게는 그것을 상당히 매혹적으로 보이게 만든다.

이제부터는 논의를 바꾸어서, 퍼즐들과 정상과학의 문제들 사이의 유사관계에서 좀더 까다롭고 보다 흥미로운 측면을 살펴보자. 만일 퍼즐로서 분류되는 것이라면, 하나의 문제는 그 해답이 확실히 존재한다는 것 이상의 특성을 가져야 한다. 거기에는 또한 인정

---

1) 개인의 역할과 과학 발전의 총체적 양상 사이의 갈등으로 생기는 좌절은 상당히 심각한 경우가 많다. 이 주제에 관해서는 Lawrence S. Kubie, "Some Unsolved Problems of the Scientific Career", *American Scientist*, XLI (1953), 596−613; XLII (1954), 104−112 참조.

받을 수 있는 해답의 본질과 그것이 얻어지는 단계를 모두 한정짓는 규칙도 존재해야 한다. 이를테면 조각그림 맞추기를 완성하는 것은 단순히 "하나의 그림을 만드는" 일이 아니다. 어린아이거나 또는 당대의 예술가거나 간에 아무 관련이 없는 배경에다가 골라낸 조각들을 추상적인 형태로 흩어놓아 그림을 만들 수 있다. 그렇게 만들어진 그림은 원래 조각 맞추기로 만들어진 것보다 더 근사할지도 모르며, 더욱 독창적일 것임은 말할 나위도 없다. 그럼에도 불구하고, 그 그림은 해답이 아니다. 해답을 구하려면 조각을 전부 이용해서 맞추어야 하고, 그림이 없는 쪽은 바닥으로 면해야 하며, 모두 꼭 맞게 끼워맞추어서 빈틈이 전혀 없어야 한다. 이런 것들은 조각그림 맞추기의 풀이를 다스리는 규칙들에 포함된다. 글자 맞추기, 수수께끼, 체스 두기 등의 문제들의 허용 가능한 해답을 끌어내는 데에도 이와 비슷한 제한 조건들이 쉽게 발견된다.

만일 '규칙(rule)'이라는 용어를 경우에 따라서 '기존 견해' 또는 '선행 관념'과 비슷한 의미로 상당히 폭넓게 사용하기로 한다면, 주어진 연구 전통 내에서 접근할 수 있는 문제들은 이와 같은 부류의 퍼즐 특성과 매우 유사한 어떤 것을 드러낼 것이다. 빛의 파장을 측정하는 기계를 고안하는 사람은 그것이 단지 특정한 스펙트럼선에 특정한 값을 매겨준다고 해서 만족해서는 안 된다. 그는 단순히 탐사자나 측정자가 아니다. 오히려 그가 해야 할 일은 광학 이론의 정립된 개념에 입각하여 그의 장치를 분석함으로써, 그의 기기가 알려준 숫자가 이론에서의 파장과 같다는 것을 증명해야 한다. 이론에서 미결된 허점이 있다거나 또는 그 장치의 분석되지 않은 요소로 인해서 그 증명을 완결시키지 못하는 경우, 그의 동료들은 그가 아무것도 측정하지 않았다고 결론짓기 쉽다. 예를 들면, 전자 산란

(散亂)의 최고값도 그것이 처음 관찰되고 기록되었을 때에는 별로 의미를 가지지 못했다가, 후에야 전자 파장의 지침으로 진단되었다. 그런 결과들이 무엇인가를 측정한 것이 되기 위해서는, 그것들은 우선 운동하는 물질이 파동처럼 행동할 수 있다는 것을 예측한 이론과 연관되어야 했다. 또한 그런 연관성이 지적된 이후에도 실험 결과가 이론과 분명한 상관관계로 이어질 수 있도록 장치를 다시 꾸며야 했다.[2] 이런 조건들이 만족되기 전까지는 어떤 문제도 해결된 것이 아니었다.

이와 비슷한 종류의 제한 조건은 이론적 문제에 대한 납득할 만한 풀이에도 해당된다. 18세기 내내, 운동과 중력에 관한 뉴턴의 법칙들로부터 달의 관측된 운동을 유도하려고 했던 과학자들은 실패를 거듭했다. 그 결과 일부 학자들은 역제곱 법칙 대신에 가까운 거리에서는 그 법칙으로부터 벗어나는 다른 법칙이 이를 대체해야 한다고 제안했다. 그러나 그렇게 한다는 것은 패러다임을 바꾸고, 새로운 퍼즐을 정의하고, 옛 퍼즐들을 풀지 않아야 함을 의미했을 것이다. 과학자들은 기존 규칙을 그대로 고수하다가 1750년에 마침내 그것들이 성공적으로 적용될 수 있는 방법을 발견하게 되었다.[3] 게임의 규칙에서 한 가지를 바꿈으로써 비로소 대안이 마련될 수 있었던 것이다.

정상과학 전통을 연구해보면 이 밖의 여러 규칙들이 더 드러나며, 그 규칙들은 과학자들이 그들의 패러다임으로부터 유도한 공약(公約)에 관해서 많은 정보를 제공한다. 우리는 이 규칙들이 속하는 주

2) 이 실험들의 진전에 대한 간단한 설명은 *Les prix Nobel en 1937* (Stockholm, 1938)에 실린 C. J. Davisson의 강연 p. 4 참조.

3) W. Whewell, *History of the Inductive Science* (개정판, London, 1847), II, 101–105, 220–222.

요 범주를 무엇이라고 말할 수 있을까?4) 가장 분명하고 아마도 가장 구속력 있는 것은 우리가 방금 주목했던 일반화의 유형들에 의해서 예시될 것이다. 이 일반화는 과학적 법칙, 그리고 과학적 개념과 이론에 관한 명확한 진술이다. 이와 같은 진술이 계속 존중되는 동안에는, 진술은 퍼즐을 설정하고 수용할 만한 해답을 한정짓는 데에 도움을 준다. 이를테면 뉴턴의 법칙들은 18-19세기에 걸쳐 그런 기능을 맡았다. 이 기간만큼은 물질의 질량(quantity-of-matter)이란 물리학자들에게는 기본적인 존재론적 범주였으며, 물질의 조각들 사이에 작용하는 힘은 연구의 주요 주제였다.5) 화학에서는 정비례의 법칙, 배수비례의 법칙이 오랜 세월을 두고 바로 그와 똑같은 위력을 발휘했다. 이것들은 화학 분석의 수용 가능한 결과에 한계를 정하고, 원자와 분자, 화합물과 혼합물이 무엇인가를 화학자에게 알리는 일을 맡으면서, 원자량의 문제를 설정했다.6) 맥스웰 방정식과 통계열역학(statistical thermodynamics)의 법칙들은 오늘날 바로 그와 같은 위력과 기능을 가지고 있다.

그렇지만 이러한 부류의 규칙은 역사적 고찰에 의해서 드러나는 유일한 형태도 아니며, 가장 흥미로운 것도 아니다. 법칙과 이론의 수준보다 더 낮거나 또는 더 구체적인 차원에서, 이를테면 실험기구의 보다 바람직한 형태와 수용된 도구가 적법하게 적용되는 방식에 대해서 다양한 의존들이 존재한다. 화학 분석에서 불의 역할에

---

4) 이 질문은 W. O. Hagstrom에게서 얻은 것인데, 과학사회학에 대한 그의 연구는 나의 연구와 때로는 겹친다.

5) 뉴턴 이론의 이런 관점에 대해서는 다음의 논문을 참조. I. B. Cohen, *Franklin and Newton: An Inquiry into Speculative Newtonian Experimental Science and Franklin's Work in Electricity as an Example Thereof* (Philadelphia, 1956), vii장, 특히 pp. 255-257, 275-277.

6) 이 사례에 대해서는 제10장 뒷부분에서 길게 논의했다.

대한 태도 변화는 17세기 화학의 발달에서 결정적인 구실을 했다.[7]
19세기에 헬름홀츠는 물리적 실험방법이 생리학 분야를 구명할 수
있다는 관념에 대해서 생리학자들로부터 거센 반발에 부딪쳤다.[8]
도구적 의존은 법칙과 이론만큼이나 과학자들에게 게임의 규칙을
제공하는데, 20세기 화학 크로마토그래피(chromatography)의 흥미
진진한 역사도 이런 도구적 의존이 매우 끈질기다는 사실을 보여준
다.[9] X선의 발견을 분석해보면, 이런 유형의 의존에 대한 타당성을
발견하게 될 것이다.

역사를 연구하면 지역과 시대에 구애를 덜 받지만 그러면서도 변
모하는 과학의 특성이 보다 고차원적인 유사(類似) 형이상학적 공
약임을 알 수 있다. 예를 들면 물리학계에 막강한 영향을 미친 데카
르트의 과학 저술이 출현한 1630년대 이후, 대부분의 물리학자들은
우주는 미시적인 입자로 이루어졌으며, 자연현상은 모두 입자의 형
태, 크기, 운동 그리고 상호작용에 의해서 설명될 수 있다고 믿게
되었다. 이러한 공약의 묶음은 형이상학적이며 또한 방법론적이다.
형이상학적 측면에서, 그것은 과학자들에게 우주는 어떤 유형의 실
체를 포함하며 또 어떤 것을 포함하지 않는지를 알려주었는데, 이
에 따르면 우주에는 오로지 형태를 갖춘 물질이 운동하고 있을 뿐
이었다. 방법론적 측면에서, 그것은 과학자들에게 궁극적인 법칙과
기본이 되는 설명이 어떠해야 하는가를 일러주었다. 법칙들은 입자

7) H. Matzger, *Les doctrines chimiques en France du début du XVIIe sièle à la fin du XVIIIe siècle* (Paris, 1923), pp. 359−361; Marie Boas, *Robert Boyle and Seventeenth-Century Chemistry* (Cambridge, 1958), pp. 112−115.

8) Leo Königsberger, *Hermann von Helmholtz*, Francis A. Welby 역 (Oxford, 1906), pp. 65−66.

9) James E. Meinhard, "Chromatography: A Perspective", *Science*, CX (1949), 387−392.

의 운동과 상호작용을 명시해야 하며, 설명은 어느 주어진 자연현상을 이들 법칙 아래서의 입자의 작용으로 환원시켜야 했다. 보다 더 중요하게, 우주에 관한 입자적 관념은 과학자들에게 그들의 연구 문제의 다수가 무엇이 되어야 하는지를 지시했다. 예를 들면 보일처럼 새로운 철학을 포용했던 화학자는 연금술적 변성(變性)으로 간주될 수 있었던 반응들에 각별한 관심을 기울였다. 다른 어떤 화학 반응보다도 이런 변성은 모든 화학적 변화의 바탕에 깔려 있음에 틀림없는 입자들의 재배열 과정을 드러내는 것이었기 때문이다.10) 역학, 광학 그리고 열의 연구에서도 입자설은 비슷한 영향을 미쳤음을 볼 수 있다.

마지막으로 보다 더 높은 차원에서도 공약이 존재하는데, 이것 없이는 누구도 과학자라고 할 수조차 없는 그런 종류의 공약이다. 이를테면 과학자는 세계를 이해하기 위해서, 그리고 세계가 질서를 갖추게 된 그런 정밀성과 범위를 확장시키기 위해서 관심을 기울여야 한다는 공약이 그것이다. 그런 공약은 나아가서 과학자 스스로 또는 동료들과의 협동을 통해서 자연의 몇 가지 측면을 경험적으로 상세하게 밝히도록 유도한다. 그리고 이런 탐사 작업에서 한 무더기의 불규칙성이 완연히 드러나는 경우, 그런 도전들은 과학자를 자극해서 그의 관찰 기술을 새로 정련시키거나 그의 이론을 더욱 명료화시키도록 만든다. 의심할 여지없이 어느 시대나 과학자들을 사로잡아온 이와 비슷한 규칙들은 더 있다.

이러한 공약의 강인한 개념적, 이론적, 도구적 그리고 방법론적

---

10) 전반적인 입자설에 대해서는 다음을 참조. Marie Boas, "The Establishment of the Mechanical Philosophy", *Osiris*, X (1952), 412–541. 보일의 화학에 대한 그 영향에 관해서는 T. S. Kuhn, "Robert Boyle and Structural Chemistry in the Seventeenth Century", *Isis*, XLIII (1952), 12–36.

인 연결망의 존재는 정상과학을 퍼즐 풀이에 비유시키게 된 주요 원천이다. 그것은 성숙된 경지의 전문 분야 연구자에게 세계와 그의 과학이 둘 다 과연 무엇인가를 일러주는 규칙을 제공하기 때문에, 연구자는 이들 규칙과 더불어 기존의 지식이 정의해주는 난해한 문제들에 확신을 가지고 집중할 수 있다. 그 다음 단계로 과학자 개인에게 도전하는 것은 나머지 퍼즐들을 어떻게 해결로 이끄는가이다. 이런 측면에서 퍼즐들과 규칙에 관한 논의는 정상과학의 실제 활동의 본질을 밝혀준다. 그럼에도 불구하고, 다른 한편으로 그런 해명은 상당한 오류를 빚을 수도 있다. 과학의 전문 분야의 수행자들 모두가 어느 주어진 시기 동안 집착할 수 있는 규칙들을 가진다는 것은 확실하지만, 그 규칙들 자체만으로는 그 분야 전문가들이 공통으로 가지는 활동 모두가 규정되지 않을 수도 있다. 정상과학은 고도로 결정적인 성격의 활동이지만, 전적으로 규칙에 의해서 결정될 필요는 없다. 이것은 바로 이 책의 첫머리에서, 공유된 패러다임이 공유된 규칙, 가정, 견해보다 오히려 정상연구 전통의 일관성의 원천이라고 소개한 이유이다. 나는 규칙은 패러다임으로부터 파생되지만 패러다임은 규칙이 존재하지 않는 상황에서조차도 연구의 지침이 될 수 있다고 제안하는 바이다.

5

패러다임의 우선성

규칙, 패러다임 그리고 정상과학 사이의 관계를 규명하기 위해서 수용된 규칙이라고 앞의 장에서 표현했던 공약의 특수한 위치를 과학사학자들이 어떻게 구별하는지를 우선 고려해보자. 한 시대의 전문 분야를 역사적으로 면밀히 고찰해보면, 다양한 이론들의 개념적, 관찰적 그리고 도구적 응용에서 이 이론이 준(準)표준적인 형태로 설명되는 것을 알 수 있다. 이것은 교재, 강의와 실험 실습에 구현된 과학자 공동체의 패러다임들이다. 그것들을 고찰하고 습득한 뒤에 과학 활동에 임함으로써 해당 과학자 공동체의 구성원들은 자신들의 일을 배우게 된다. 물론 과학사학자들은 추가적으로 그 정체가 여전히 의심스러운 과학의 성취들로 채워진 모호한 부분을 발견하겠지만, 해결된 문제들과 테크닉들은 보통 명백하다. 경우에 따라서 모호하기도 하지만, 성숙된 과학자 공동체의 패러다임은 비교적 수월하게 판명될 수 있다.

그러나 공유된 패러다임을 판명하는 것이 곧 공유된 규칙을 판명하는 것은 아니다. 그것은 약간 다른 종류의 두 번째 단계를 필요로 한다. 이런 단계를 밟을 때, 과학사학자는 과학자 공동체의 패러다임끼리도 서로 비교해야 하며, 패러다임을 당대 연구 보고서들과도 비교해야 한다. 그렇게 할 때, 그의 목적은 그 사회의 구성원들이 보다 일반적인 패러다임으로부터 명시적으로건 묵시적으로건 분리 가능한 어떠한 요소들을 추상(抽象)하여 그들 연구의 규칙으로서 전개시켰는가를 찾아내는 것이다. 특정한 과학 전통의 출현에 대해서 설명하거나 분석해보려고 애를 써본 사람이라면 누구나 반드시 이런 종류의 수용된 원리들과 규칙들을 찾으려고 했을 것이다. 앞의 장에서 지적한 바와 같이, 그 사람은 적어도 부분적인 성공을 거의 거두었을 것임이 분명하다. 그러나 만일 그의 경험이 나 자신의 것과 아주 비슷하다면, 그는 규칙을 탐색하는 일이 패러다임을 찾는 일보다 훨씬 더 어렵고 덜 만족스럽다는 것을 분명히 느꼈을 것이다. 그 공동체가 공유하는 믿음을 설명하기 위해서 그가 도입한 일반화의 어떤 부분은 아무런 문제도 일으키지 않을 것이다. 그렇지만 앞에서 예제로 제시되었던 것을 비롯한 또다른 일반화는 전망이 매우 어두운 것으로 보일 것이다. 이런 방식으로, 혹은 그가 상상할 수 있는 다른 방식으로 표현된 일반화들은 그가 연구하는 그룹의 몇몇 구성원들에 의해서 거의 틀림없이 거부되기 때문이다. 그럼에도 불구하고 연구 전통의 일관성을 규칙에 의해서 이해하려고 한다면, 해당되는 분야에서의 공통의 근거를 명시해야 한다는 점도 분명하다. 따라서 어느 주어진 정상연구의 전통을 이룰 자격이 있는 규칙들의 본체를 찾으려는 시도는 항상 지속적이고도 심각한 좌절로 귀결될 뿐이다.

그러나 그런 좌절을 깨달음으로써 그 좌절의 근원이 무엇인가를 진단하는 것이 가능해진다. 과학자들은 뉴턴, 라부아지에, 맥스웰, 또는 아인슈타인 같은 이들이 한 무리의 굉장한 문제들에 대해서 영원히 지속될 것 같아 보이는 해답을 얻어냈다는 사실을 인정하지만, 그러면서도 때로는 미처 깨닫지 못한 채로 그런 해답들을 영원한 것으로 만들어주는 특정한 추상적 특질에 대해서는 의견이 엇갈린다. 다시 말하면, 과학자들은 패러다임의 충분한 해석이나 합리화에는 동의하지 않거나 심지어 그런 것을 얻어보려고도 하지 않은 채 패러다임의 수용에 대해서는 의견의 합의를 볼 수 있다. 표준 해석이나 규칙으로 어떻게 환원되는가에 대한 합의가 없이도 패러다임은 연구를 이끌 수 있다. 정상과학은 부분적으로 패러다임을 직접 점검함으로써 이루어질 수 있는데, 그것은 흔히 규칙과 가정의 정식화의 도움을 받지만 그렇다고 이에 의존하지는 않는다. 사실상 하나의 패러다임의 존재는 어느 완벽한 규칙의 집합이 존재한다는 것을 암시조차 하지 않는다.[1]

명백하게도 이러한 진술들의 일차 효과는 문제를 제기하는 것이다. 자격을 갖춘 규칙들의 본체가 없이, 과학자를 특정한 정상과학의 전통에 묶어놓는 것이 무엇이란 말인가? '패러다임을 직접 점검함'이라는 구절은 무엇을 의미하는가? 이런 물음들에 대한 부분적인 답변은, 크게 다른 맥락이기는 하지만, 루트비히 비트겐슈타인에 의해서 전개된 바 있다. 그 내용은 보다 기본적이고 보다 친숙한 것이므로, 그의 논거의 형태를 먼저 살펴보는 것이 도움이 될 것이다. 비트겐슈타인은 '의자'니 '잎'이니 '게임'이니 하는 말들을 애매하지 않게 그리고 논쟁거리가 되지 않게 사용하려면, 우리는 무엇을 알아야 하는가라고 묻는다.[2]

---

1) Michael Polanyi는 과학자들의 성공은 대부분 "암묵적(tacit) 지식", 즉 실습을 통해서 터득하고 명시적으로 표현될 수 없는 지식에 의존한다고 주장함으로써 이와 매우 비슷한 주제를 훌륭하게 전개했다. 그의 저서 *Personal Knowledge* (Chicago, 1958), 특히 v장과 vi장 참조.

2) Lugwig Wittgenstein, *Philosophical Investigations*, G. E. M. Anscombe 역 (New

이런 물음은 아주 오래된 것이며, 대체로 우리는 의식적이든 또는 직관적이든 간에, 의자나 잎이나 게임이 무엇인가를 알아야 한다고 말하는 것으로 대답해왔다. 말하자면 오직 게임들만이 공통으로 지니는 어떤 속성들을 파악해야 한다는 것이다. 그러나 비트겐슈타인은 언어를 사용하는 방식과 우리가 그것을 적용하는 세계의 유형이 주어진 경우라면, 그런 공통의 특성은 존재하지 않아도 된다고 결론지었다. 다수의 게임이나 의자나 나뭇잎에 공유되는 어떤 속성들을 논의하는 것은 그에 상응하는 말을 어떻게 사용하는가를 익히는 데에 종종 도움이 되지만, 이런 유형의 모든 구성요소들에 대해서 동시에 적용되고 거기에만 유일하게 적용되는 일련의 특성이란 존재하지 않기 때문이다. 그보다는 우리가 보는 새로운 활동이 이미 게임이라는 이름으로 부르도록 배웠던 많은 활동과 비슷한 "가족 유사성"을 띠기 때문에, 우리는 이전에는 관찰되지 않았던 어떤 활동을 보고 '게임'이라는 용어를 적용한다. 왜냐하면 요컨대 비트겐슈타인에게 게임, 의자, 잎은 자연적 일가(natural family)에 해당하는 것으로, 이 각각의 일가는 서로 포개지고 교차되는 유사성이 얽히면서 구성된다. 이러한 조직망의 존재는 우리가 성공적으로 상응하는 대상이나 활동을 확인할 수 있는 이유를 충분히 설명해준다. 따라서 우리가 이름 붙인 일가들(families) 모두가 포개지고 점진적으로 서로 병합되는 한에서만, 혹은 다른 말로 해서 자연적 일가들이 존재하지 않는 한에서만, 우리가 대상의 확인과 명명에서 성공적이었다는 사실은 우리가 쓰는 일가 이름 각각에 상응하는 공통적

York, 1953), pp. 31-36. 그러나 비트겐슈타인은 그가 요약한 명명 과정을 뒷받침하는 데에 필요한 세계의 유형에 대해서는 거의 언급하지 않는다. 이어지는 견해의 일부는, 따라서 그에게서 따온 것이 아니다.

특성이 있다는 증거가 될 것이다.

단일한 정상과학의 전통 내에서 야기되는 다양한 연구 문제와 테크닉에 대해서도 이와 비슷한 이야기를 할 수 있을 것이다. 이들의 공통점은 전통에 특성을 부여하고 과학자들을 붙잡아두는 뚜렷하거나 온전히 찾아낼 수 있는 일련의 규칙과 가정을 만족시킨다는 것이 아니다. 오히려 그것들은 유사성과 모형화를 통해서 과학 체제의 이런저런 부분과 관계를 맺게 되는데, 그 체제란 과학자 공동체가 이미 그 확립된 업적 중 하나로 인정한 것을 가리킨다. 과학자들은 교육을 통해서나 문헌을 계속 접함으로써 터득하게 되는 모델부터 연구한다. 그러는 동안에는 어떤 특성에 의해서 그러한 모델들이 공동체의 패러다임 자격을 얻게 되었는가를 잘 알지 못하거나 또는 알 필요가 없는 경우가 보통이다. 그들이 이렇게 하기 때문에, 그들에게는 일군의 완벽한 규칙이 필요하지 않다. 그들이 참여하는 연구 전통에서 드러나는 일관성도 더 많은 역사적, 철학적 연구를 통해서 드러낼 수 있는 일군의 내재적인 규칙과 가정이 존재한다는 것을 암시하지 않을지도 모른다. 과학자들이 보통 무엇이 특정 문제나 풀이를 정당화시키는가를 묻거나 논쟁의 대상으로 삼지 않는다는 것은, 적어도 직관적으로, 그들은 답을 알고 있다고 생각하게 만든다. 그러나 이는 물음이나 답변 모두가 그들의 연구와 관련이 없다고 느껴지기 때문이라는 것을 가리킬 수도 있다. 패러다임들은 그것들로부터 이론의 여지없이 추상화될 수 있는 일군의 연구 규칙보다도 더 우선적이며, 더 구속력 있고, 더 완전하다.

이제까지의 관점은 전적으로 이론적이었는데, 이것에 의하면 패러다임은 발견될 수 있는 규칙들의 개입이 없이도 정상과학을 결정하는 것이 **가능하다는** 것이었다. 이제 나는 실제로 패러다임이 그런 방식으로 작용한다는 것을 보여주는 믿을 만한 몇 가지 이유를 제시함으로써, 그 명백함과 중요성을 강조하고자 한다. 이미 상당히 완벽하게 논의된 첫 번째 이유는 특정한 정상과학 전통을 주도해온 규칙들을 찾아내는 것이 지극히 힘들다는 점이다. 이런 난점은 철학자가 모든 게임의 공통점이 무엇인가를 말하려고 할 때 당면하는 어려움과 거의 똑같다. 두 번째 이유는 과학 교육의 성격에 그 뿌리가 있는데, 사실상 첫 번째 이유가 이것의 필연적인 결과이다. 이미 분명히 밝혀졌듯이, 과학자들은 개념, 법칙, 이론을 결코 추상적인 형태로 배우지 않고, 그것들 자체로서 배우지도 않는다. 오히려 과학자들은 이러한 지적인 도구들을 당초부터 역사적이고 교육적으로 이미 알려져 있는 장치로서 접하게 되는데, 이런 장치에는 항상 이러한 지적인 도구들이 이것들의 응용과 함께 주어진다. 새로운 이론은 언제나 자연현상의 특정한 영역에의 응용과 더불어 발표된다. 그런 응용들이 없었다면 수용할 만한 후보 이론조차 없었을 것이다. 일단 수용된 뒤에는 같거나 다른 응용들이 이론과 함께 교과서에 실리고, 미래의 과학자들은 이것으로부터 자신들의 본업에 대해서 배운다. 그것들은 단순히 이론을 치장하거나 각주에 기록되는 증거로서 교과서에 실리는 것이 아니다. 오히려 반대로, 하나의 이론을 깨우치는 과정은 응용 연구에 의존하며, 여기에는 연필과 종이나 실험실의 도구를 가지고 실제 문제를 푸는 것이 모두 포함된다. 이를테면 뉴턴의 역학을 공부하는 학생이 '힘', '질량', '공간' 그리고 '시간'과 같은 용어의 의미를 깨우치는 경우를 생각해보자. 이 경우에 대개 그는 개념을 문제 풀이에 응용하는 것을 관찰하고 참여함으로써 알게 되는 것이지, 교재에 실린 불완전하지만 때로는 도움이 되는 정의들로부터 터득하는 것이 아니다.

122

실제 계산이나 실습을 통해서 배우는 이런 과정은 전문화의 전수 과정을 통틀어 지속된다. 학생이 대학 신입생 과정부터 박사 논문 과정까지 밟아감에 따라서 그에게 주어지는 문제들은 점점 복잡해지며 전례에 의해서 뒷받침되지 않는 것들도 생긴다. 그러나 그런 문제들은 그 뒤에 따르는 독자적인 과학자의 생애에서 정규적으로 다루게 되는 문제들과 마찬가지로, 이전에 이루어진 성취에 근거해서 비슷하게 계속 모델화된다. 우리는 그 경로의 어디에선가 과학자가 스스로 그 게임의 규칙들을 직관적으로 추상해서 가지게 되었다고 생각할 수도 있지만, 그렇게 믿어야 할 만한 이유는 거의 없다. 많은 과학자들은 진행되는 구체적 연구 주제의 토대를 이루는 특정한 개별 가설에 대해서는 쉽게 잘 논의하지만, 그들 분야의 확립된 기반이나 그 분야의 정당한 문제와 방법을 특징짓는 점에서는 비전문가에 비해서 별로 나을 것이 없다. 과학자들이 그런 추상적 개념화를 터득하는 경우에도, 그들은 주로 연구를 성공적으로 수행하는 능력을 통해서 그것을 보여준다. 그러나 그런 능력은 게임의 가설적인 규칙들에 의지하지 않고도 이해될 수 있다.

　과학 교육의 이러한 결과들은 패러다임이 추상화된 규칙들을 통해서뿐만 아니라 직접적인 모형을 제공함으로써 연구를 인도한다고 가정할 수 있는 세 번째 이유를 제공한다. 관련되는 과학자 공동체가 이미 성취된 특정 문제 풀이를 의문 없이 수용하는 한에서, 정상 과학은 규칙 없이도 진행될 수 있다. 그러므로 패러다임이나 모형이 위태롭게 느껴지는 경우에는 규칙들이 중요해질 것이며, 규칙들에 대한 특유의 무관심은 사라질 것이다. 더욱이 그것은 바로 실제로 일어나는 과정이다. 특히 전(前)패러다임 시대는 으레 정당한 방법, 문제와 문제 풀이의 표준에 대한 빈번하고 심각한 논쟁으로 특징지어지는데, 이 시기에 이것들은 합의를 도출하기보다는 학파를 정의하는 구실을 한다. 우리는 이미 광학과 전기학의 그러한 논쟁에 관해서 몇 가지를 살펴보았는데, 이런 논쟁은 17세기 화학과 19세기 초엽 지질학의 발달에 보다 중요한 역할을 했다.3) 더구나 그와 같은 논쟁들은 어느 패러다임이 출현한다고 해서 한꺼번에 사라지는 것이 아니다. 정상과학의 시대에는 거의 존재하지 않지만 과학혁명, 즉 패러다임이 공격을 받고 바뀌게 되는 시기의 바로 직전과 그 과정에서는 이런 논쟁이 규칙적으로 되풀이되곤 한다. 뉴턴 역학으로부터 양자역학으로의 이행은 물리학의 성격과 규범에 관한 많은 논쟁을 불러일으켰고, 더러는 아직도 진행 중이다.4) 맥스웰의 전자기 이론(electromagnetic theory)과 통계역학에 의해서 그와 비슷한 논쟁이 빚어졌던 일을 기억하는 사람들이 아직도 생존한다.5) 그리고 이보다 앞서서 갈릴레오 역학과 뉴턴 역학의 동화는 아리스토텔레스주의자들, 데카르트주의자들 그리고 라이프니츠 학파와의 사이에서 과학의 적합한 기준에 관해서 특히 유명한 일련의 논쟁을 유발했

---

3) 화학에 대해서는 H. Metzger, *Les doctrines chimiques en France du début du XVIIe à la fin du XVIIIe siècle* (Paris, 1923), pp. 24-27, 146-149; Marie Boas, *Robert Boyle and Seventeenth-Century Chemistry* (Cambridge, 1958), ii장 참조. 지질학에 대해서는 Walter F. Cannon, "The Uniformitarian-Catastrophist Debate", *Isis*, LI (1960), 38-55; C. C. Gillispie, *Genesis and Geology* (Cambridge, Mass, 1951), iv-v장 참조.

4) 양자역학에 대한 논란에 대해서는 Jean Ullmo, *La crise de la physique quantique* (Paris, 1950), ii장 참조.

5) 통계역학에 대해서는 René Dugas, *La théorie physique au sens de Boltzmann et ses prolongements modernes* (Neuchatel, 1959), pp. 158-184, 206-219 참조. 맥스웰의 업적의 수용을 살피려면, *James Clerk Maxwell: A Commemoration Volume, 1831-1931* (Cambridge, 1931), pp. 45-65, 특히 pp. 58-63에서 Max Planck, "Maxwell's Influence in Germany" 참조; Silvanus P. Thompson, *The Life of William Thomson Baron Kelvin of Largs* (London, 1910), II, 1021-1027 참조.

다.6) 과학자들이 그들 분야의 기본적인 문제들이 해결되었는지 여부에 대해서 합의를 이루지 못할 때에는, 규칙을 찾아내는 일이 평상시에는 없었던 기능을 맡게 된다. 그러나 패러다임이 안전하게 지탱되는 동안에는 합리화에 대한 동의가 없이도, 혹은 합리화 같은 것은 전혀 생각하지 않은 상태로도 패러다임은 기능을 할 수 있다.

패러다임이 공유된 규칙과 가정에 우선하는 지위를 차지하는 네 번째 이유를 설명하면서 이 장의 결론을 맺으려고 한다. 이 책의 서두에서는 대규모 혁명들뿐만 아니라 소폭적인 혁명도 일어날 수 있으며, 어떤 혁명들은 세분화된 전공 분야의 구성원들에게만 영향을 미치고, 또 그런 그룹에게는 새롭고 예기치 않은 현상의 발견조차도 혁명적이 될 것임을 제시했다. 다음 장에서는 그런 종류의 혁명을 발췌하여 소개할 것인데, 그것들이 어떻게 존재할 수 있는지는 아직 분명하지 않다. 만일 정상과학이 그렇게 경직된 것이라면, 그리고 과학자 공동체가 앞의 논의에서 암시한 것처럼 그렇게 밀접하게 얽힌 것이라면, 패러다임의 변화가 어떻게 소규모의 하부 집단에만 영향을 미칠 수 있을까? 지금까지 논의된 것은 정상과학이 단일 체제의 통합적인 활동으로서 모든 패러다임과 운명을 함께할 뿐만 아니라, 그 패러다임들의 어느 하나와도 운명을 함께해야 한다는 것을 암시하는 듯 보일 수 있다. 그러나 과학에서는 그런 일이 매우 드물거나 전혀 없다. 모든 분야를 총체적으로 개관하면, 오히

---

6) 아리스토텔레스주의자들과의 투쟁에 대한 하나의 실례를 살펴려면, A. Koyré, "A Documentary History of the Problem of Fall from Kepler to Newton", *Transactions of the American Philosophical Society*, XLV (1955), 329–395 참조. 데카르트주의자들, 라이프니츠 학파와의 논쟁에 관해서는 Pierre Brunet, *L'introduction des théories de Newton en France au XVIIIᵉ siècle* (Paris, 1931); A. Koyré, *From the Closed World to the Infinite Universe* (Baltimore, 1957), xi장 참조.

려 과학은 그 다양한 부분들 가운데서 거의 일관성이 없고 상당히 줏대 없는 구조를 가진 듯이 보인다. 그러나 지금까지 이야기한 것들이 흔히 보이는 관찰과 모순될 것은 전혀 없다. 오히려 규칙 대신에 패러다임을 대치하는 것은 과학 분야와 세부 전공의 다양성을 보다 이해하기 쉽게 만들 것이다. 명시적 규칙들이 존재할 때에는 매우 광범위한 과학자 집단에 공통적인 것이 상례이지만, 패러다임은 그래야 할 필요가 없다. 예컨대 천문학과 식물분류학처럼 크게 동떨어진 분야에서 일하는 사람들은 전혀 다른 책들에서 설명된 다른 업적을 접하며 교육을 받게 된다. 그리고 같거나 밀접하게 관련된 분야에서 동일한 책들과 업적들을 많이 공부하는 것으로 출발한 사람들이라고 할지라도 전공의 세분화 과정에서 상당히 차이가 나는 패러다임을 얻을 수 있다.

하나의 실례로서, 모든 물리과학자들로 구성된 방대하고 다양한 과학자 공동체를 생각해보자. 요즘은 그런 그룹의 구성원들은 누구나 예컨대 양자역학의 법칙들을 배우며, 그들 대부분은 연구라든지 강의의 어느 시기에 이르러 이 규칙들을 적용하게 된다. 그러나 그들 모두가 이 법칙들의 동일한 응용을 배우는 것은 아니며, 따라서 양자역학의 실행에서의 변화에 모두 똑같은 방식으로 영향을 받는 것도 아니다. 전공의 세분화에 이르는 길에서 일부 물리과학자들은 양자역학의 기본 원리만 접하게 된다. 다른 학자들은 이 원리들을 화학 분야의 패러다임에 응용하는 것에 대해서 상세히 연구하게 되며, 또다른 학자들은 고체물리학에의 응용에 관해서 연구한다. 양자역학이 과학자들 각자에게 무엇을 의미하는가의 문제는 그가 무슨 과목을 택했는가, 어떤 책들을 읽었는가, 어떤 문헌을 공부하는가에 따라서 결정된다. 따라서 양자역학 법칙 하나의 변화는 이들 그룹 모두에게 혁명적이 될 것임에도 불구하고, 양자역학의 이런저런 패러다임의 응용에만 영향을 미치는 변화는 전문화된 특정 세부 분야의 구성원들에게만 혁명적인 것이 된다. 나머지 전문 분야들 그리고 여타의 물리과학을 연구하는 사람들에게 그런 변화는 전혀 혁명일 필요가 없다. 단적으로 표현해서, 양자역학(또는 뉴턴 역학 또는 전자기 이론)은 다수의 과학 그룹에게 하나의 패러다임이기는 하지만, 그들 모두에게 동일한 패러다임은 아니다. 그러므로 그것은 같은 폭을 가지지 않으면서 중첩되는 정상과학의 여러 전통을 동시에 결정할 수 있다. 이들 전통의 어느 하나에서 일어나는 혁명은 다른 것에까지 반드시 확산되지는 않을 것이다.

전공 세분화의 영향에 관해서 간단히 설명하는 것은 이런 전반적인 일련의 요점을 더 보강시켜줄 것이다. 한 연구자가 과학자들은 원자론(原子論)을 무엇이라고 생각했는지 좀 알고 싶어서 특출한 물리학자와 유명한 화학자에게 헬륨의 단일 원자는 분자인가, 아닌가를 물었다. 양쪽 다 망설임 없이 대답했으나, 그들의 답변은 같지 않았다. 화학자에게 헬륨 원자는 하나의 분자였는데, 그 이유는 기체의 운동론의 관점에서 보면, 그것이 분자처럼 행동하기 때문이다. 한편 물리학자에게 헬륨 원자는 분자가 아니었는데, 그것은 분자 스펙트럼을 나타내지 않기 때문이다.[7] 두 사람은 동일한 입자에 관해서 대답했으나, 자신들 특유의 연구 훈련과 활동을 통해서 그것을 보고 있었다. 문제 풀이에서 그들의 경험은 분자가 무엇이어야 하는가를 깨우쳐주었다. 의심할 여지없이, 그들의 경험은 많은 공

---

7) 이 연구자는 나에게 구두 보고를 해줌으로써 내가 신세를 진 James K. Senior였다. 몇몇 관련되는 주제들은 그의 논문 "The Vernacular of the Laboratory", *Philosophy of Science*, XXV (1958), 163−168에 실려 있다.

통점을 가지고 있었으나, 이 경우 그 경험들은 두 전문가에게 동일한 내용을 말해주지는 않았던 것이다. 앞으로 논의가 진행됨에 따라서 우리는 이런 유형의 패러다임 차이가 경우에 따라서 어떤 결과들을 빚게 되는가를 발견하게 될 것이다.

6

변칙현상 그리고 과학적 발견의 출현

정상과학, 즉 우리가 방금 검토했던 퍼즐 풀이 활동은 과학 지식의 범위와 정확성의 꾸준한 확장이라는 목표에서 크게 성공적인 고도의 집적된 활동이다. 이들 모든 관점에서 정상과학은 과학적 연구의 가장 보편적인 이미지에 매우 정확하게 잘 들어맞는다. 그런데 여기에는 과학적 활동의 표준적 산물 한 가지가 빠져 있다. 정상과학은 사실이나 이론의 새로움을 겨냥하지 않기 때문에, 그것이 성공적인 경우에도 새로움을 발견하는 것은 아니다. 그럼에도 불구하고, 새롭거나 뜻밖의 현상들이 과학 연구에 의해서 끊임없이 베일이 벗겨졌고, 과학자들에 의해서 첨단의 새로운 이론들이 또다시 거듭 창안되었다. 역사는 심지어, 과학 활동은 이런 종류의 경이로움을 낳게 하는 고유의 강력한 테크닉을 개발해왔음을 시사한다. 과학의 이런 특성이 이미 앞에서 말한 것과 조화를 이루려면, 패러다임 아래에서의 연구는 패러다임 변화를 유발하는 데에서 특별하게 효과적인 방법이어야 한다. 그것은 근본적으로 새로운 사실과 이론이 하는 일이다. 이런 새로운 사실이나 이론이 일련의 규칙에 의해서 진행된 게임에서 우연히 만들어진다면, 이것들이 동화되는 데에는 또다른 일련의 규칙이 필요하다. 새로운 것들이 과학의 일부로 동화된 뒤에는 과학은, 아니 적어도 그 새로운 것들이 들어간 특정 전문 분야는 더 이상 과거와 같지 않다.

우리는 이제 이런 종류의 변화가 어떻게 나타날 수 있는가를 물어야 하는데, 발견 혹은 사실의 새로움을 우선 고찰하고, 다음에 창안(invention) 혹은 이론의 새로움을 고찰할 것이다. 그러나 발견과 창안 사이의 차이, 또는 사실과 이론 사이의 차이는 지극히 작위적인 것임이 곧 판명될 것이다. 그 작위적인 성격은 이 책의 주요 주제들 가운데 몇 가지를 푸는 중요한 단서가 된다. 이번 장의 나머지 부분에서 몇 가지의 발견들을 선별하여 검토함으로써, 우리는 그것들이 고립된 사건이 아니라 규칙적으로 재발하는 구조를 가진 확장된 에피소드라는 사실을 곧 발견하게 될 것이다. 발견은 변칙현상(anomaly)의 지각(知覺), 즉 자연이 패러다임이 낳은 예상들을 어떤 식으로든 위배했다는 점을 인식하는 것으로부터 비롯되는데, 이러한 예상들은 정상과학을 지배한 것이다. 그리고 그것은 변칙현상의 영역에 대한 다소 확장된 탐험으로 이어진다. 그리고 그것은 그 변칙현상이 예상한 것으로 귀결되는 방식으로 패러다임 이론을 조정하는 경우에 종결된다. 새로운 종류의 사실을 동화시키는 것은 이론에 무엇인가를 더하는 조정 이상을 요구하며, 그 조정이 완료되기까지, 즉 과학자가 자연을 다른 방식으로 보도록 깨우치기까지 새로운 사실은 결코 과학적 사실이 되지 못한다.

사실적 새로움과 이론적 새로움이 과학적 발견에서 얼마나 밀접하게 얽혀 있는가를 살피기 위해서, 특히 유명한 사례인 산소의 발견에 대해서 검토해보자. 적어도 세 사람이 각각 산소의 발견에 대해서 이치에 맞는 주장을 했고, 1770년대 초 그들 이외의 여러 화학자들이 미처 깨닫지도 못한 채로 실험실 용기에 산소가 풍부한 공기를 얻었을 것임은 틀림없다.[1] 이 경우에 기체화학에서 정상과학의 진보는 매우 철저하게 비약적 발전을 향한 돌파구를 열어주었다. 비교적 순수한 산소 기체의 시료를 처음으로 얻은 사람은 스웨덴의 약제사인 C. W. 셸레였다. 그러나 우리는 그의 업적을 무시해도 된다. 왜냐하면 다른 곳에서 산소의 발견이 거듭 선언되기까지 그것은 공표되지 않았고, 그 까닭에 결국 여기서 우리가 가장 관심을 두는 역사적 양상에 아무 영향을 미치지 못했기 때문이다.[2] 시기로 보아서 산소의 발견을 주장한 두 번째 사람은 영국의 과학자이며 신학자인 조지프 프리스틀리로서, 그는 여러 가지 고체 물질로부터 방출되는 "공기"에 대해서 정상적인 연구를 오랫동안 계속하던 중에 수은의 붉은 산화물을 가열할 때 방출되는 기체를 모으게 되었다. 1774년에 그는 이렇게 생성된 기체를 아산화질소라고 확인했다가, 좀더 시험한 결과 1775년에는 플로지스톤(phlogiston)이 그 통상적인 양보다 조금 덜 들어 있는 보통 공기라고 설명했다. 세 번째 주장자인 라부아지에는 1774년의 프리스틀리의 실험 이후, 그리고 아마도 프리스틀리에게서 힌트를 얻어, 산소로까지 이끌어간 연구를 시작하게 되었다. 1775년 초, 라부아지에는 수은의 붉은 산화물을 가열해서 얻은 기체는 "바뀐 것이 없는 온전한 공기 그 자체이지만 [예외가 있다면]……보다 순수하며 호흡하기에 더욱 좋은" 것이

---

1) 산소의 발견에 대한 고전적 논의에 관해서는 A. N. Maldrum, *The Eighteenth-Century Revolution in Science—The First Phase* (Calcutta, 1930), v장 참조. 우선권 논쟁의 설명을 비롯하여, 최근 쓰인 필독 총설은 Mautice Daumas, *Lavoisier, théoricien et expérimentateur* (Paris, 1955), ii-iii장이다. 보다 충분한 설명과 관계 서적 목록에 대해서는 T. S. Kuhn, "The Historical Structure of Scientific Discovery", *Science*, CXXXVI (June 1, 1962), pp. 760-764 참조.

2) 그러나 셸레의 역할에 대한 이와는 다른 평가에 대해서는 Uno Bocklund, "A Lost Letter from Scheele to Lavoisier", *Lychnos*, 1957-1958, pp. 39-62 참조.

라고 발표했다.3) 1777년에 이르러서, 라부아지에는 그 기체는 별개의 화학종(化學種, chemical species)으로서 대기의 두 가지 주성분 가운데 하나라는 결론을 내렸는데, 이는 아마도 프리스틀리로부터 두 번째 힌트를 읽은 결과일 것이다. 이 결론은 프리스틀리로서는 결코 수용할 수 없었던 견해였다.

발견의 이러한 양상은 과학자들의 인식 영역에 들어온 새로운 현상에 대해서 한결같이 묻게 되는 질문을 제기한다. 산소를 최초로 발견한 사람이, 만일 둘 중 하나라면, 프리스틀리인가 라부아지에인가? 어느 경우에든, 산소는 언제 발견되었는가? 발견했다고 주장하는 사람이 한 사람밖에 없었다고 하더라도 이런 형태의 질문은 마찬가지로 제기될 것이다. 우리의 관심은 우선권(priority)이나 발견 시기를 판정하는 답을 얻는 것이 아니다. 그럼에도 불구하고, 이런 답을 얻으려는 시도는 발견의 본질을 조망해줄 것이다. 사실 발견이란 위의 질문들을 적절히 물을 수 있는 유형의 과정이 아니다. 산소 발견의 우선권에 대한 질문은 1780년대부터 계속 제기되었는데, 그런 물음 자체가 발견에 그렇게 중요한 역할을 부여하는 과학의 이미지가 뭔가 조금 빗나가 있다는 징후이다. 산소의 실례를 다시 한번 살펴보자. 프리스틀리가 산소를 발견했다는 주장은 후에 특이한 종(種)으로 인식되기에 이른 기체를 먼저 분리해냈다는 데에 근거를 두고 있다. 그러나 프리스틀리가 얻은 시료는 순수하지 못했다. 만일 불순한 산소를 얻은 것이 그것을 발견한 것이라면, 대기 중의 공기를 병에 담았던 사람들 모두 산소를 발견했다고 해야

---

3) J. B. Conant, *The Overthrow of the Phlogiston Theory: The Chemical Revolution of 1775–1789* ("Harvard Case Histories in Experimental Science", Case 2; Cambridge, Mass., 1950), p. 23. 이 매우 유용한 소책자는 관련되는 증거 논문들을 다수 수록하고 있다.

할 것이다. 뿐만 아니라 만일 프리스틀리가 발견자라면, 그 발견은 언제 이루어졌는가? 1774년에 그는 자신이 얻은 기체가 이미 알고 있었던 종인 아산화질소라고 생각했다. 1775년에는 그 기체를 플로 지스톤이 빠진 공기라고 생각했는데, 그것은 아직 산소가 아니었고 플로지스톤 화학자에게는 심지어 전혀 예기치 못한 종류의 기체였 다. 라부아지에의 주장은 보다 강력하지만, 여기서도 똑같은 문제 가 발생한다. 만일 우리가 프리스틀리의 공로를 거부한다면, 마찬 가지로 그 기체를 "온전한 공기 자체"라고 보았던 1775년의 연구를 들어서 라부아지에에게 영예를 돌릴 수 없다. 아마도 우리는 라부 아지에가 단순히 그 기체를 보았을 뿐만 아니라, 그 기체가 무엇인 지를 알게 되었던 1776년과 1777년의 연구까지 기다려야 할 것이 다. 그러나 이런 판정조차도 의심의 여지는 있다. 왜냐하면 1777년 과 그의 생애의 마지막까지 라부아지에는 산소를 원자적 "산성의 원리(principle of acidity)"라고 주장했고, 산소 기체는 그 "원리"가 칼로릭(caloric), 즉 열소(熱素)와 결합할 때에만 생성된다고 주장했 기 때문이다.4) 그렇다면 우리는 1777년에도 산소가 아직 발견되지 않았다고 해야 하는가? 어떤 이들은 그렇게 말하고 싶을지도 모른 다. 그러나 산성의 원리라는 개념은 화학에서 1810년이 지나도록 소멸되지 않았으며, 칼로릭 개념은 1860년대까지 남아 있었다. 산 소는 이 연대들의 어느 시기보다 일찍이 표준적 화학 물질로 자리 를 잡았다.

산소의 발견과 같은 사건들을 분석하는 데에는 분명히 새로운 용 어와 개념이 요구된다. 의심할 여지없이 옳기는 하지만, "산소가 발

---

4) H. Metzger, *La philosophie de la matière chez Lavoisier* (Paris, 1935); Daumas, 앞의 책, vii장.

견되었다"라는 글귀는 무엇인가를 발견하는 것이 본다는 것에 대한 우리의 통상적인(그리고 또한 미심쩍은) 관념과 비슷한 단일하고 단순한 행위라는 것을 암시함으로써 오해를 유발한다. 이것이 바로 보거나 만지는 것처럼 발견하는 것도 똑 떨어지게 한 사람의 손으로 어느 순간에 이루어져야 하는 것으로 쉽사리 생각하는 이유이다. 그러나 발견을 한순간의 일로 돌리는 것은 불가능하며, 한 사람에 의한 것으로 돌리는 것도 흔히 마찬가지이다. 셸레를 무시한다면, 우리는 1774년 이전에는 산소가 발견되지 않았다고 말해도 무방하며, 아마도 1777년쯤 또는 그 직후에 산소가 발견되었다고 말할 수도 있을 것이다. 그러나 이런 한계 또는 그 비슷한 여러 한계 내에서 발견의 시기를 잡으려는 시도는 어쩔 수 없이 임의적일 수밖에 없다. 때문에 새로운 종류의 현상을 발견한다는 것은 필연적으로 복합적인 사건으로서, 무엇인가가 **그것**이라는 점과 그것이 **무엇인가**를 모두 알아야 하는 과정을 포함한다. 이를테면, 만일 우리에게 산소가 플로지스톤이 빠진 공기였다면, 언제 발견되었는지는 정확히 몰라도 주저 없이 프리스틀리가 그것을 발견했다고 말할 것이다. 그러나 관찰과 개념화, 사실과 이론에의 동화, 이 두 가지가 발견 과정에 밀접하게 얽혀 있다면, 발견은 하나의 과정이며 시간이 소요되어야만 한다. 다만 관련되는 개념적 범주가 모두 미리 갖추어진 경우에 한해서, **그것**을 발견하는 일과 그것이 **무엇인가**를 밝히는 일이 함께 즉각적으로 한순간에 일어날 수 있다. 그러나 이런 경우에는 발견된 현상이 새로운 종류가 아니다.

이제 발견에는 개념적인 동화라는 확장된, 그러나 반드시 오래 걸리지는 않는 과정이 포함된다는 것을 당연한 것으로 인정하자. 그러면 발견은 패러다임에서의 변화를 포함한다고도 말할 수 있는가? 이 물음에 대해서는 아직 보편적인 해답이 제시될 수는 없지만 적어도 산소의 경우에 대답은 "그렇다"가 틀림없다. 라부아지에가 1777년부터 줄곧 그의 논문에서 공표한 내용은 산소의 발견이라기보다는 오히려 연소에 관한 산소 이론이었다. 그 이론은 화학을 매우 광범위하게 재구성하는 데에 핵심적 요소가 되었고, 이 과정은 보통 화학혁명(chemical revolution)이라고 불린다. 실제로 만일 산소의 발견이 화학의 새로운 패러다임 출현의 요체가 아니었더라면, 우리가 묻기 시작했던 우선순위의 문제는 그다지 중요해 보이지 않았을 것이다. 다른 경우와 마찬가지로 여기서도 새로운 현상과 그 현상의 발견자에게 부여되는 가치는, 그 현상이 패러다임에서도 유도된 예측들로부터 어느 정도 벗어나는가에 대한 평가에 따라서 달라진다. 그렇지만 이후 논의에서 중요해질 것이므로, 산소의 발견 자체는 화학 이론에서의 변화의 원인은 아니었다는 점을 주목하라. 라부아지에는 새로운 기체의 발견에 기여하기 훨씬 이전에 이미 플로지스톤 이론은 무엇인가 잘못된 것이며, 연소하고 있는 물체는 대기의 어느 성분을 흡수한다는 두 가지 사실을 깨달았다. 그는 이미 1772년에 아카데미 프랑세즈(Académie Française)의 원장에게 기탁한 봉인된 노트에 그러한 기록을 남긴 바 있었다.[5] 산소에 대한 연구는, 무엇인가 잘못된 것 같다는 라부아지에의 초기의 느낌에 훨씬 더 구체적인 형태와 구조를 만들어주는 방식으로 기여했다. 그것은 라부아지에에게 그가 발견하도록 이미 마련되어 있던 것, 즉 연소 과정이 대기로부터 제거하는 물질의 본질을 일러주었다.

---

[5] 라부아지에가 의구심을 품게 된 근원에 대해서는 다음 책에 가장 권위 있는 설명이 실려 있다. Henry Guerlac, *Lavoisier-the Crucial Year: The Background and Origin of His First Experiments on Combustion in 1772* (Ithaca, N. Y., 1961).

잘못된 것을 이렇게 미리 인지했다는 점은 프리스틀리와 동일한 실험을 하던 라부아지에에게 그 실험에서 프리스틀리는 볼 수 없었던 기체를 볼 수 있게 해준 중요한 요인이었음에 틀림없다. 바꾸어 말하면, 라부아지에가 보았던 것을 보기 위해서 패러다임의 대폭 수정이 필요했다는 사실은 프리스틀리가 그 긴 생애의 종말까지도 어째서 그것을 볼 수 없었는지를 설명하는 주된 이유임에 틀림없다.

더 간단한 다른 실례 두 가지는 방금 언급된 내용을 훨씬 더 뚜렷하게 밝혀주고, 동시에 우리를 발견의 성격 규명으로부터 과학에서 그런 발견들이 출현한 배경을 이해하는 쪽으로 인도할 것이다. 발견이 이루어지는 주된 방식을 대변하도록 하는 시도로서, 이들 사례는 서로도 다를 뿐만 아니라 산소의 발견과도 성격이 다른 것으로 선정하기로 한다. 첫 번째는 우연에 의해서 이루어진 발견의 고전적인 사례가 되는 X선으로서, 이런 형태의 발견은 과학 논문에 나오는 비인격적인 표준적 서술이 우리에게 쉽게 인지시키는 것보다 훨씬 더 자주 일어난다. 이야기는, 자신의 차단된 음극선 실험 장치에서 꽤 멀어진 시안화백금바륨 스크린이 음극선 방전 도중에 은은한 빛을 낸다는 사실을 알게 되면서 음극선의 정상적인 연구를 중단했던 물리학자 뢴트겐의 어느 하루에서 시작된다. 뒤이은 연구로 뢴트겐은 실험실에서 꼼짝 않고 정신없이 7주일을 보냈는데, 그 결과 그는 이 은은한 빛의 원인이 음극선관으로부터 바로 나오며, 자기장에 의해서 휘어지지 않는다는 등의 여러 가지 사실을 알게 되었다. 자신의 발견을 발표하기 전에 뢴트겐은 그가 얻은 결과가 음극선 탓이 아니라, 빛과 적어도 일부 유사성을 가진 어떤 요인 때문이라는 사실을 깨달았다.[6]

---

6) L. W. Taylor, *Physics, the Pioneer Science* (Boston, 1941), pp. 790–794; T. W.

이렇게 간단한 요약만 보아도 산소의 발견과 기막히게 닮은 점이 나타난다. 수은의 붉은 산화물로 실험하기 이전에, 라부아지에는 플로지스톤 패러다임 아래에서 예기되던 결과를 나타내지 않는 실험들을 수행했다. 뢴트겐의 발견은 그의 스크린이 그러지 않아야 할 때 빛을 낸다는 것을 인식함과 더불어 시작되었다. 이 두 경우에 변칙현상의 감지, 즉 패러다임이 연구자에게 미처 채비를 갖추게 하지 못한 현상의 감지는 새로움을 인지하는 길을 여는 데에 필수적인 구실을 했다. 그러나 이 두 경우에도 무엇인가 잘못되었음을 감지한 것은 발견을 향한 전주일 뿐이었다. 산소나 X선 모두 실험과 동화라는 과정을 차근차근 더 밟지 않고는 출현하지 못했다. 예컨대 뢴트겐의 연구에서 어느 시점을 가리켜서 진정으로 X선이 발견되었다고 말해야 할까? 어쨌거나 알아낸 것이라고는 고작 빛을 발하는 스크린이었던 첫 순간은 아니다. 뢴트겐 말고도 적어도 한 사람은 더 그런 빛을 보았으나, 그는 억울하게도 아무것도 발견하지 못했다.[7] 그리고 그 발견의 순간은 탐색의 마지막 주일의 어느 한 시점으로 밀려날 수도 없다는 점도 거의 분명한 사실이다. 그 무렵에 뢴트겐은 이미 자기가 발견한 새로운 복사선(輻射線)의 성질을 밝혀내고 있었기 때문이다. 우리는 X선이 1895년 11월 8일에서 12월 28일 사이의 어느 시점에 뷔르츠부르크에서 탄생했다고 말할 수 있을 뿐이다.

그러나 세 번째 영역에서는 산소의 발견과 X선의 발견 사이의 유

Chalmers, *Historic Researches* (London, 1949), pp. 218-219.

7) E. T. Whittaker, *A History of the Theories of Aether and Electricity*, I (제2판, London, 1951), 358, 주 1. 조지 톰슨 경은 이와 비슷한 또 한 사람의 연구자에 대해서 내게 알려주었다. 설명할 도리가 없이 흐려진 사진 감광판을 보고 놀란 윌리엄 크룩스 경 역시 그 발견의 길에 올라 있었다.

의미한 유사성들이 훨씬 더 불투명하게 드러난다. 산소의 발견과는 달리 X선의 경우는, 적어도 그 사건 뒤 대략 10년 동안 과학 이론상의 어느 격변도 유발하지 않았다. 그렇다면 그 발견의 동화는 과연 어떤 의미에서 패러다임 변화를 불가피하게 만들었다고 말할 수 있을까? 그러한 변화를 부정하는 입장은 상당히 강경하다. 확실한 것은 뢴트겐과 그 시대 연구자들에게 수용되었던 패러다임으로는 X선을 예측할 수 없었다(그때까지만 해도 맥스웰의 전자기 이론은 널리 인정받지 못했으며, 음극선이 입자로 이루어진다는 이론은 그 당시의 여러 추측들 가운데 하나에 지나지 않았다). 그러나 이런 패러다임은 플로지스톤 이론이 프리스틀리의 기체에 대한 라부아지에의 설명을 방해했던 것과는 달리, 적어도 어떤 분명한 의미에서 X선의 존재를 부정하지는 않았다. 오히려 1895년에는 수용된 과학 이론과 실행은 가시광선, 적외선 그리고 자외선 같은 여러 가지 형태의 복사파를 인정했다. 어째서 X선은 자연현상의 잘 알려진 부류의 부가적인 한 형태로서 수용될 수 없었던 것일까? 어째서 X선은 이를테면 화학 원소의 한 가지를 더 발견한 것처럼 간주되지 않았던 것일까? 주기율표상의 빈자리에 새로운 원소들을 찾아 넣는 일은 뢴트겐의 시대에도 여전히 계속되고 있었으며 실제로 이루어지고 있었다. 그러한 노력의 추구는 정상과학의 표준형 프로젝트였으며, 성공을 거두는 것은 놀라워할 일이 아니라 축하할 일이었다.

그러나 X선은 놀라움뿐만 아니라 충격으로까지 받아들여졌다. 켈빈 경은 처음에는 X선을 가리켜 정교한 속임수라고 선언했다.[8] 다른 학자들은, 그 증거를 의심할 수 없었음에도 불구하고, 분명히

---

8) Silvanus P. Thompson, *The Life of Sir William Thomson Baron Kelvin of Largs* (London, 1910), II, 1125.

그 발견으로 인해서 갈팡질팡하고 있었다. X선은 확립된 이론에 의해서 이단시되지는 않았음에도 불구하고, 확고부동한 예상들을 위배하고 있었다. 나는 그러한 예상이 확립된 실험 과정의 고안과 해석 가운데 묵시적으로 존재하고 있었다고 생각한다. 1890년대까지 음극선 장치는 유럽의 각종 실험실들에 광범위하게 배치되었다. 뢴트겐의 장치에서 X선이 발생했다면, 그 밖의 실험자들도 다수가 상당 시간 동안 미처 인식하지 못한 채로 X선을 발생시키고 있었음에 틀림없었다. 아마 다른 미지의 근원이 있었을 수도 있지만, X선은 그것들과 관련시키지 않은 채로 이미 설명된 현상에도 연루되어 있었다. 적어도 오랜 기간 잘 사용된 장치의 몇 가지는 장차 납으로 가려져야만 했을 것이다. 정상과학 프로젝트에서 이미 완료된 연구는 이제 재검토되어야 할 운명에 처했다. 왜냐하면 이전의 과학자들은 X선에 관련되는 변수를 인식하고 조절하지 않았기 때문이다. 말할 나위 없이, X선은 새로운 장을 열었고 그럼으로써 정상과학의 잠재적 영역에 추가되었다. 그렇지만 X선은 기존의 분야들까지 변화시켰으며, 이것이 지금 우리에게는 보다 중요한 측면이다. 그 과정에서 X선은 종전의 패러다임의 지위를 가진 실험장치들로부터 그 권리를 박탈했다.

요컨대 의식적이건 의식적이지 않건 간에, 어느 특정한 장치를 도입하고 그것을 특정한 방식으로 사용한다는 결정은, 그렇게 함으로써 제한된 종류의 상황들만이 전개될 것이라는 가정을 전제로 하고 있다. 거기에는 이론상의 예측뿐만 아니라 도구적인 예상도 따르며, 그런 것들은 과학의 발달에서 결정적 역할을 하는 경우가 많았다. 예컨대 그런 예측의 하나로서 산소의 뒤늦은 발견에 대한 이야기의 일부를 들 수 있다. "공기의 우수성(goodness)"(지금 우리의 기준으로 산소가 더 많이 함유된 공기를 당시에는 더 우수한 공기라고 칭했다/역주)에 대한 표준 시험을 통해서 프리스틀리와 라부아지에는 둘 다 그들의 기체를 산화질소와 2 : 1의 부피비로 섞어서, 물 위에서 그 혼합물을 흔들고, 기체 잔여물의 부피를 측정했다. 이런 표준 과정에까지 이르게 한 과거의 경험은 그들로 하여금, 대기 중의 공기로 실험하면 잔여 기체의 부피가 1이 될 것이며, 그 밖의 다른 기체(또는 오염된 공기)에 대해서는 부피가 그보다 커지리라는 확신을 가지게 했다. 산소 실험들에서 두 사람은 모두 잔여 기체가 부피 1에 가깝다는 것을 발견했고, 이 결과에 근거해서 기체를 확인했다. 한참 후에야, 그리고 더러는 우발적인 사건을 거쳐서, 프리스틀리는 표준 과정을 버리고 산화질소를 그의 기체와 다른 비율로 혼합하게 되었다. 거기서 그는 산화질소 부피를 네 배로 늘려서 섞으면 남는 기체가 거의 없을 정도라는 것을 알게 되었다. 원래의 시험 방법은 이전의 경험으로 충분히 인가된 것이었지만, 이에 대한 집착은 또한 산소처럼 작용하는 기체들이 존재하지 않는다는 믿음에 대한 집착이기도 했다.[9]

이런 종류의 사례들은 예컨대 우라늄 분열반응에 관한 지연된 확인을 포함해서 계속 늘어날 수 있다. 핵반응을 밝혀내는 데에 유난스럽게 난관을 겪었던 이유 중의 하나는 우라늄에 충격을 가할 때 예측되는 것이 무엇인지를 알고 있던 사람들이 주로 주기율표의 상단에 위치한 원소들을 겨냥한 화학 시험을 택했기 때문이었다.[10]

---

9) Conant, 앞의 책, pp. 18-20.

10) K. K. Darrow, "Nuclear Fission", *Bell System Technical Journal*, XIX (1940), 267-289. 주요 분열 생성물 두 가지 중 하나인 크립톤(krypton)은 반응이 충분히 이해되기 전까지는 화학적 방법에 의해서 확인되지 않았던 것으로 보인다. 다른 하나인 바륨(barium)은 이 연구의 후반에 이르러서야 화학적으로 거의 확인되었다.

우리는 그러한 도구적인 방법에 대한 믿음이 오류로 판명되는 빈도가 잦다는 이유로 과학은 표준 시험과 표준 도구를 포기해야 한다고 결론을 내려도 좋은 것일까? 그렇게 되면 연구 방법이라는 것을 상상할 수도 없게 될 것이다. 패러다임적인 실험법과 응용은 패러다임 법칙과 이론만큼이나 과학에 필수적인 것이며, 그 영향 또한 마찬가지이다. 이것들은 어느 주어진 시기에 과학적 탐구의 대상이 될 수 있는 현상의 영역을 제한하게 된다. 이 정도를 인식함으로써 우리는 X선과 같은 발견이 과학자 공동체의 특정 분파에 패러다임의 변화, 즉 실험 과정과 예측이라는 양쪽 모두에서의 변화를 불가피하게 만드는 본질적 의미를 아울러 깨닫게 된다. 그 결과 X선의 발견이 어떻게 해서 다수의 과학자들에게 신기하고 새로운 세계를 여는 것으로 보였는가, 그리고 그럼으로써 20세기 물리학에 이르게 했던 위기에서 어떻게 막중한 영향을 미칠 수 있었는가에 관해서도 이해할 수 있을 것이다.

과학적 발견의 마지막 사례인 레이던 병(Leyden jar)의 경우는 이론 유도형이라고 표현될 수 있는 부류에 속한다. 처음에는 이 용어가 패러독스처럼 느껴질지 모른다. 지금까지 이야기한 내용의 대부

그 까닭은 핵 화학자들이 찾고 있었던 무거운 원소를 침전시키기 위해서 방사성 용액에 바륨 원소를 넣어야 했기 때문이다. 넣어준 바륨을 방사성의 생성물인 바륨으로부터 분리하는 데에 실패한 것은 반응이 거듭 연구된 지 거의 5년이 경과한 뒤에야 다음의 보고서를 낳게 만들었다. "화학자로서 우리는 이 연구 결과를 바탕으로 하여……앞의 [반응]도표에서 모든 이름을 바꾸어 Ra, Aa, Th 대신에 Ba, La, Ce으로 써야 할 것이다. 그러나 '원자핵 화학자'로서 물리학과 밀접하게 관련을 맺고 있으므로, 우리는 원자핵 물리학의 모든 기존 경험에 모순되는 이런 비약을 용납할 수가 없다. 이상스런 일련의 우연한 사건들이 우리의 결과를 속임수로 만들지도 모른다"(Otto Hahn and Fritz Strassman, "Uber den Nachweis und das Verhalten der bei der Bestrahlung des Urans mittels Neutronen entstehended Erdalkalimetalle", *Die Naturwissenschaften*, XXVII[1939], 15).

분은 이론에 의해서 미리 예측된 발견들이 정상과학의 일부를 이루며, 새로운 종류의 사실을 파생시키지 않는다는 것을 시사하고 있기 때문이다. 앞에서 나는 그런 방식에 의해서 정상과학으로부터 진전된 사례로서, 예컨대 19세기 후반기 동안 발견된 새로운 화학 원소들을 든 바 있다. 그러나 모든 이론이 전부 패러다임 이론인 것은 아니다. 전(前)패러다임 시대와 패러다임의 대규모 변혁이 진행되는 위기의 와중에는, 과학자들도 보통 발견으로의 길을 보여주는 갖가지 추론적이며 명료화되지 않는 이론들을 전개시키게 된다. 그러나 그런 발견은 흔히 추측적이며 잠정적인 가설에 의해서 예상되는 것과는 같지 않다. 실험과 잠정적인 이론이 함께 일치되는 식으로 명료화되는 경우에 비로소 발견이 이루어지며, 이론은 패러다임으로 탄생한다.

레이던 병의 발견은 앞에서 살펴본 특성은 물론이고, 지금 언급한 모든 특성을 보여준다. 그 발견이 시작되었을 때, 전기학 연구에는 단일한 패러다임이 존재하지 않았다. 그 대신 한결같이 비교적 접하기 쉬운 현상들로부터 유도된 다수의 이론들이 서로 경쟁하고 있었다. 그 이론들 가운데 전기적 현상들을 모두 잘 포괄하는 데에 성공적인 이론은 하나도 없었다. 이런 실패가 바로 레이던 병의 발견의 배경을 제공한 여러 가지 변칙현상들의 원천이었다. 경쟁하는 전기학파 중 하나는 전기를 유체로 다루었고, 그런 관념으로 인해서 여러 사람들은 물을 채운 유리병을 손에 쥐고, 물을 가동된 정전기 발생기에 달린 도선에 닿게 함으로써 전기적 유체를 병에 담으려고 애쓰게 되었다. 기계로부터 병을 떼고 다른 쪽 손으로 물(또는 물에 연결된 도선)을 만졌을 때, 실험자들은 누구나 심한 전기 충격을 느꼈다. 그러나 그런 최초의 실험들이 전기학자들에게 즉각적으로 레이던 병을 제공한 것은 아니었다. 그런 장치는 보다 점진적으로 형태를 갖추어갔으며, 여기서도 그 발견이 언제 완결되었는가를 잘라 말하기는 곤란하다. 전기적 유체를 저장하려는 당초의 시도가 제대로 이루어진 이유는 오로지 실험자들이 땅에 발을 붙인 채로 유리병을 손에 쥐었기 때문이었다. 전기학자들은 그때까지도 그 병이 내부의 전도성 피막뿐만 아니라 외부 피막도 필요로 한다는 것을 깨닫지 못했으며, 유체가 병에 실제로 저장된 것이 아니라는 것도 알지 못했다. 그들에게 이 사실을 증명해 보여주고 그 밖의 몇 가지 변칙적인 결과를 보여준 탐구 과정이 진행되던 어느 시점에 이르러서야 비로소 이른바 레이던 병이라는 장치가 나타났다. 더욱이 그 출현에까지 이르는 실험들의 다수는 프랭클린에 의해서 수행되었고, 유체 이론의 전폭적 수정을 불가피하게 했다. 그에 따라서 전기에 대한 최초의 완벽한 패러다임이 제공되었다.[11]

앞에서 든 세 가지 사례에 공통되는 특성은 새로운 종류의 현상이 출현하는 모든 발견이 가지고 있는 공통적인 특성이며, 다만 충격과 예상하던 결과의 정도가 작거나 큰 차이가 있을 뿐이다. 그 특성은 변칙현상에 대한 사전 인지, 관찰 및 이론적 인식의 점진적이고 동시적인 출현, 그리고 그 결과로서 나타나며 흔히 저항을 수반하는 패러다임 범주와 과정의 변화를 포함한다. 이와 똑같은 특성이 지각 과정 자체의 성격에 내재한다는 증거까지도 나와 있다. 심리학 이외의 분야에 훨씬 더 잘 알려질 필요가 있는 심리학의 한

---

11) 레이던 병의 출현에서의 여러 단계에 대해서는 I. B. Cohen, *Franklin and Newton: An Inquiry into Speculative Newtonian Experimental Science and Franklin's Work in Electricity as an Example Thereof* (Philadelphia, 1956), pp. 385–386, 400–406, 452–467, 506–507 참조. 최종 단계는 Whittaker, 앞의 책, pp. 50–52에 설명되어 있다.

실험에서, 브루너와 포스트먼은 실험 대상자들에게 카드 한 벌을 잠깐 동안 통제된 형태로 보여주고 가려내게 했다. 대부분의 카드는 정상적인 것이었으나, 몇 장은 변칙적으로 만들었는데, 예컨대 스페이드의 6을 빨간색으로, 하트의 4를 검은색으로 만드는 식이었다. 실험은 한 사람에게 카드를 한 장씩 계속해서 보여주는 것이었다. 매번 패를 보여줄 때마다 실험 대상자에게 무엇을 보았느냐고 묻고, 한 벌의 카드 모두를 두 번 연속적으로 옳게 맞추는 경우 한 차례의 실험을 종료하는 식이었다.12)

아주 잠깐 보는 것만으로도 대부분의 피실험자들은 거의 모든 카드를 알아보았고, 좀더 시간을 늘린 결과 피실험자들은 카드를 모두 알아보았다. 이 과정에서 정상적인 카드에 대해서는 보통 옳게 맞추었으나, 변칙적인 카드는 거의 예외 없이 정상적인 카드로 알아보았다. 여기에는 외관적인 망설임이나 당황하는 기색도 없었다. 이를테면, 검은색 하트 4를 보면, 스페이드 4 또는 하트 4라고 대답했다. 아무런 거리낌도 없이, 변칙은 기존의 경험이 마련해준 개념적 범주 중 하나에 즉각적으로 맞추어졌다. 자신들이 대답했던 것과 다른 카드를 보았다고는 말하는 피실험자는 한명도 없었다. 그런데 변칙적인 카드를 점점 자주 보여주자, 피실험자들은 망설이기 시작했고, 변칙현상을 감지하기 시작했다. 예를 들면, 빨간색 스페이드 6을 여러 번 보여주자, 이렇게 말하는 사람도 있었다. "그건 스페이드 6인데, 뭔가 좀 이상하군요. 검은색에 붉은 테두리를 둘렀네요." 더 자주 보여주는 것은 보다 오랜 망설임과 혼돈을 초래하다가 드디어 어느 시점에서, 때로는 아주 갑자기, 대부분의 피실험자

---

12) J. S. Bruner and Leo Postman, "On the Perception of Incongruity: A Paradigm", *Jouranl of Personality*, XVIII (1949), 206-223.

들이 망설이지 않고 제대로 맞추게 되었다. 더욱이 이상스런 카드 두세 장으로 이런 실험을 한 후에는, 그들은 다른 이상한 카드에 대해서 더 이상 별다른 어려움을 보이지 않았다. 그러나 몇몇 사람들은 그들 범주에 제대로 적응하지 못했다. 이들은 정상 카드를 옳게 맞출 수 있는 데에 필요했던 평균치보다 40배나 더 카드를 접하면서도, 이상한 카드의 10퍼센트 이상을 제대로 맞추지 못했다. 그렇게 실패한 사람들은 상당히 혼란을 느끼는 경우가 많았다. 한 사람은 이렇게 외치기도 했다. "도대체 짝패를 맞출 수가 없군요. 그건 그때 카드처럼 보이지도 않았어요. 이제는 그것이 무슨 색깔인지 또는 스페이드인지 하트인지도 모르겠군요. 나는 지금 스페이드가 어떻게 생겼는지조차도 얼떨떨하다고요. 맙소사!"13) 다음 장에서 우리는 과학자들 역시 이런 식으로 행동한다는 사실을 자주 보게 될 것이다.

하나의 은유이건 혹은 정신의 본질을 반영하는 까닭에서건, 이러한 심리학 실험은 과학적 발견의 과정에 대해서 신통하리만큼 간단하고 수긍이 가는 도식적 설명을 제공한다. 카드 실험에서와 마찬가지로, 과학에서의 새로움은 어렵게, 저항에 의해서 구현되면서, 그리고 예측에 의해서 제공되었던 배경을 거스르면서 등장한다. 나중에는 변칙현상을 관찰할 수 있는 상황일지라도, 초기에는 예상되고 통상적인 것만이 경험된다. 그러나 더 깊게 인식하게 되면, 무엇인가 잘못되었음을 깨닫거나 또는 이전에는 잘못되었던 그 무엇에 그 결과를 연관시키기에 이른다. 변칙의 인지는 개념적 범주가 조정되

---

13) 같은 책, p. 218. 나의 동료인 포스트먼은 나에게, 무엇을 어떻게 하는 것인지 다 알고 있었음에도 불구하고, 스스로 엉뚱한 카드를 보는 것이 몹시 불편한 감정을 불러일으킨다고 말했다.

는 시기를 열게 되며, 마침내 당초에는 이상하던 것을 결국 예측되는 것으로 바꾸기에 이른다. 그 시점에서 그 발견은 완료된다. 앞에서 강조했던 바와 같이, 이런 과정이나 이와 비슷한 과정은 과학에서 근본적인 새로움이 출현하는 경우라면 어디에나 포함되어 있다. 여기서 강조하고 싶은 점은 그 과정을 인식하게 됨으로써, 우리는 드디어 정상과학이 새로움을 지향하지 않고 오히려 그런 것을 억제하는 경향이 있는 탐구임에도 불구하고, 어찌하여 혁신을 불러일으키는 데에 그렇게 효과적인지를 보기 시작할 수 있다는 사실이다.

어느 과학의 발달에서나 최초로 수용된 패러다임은 보통 그 과학의 종사자들이 쉽게 접할 수 있는 관찰과 실험의 대부분을 상당히 성공적으로 설명하는 듯이 느껴지게 된다. 그러므로 더욱 발달함에 따라서 정교한 장치의 제작과 심오한 의미의 용어와 숙련의 개발이 이루어지며, 개념이 점점 더 세련되면서 상식적인 원형과의 거리가 점점 더 멀어지게 되는 것이 보통이다. 한편으로 이런 전문화는 과학자의 시야를 크게 제한하며 패러다임의 변화에 대해서 상당히 저항하게 만든다. 과학은 점점 경직되어가는 것이다. 그렇지만 다른 한편으로는 패러다임이 과학자 집단의 주의를 집중시키는 분야에서는 정상과학이 더 상세한 정보와 다른 방식으로는 도저히 이룰 수 없는 정확한 관찰과 이론의 일치로 과학자들을 인도한다. 더구나 그런 상세함과 일치의 정확성은 그것들의 고유한 흥미를 능가하는 가치를 가지는데, 이 고유한 흥미는 대부분의 경우 그렇게 높지 않다. 주로 예측된 기능을 위해서 제작된 특수장치가 없었더라면, 궁극적으로 새로움으로 이끈 결과들은 발생하지 않았을 것이다. 그리고 장치가 갖추어진 경우에도, 무엇을 예측해야 할지를 매우 **정확**히 알면서 무엇인가 잘못되었음을 깨달을 수 있는 사람에게만 새로움은 그 모습을 드러낸다. 변칙현상은 패러다임에 의해서 제공되는 배경을 거스르면서만 나타난다. 패러다임이 정확하고 영향력이 클수록 그것은 변칙현상에 대해서, 따라서 패러다임의 변화 가능성에 대해서 보다 예민한 지표를 제공한다. 정상적인 발견의 양식에서는 패러다임 변화에 대한 저항도 유용성이 있는데, 이에 관해서는 다음 장에서 더 자세히 살펴볼 것이다. 패러다임이 맥없이 함락되지 않을 것임을 확인하는 과정을 통해서, 저항은 과학자들이 어이없이 흔들리지 않을 것임을 확고히 하고, 패러다임 변화로 이끄는 변칙이 기존 지식의 핵심으로까지 침투할 것을 보증한다. 과학에서의 유의미한 새로운 발견이 흔히 여러 실험실에서 때를 같이하여 나타난다는 사실은, 바로 정상과학의 강렬한 전통적 성격과 그런 전통적 탐구가 그 자체의 변화에의 길을 마련하는 온전성 모두에 대한 지표가 된다.

7

위기 그리고 과학 이론의 출현

제6장에서 살펴본 발견들은 모두 패러다임 변화의 원인이거나 그 변화에 기여하는 요소였다. 더욱이 그 발견들이 유발했던 변화들은 모두 건설적일 뿐만 아니라 파괴적인 것이기도 했다. 발견이 동화된 이후, 과학자들은 자연현상의 보다 넓은 영역에 관해서 설명할 수 있었거나, 이미 알려진 현상들의 일부에 관해서 보다 정확하게 설명할 수 있었다. 그러나 이런 이득은 기존의 표준 이념이나 방법을 더러는 포기하거나, 동시에 이전 패러다임의 그런 구성요소들을 다른 것으로 대치함으로써 성취되었다. 나는 이런 유형의 변천이 정상과학을 통해서 성취된 모든 발견과 연관된다고 주장했다. 다만 예외가 있다면, 세부 사항을 제외하고는 모두 예측되었던 놀라울 것 없는 발견들만이 이런 변화를 낳지 못한다. 그러나 발견만이 파괴적이고 건설적인 패러다임 변화의 유일한 원천은 아니다. 이 장에서 우리는 그와 비슷하지만, 통상적으로 훨씬 더 대폭적인 변동에 대해서 고찰해볼 텐데, 이들은 새로운 이론들의 창안(invention)으로부터 비롯된다.

이미 앞에서 과학에서의 사실과 이론, 발견과 발명은 범주적으로 구별되거나 영구히 구별되는 것이 아님을 논의했던 바와 같이, 우리는 이 장과 앞 장의 내용이 중복되리라는 것을 예측할 수 있다(프리스틀리가 처음에 산소를 발견하고, 라부아지에가 그 다음에 그것을 발명했다는 어이없는 발상은 나름대로 매력이 있다. 산소는 이미 사실의 발견으로서 다루었던 주제인데, 우리는 이제 곧 이론의 창안으로서 산소를 다시 만나게 될 것이다). 새로운 이론의 출현을 받아들이면서 우리는 필연적으로 발견에 대한 이해까지도 확장할 것이다. 그러나 중복된다고 동일한 것은 아니다. 앞의 장에서 다룬 발견의 유형은, 적어도 단독으로는, 코페르니쿠스 혁명, 뉴턴 혁명, 화학혁명, 그리고 아인슈타인 혁명에 버금가는 패러다임 전환(shift)을 일으킨 것은 아니었다. 그렇다고 빛의 파동 이론, 열역학 이론, 또는 맥스웰의 전자기 이론이 야기한, 더 배타적으로 전문적이라는 의미에서 소폭적인 패러다임의 변화를 일으킨 것도 아니었다. 정상과학이 이론보다는 발견을 더 추구하는 활동이라고 할 수 있는데, 어떻게 이와 같은 이론들이 정상과학으로부터 탄생할 수 있는가?

변칙현상에 대한 인식이 새로운 종류의 현상의 출현에 한몫을 한다면, 그와 유사하면서도 더욱 심오한 인식이 수용할 만한 이론 변화의 선행 조건이라는 것은 놀랄 일이 아닐 것이다. 나는 이 점에 관한 역사적 증거는 재론의 여지없이 확실하다고 생각한다. 프톨레마이오스 천문학의 상황은 코페르니쿠스의 선언 이전에 하나의 스캔들이었다.[1] 운동에 대한 연구에서 갈릴레오의 공헌은 아리스토텔레스 이론에 대한 스콜라 학파의 비판에서 등장했던 난제와 밀접하게 관련되어 있었다.[2] 뉴턴의 빛과 색깔에 대한 새로운 이론은

---

1) A. R. Hall, *The Scientific Revolution, 1500-1800* (London, 1954), p. 16.
2) Marshall Clagett, *The Science of Mechanics in the Middle Ages* (Madison, Wis., 1959), II-III부. A. Koyré는 그의 저서 *Etudes Galiléennes* (Paris, 1939), 특히 I권에서 갈릴레오의 사상이 가진 여러 가지 중세적인 요소들을 제시하고 있다.

기존의 전(前)패러다임 이론들 중 그 어느 것도 스펙트럼의 길이를 설명하지 못했음을 발견한 것에서 비롯되었으며, 뉴턴 이론을 대치한 파동 이론은 회절(diffraction)과 편광(polarization) 효과를 뉴턴 이론에 관련지으면서 변칙현상에 대한 관심이 고조되는 가운데 발표되었다.3) 열역학은 19세기 두 기존 물리과학 이론의 충돌로부터 탄생하게 되었고, 양자역학은 흑체 복사(black-body radiation), 비열(specific heats) 그리고 광전 효과(photoelectric effect)를 둘러싼 갖가지 난제들로부터 탄생했다.4) 더욱이 뉴턴 이론을 제외한 모든 경우에 변칙현상에 대한 인식이 매우 오래 지속되었고 아주 깊숙이 침투되었기 때문에, 그 영향을 받은 분야들은 위기감이 고조되는 상태라고 묘사하는 것이 어울리는 상황이었다. 그것은 대규모의 패러다임 파괴와 정상과학의 문제 및 테크닉상의 주요 변동을 요구하는 까닭에, 새로운 이론들의 출현은 대체로 전문 분야의 불안정함이 현저해지는 선행 시기를 거치게 된다. 누구나 예측할 수 있듯이, 그런 불안정함은 정상과학의 수수께끼들이 좀처럼 제대로 풀리지 않는다는 데에서 발생된다. 기존 규칙의 실패는 새로운 규칙의 탐사를 향한 전조가 된다.

우선 패러다임 변화에서 특히 유명한 사례인 코페르니쿠스 천문학의 탄생을 살펴보자. 이전 체계인 프톨레마이오스의 지구중심 체

---

3) 뉴턴에 대해서는 T. S. Kuhn, "Newton's Optical Papers", *Isaac Newton's Papers and Letters in Natural Philosophy*, I. B. Cohen 편 (Cambridge, Mass., 1958), pp. 27-45 참조. 파동 이론의 서막에 대해서는 E. T. Whittaker, *A History of the Theories of Aether and Electricity*, I (제2판, London, 1951), 94-109; W. Whewell, *History of the Inductive Sciences* (개정판, London, 1847), II, 396-466 참조.

4) 열역학에 대해서는 Silvanus P. Thompson, *Life of William Thomson Baron Kelvin of Largs* (London, 1910), I, 266-281 참조. 양자 이론에 대해서는 Fritz Reiche, *The Quantum Theory*, H. S. Hatfield and H. L. Brose 역 (London, 1922), i-ii장 참조.

계가 기원전 2세기부터 기원후 2세기까지에 걸쳐 처음 발전했을 때, 그것은 항성과 행성의 변화하는 위치를 예측하는 데에 신통하리만큼 성공적이었다. 고대의 체계 중에서 그렇게 잘 들어맞는 다른 이론은 없었다. 항성에 대해서는 프톨레마이오스 천문학이 오늘날까지도 계산을 위한 근사법으로 널리 쓰이고 있으며, 행성에 대한 프톨레마이오스 체계의 예측은 코페르니쿠스의 것만큼 잘 맞았다. 그러나 하나의 과학 이론으로서, 놀랄 만큼 잘 맞는다는 것이 완벽하게 성공적이라는 뜻은 결코 아니다. 행성의 위치와 분점(分點)의 세차운동(歲差運動 : 지구의 자전축이 약 2만6,000년 동안 한 바퀴를 도는 운동. 천체 관측에서 이 운동은 춘분점과 추분점 등의 분점이 황도를 따라서 태양과는 반대방향으로 움직이는 것으로 나타난다/역주) 두 가지에 대해서는 프톨레마이오스 체계에 근거한 예측치가 당시에 얻은 가장 훌륭한 관측과 잘 들어맞지 않았다. 이러한 사소한 차이를 좀더 줄여보자는 것이 프톨레마이오스의 후계자들이 수행한 정상 천문학 연구의 주요 과제로 등장했고, 그런 양상은 천상세계의 관측과 뉴턴 이론을 일치시키려는 시도가 뉴턴의 18세기의 계승자들에게 정상연구의 주제들을 제공했던 것과 흡사했다. 얼마 동안은 천문학자들에게 이러한 시도가 프톨레마이오스 체계를 유도했던 과거의 시도들 못지않게 성공적이라고 간주할 만한 이유가 충분했다. 어느 특정한 모순이 드러나면, 천문학자들은 원(圓)들의 조합으로 이루어진 프톨레마이오스 체계에서 일부 특수한 조정을 가함으로써 거침없이 모순점을 제거할 수 있었다. 그러나 만일 누군가가 시간이 경과하면서 천문학자들의 이러한 정상연구의 노력이 낳은 결과를 종합적으로 바라본다면, 그는 천문학의 복잡성이 그 정확성보다 훨씬 더 빠르게 증대되고 있다는 사실과 한 곳에서

보정된 모순이 다른 곳에서 나타나기 일쑤였다는 사실을 간파할 수 있었을 것이다.[5]

천문학적 전통은 외부로부터 끊임없이 방해를 받았으며, 인쇄술이 없는 상황에서 천문학자들 사이의 의견 교환이 제한적이었기 때문에, 이들 어려움은 매우 느리게 인식되고 있었다. 그러나 드디어 깨달음이 왔다. 13세기 무렵 알폰소 10세는 신이 우주를 창조할 때에 자신과 의논했더라면, 신은 훌륭한 조언을 받았을 것이라고 선언할 수 있었다. 16세기 들어서 코페르니쿠스의 공동 연구자인 도메니코 다 노바라는 프톨레마이오스의 이론이 낳았던 것처럼 엉성하고 부정확한 체계가 자연에 대한 진리가 될 수는 없다고 주장했다. 그리고 코페르니쿠스 자신은 『천구(天球)의 회전에 관하여(De revolutionibus orbium coelestium)』의 서문에서 그가 계승한 천문학 전통은 결국 괴물을 창조했을 뿐이라고 적었다. 16세기 초에는 유럽 최고의 천문학자들 중에서 차츰 더 많은 사람들이 천문학의 패러다임이 그 고유의 전통적 문제에 대한 적용에서 제구실을 하지 못하고 있음을 깨닫게 되었다. 그러한 인식은 코페르니쿠스가 프톨레마이오스 패러다임을 거부하고 새로운 패러다임을 찾기 시작하는 데에 요구되었던 선행 조건이었다. 그의 유명한 서문은 아직까지도 위기 상황에 관한 고전적 서술의 하나로 남아 있다.[6]

물론 정상적인 전문적 퍼즐 풀이 활동의 붕괴가 코페르니쿠스가 직면한 천문학상 위기의 유일한 요소는 아니었다. 이에 관한 논의를 확장시키면 달력 개혁에 대한 사회적 압력, 즉 세차운동이라는

---

5) J. L. E. Dreyer, *A History of Astronomy from Thales to Kepler* (제2판, New York, 1953), xi-xii장.

6) T. S. Kuhn, *The Copernican Revolution* (Cambridge, Mass., 1957), pp. 135-143.

퍼즐을, 특히 시급한 문제로 몰고 갔던 압력 요인 역시 작용하고 있었다. 게다가 보다 완전한 설명을 하려면, 아리스토텔레스주의에 대한 중세의 비판, 르네상스 시기의 신(新)플라톤주의의 융성, 그리고 여타의 유의미한 역사적 요소들까지 고려해야 할 것이다. 그러나 전문적인 영역에서의 붕괴가 여전히 위기의 핵심으로 자리할 것이다. 천문학은 이미 고대 이래로 성숙한 과학이었는데, 이런 과학에서는 앞서 말한 것과 같은 외부적 요인들이 붕괴의 시기, 붕괴가 얼마나 쉽게 인지될 수 있는가의 정도, 그리고 관심을 특별히 집중시킴으로써 붕괴가 최초로 발생하는 영역을 결정하는 데에 중요한 역할을 한다. 이런 심대한 중요성에도 불구하고, 이 같은 유형의 주제는 이 책의 범위를 벗어난다.

코페르니쿠스 혁명에서 이런 점들이 분명하다면, 이제 방향을 돌려서 두 번째 다른 사례, 즉 연소(燃燒)에 대한 라부아지에의 산소 이론의 탄생에 선행했던 위기에 관해서 살펴보자. 1770년대에는 여러 가지 요인들이 복합되어 화학에서 위기가 발생했고, 과학사학자들은 그런 요인들의 본질이라든가 상대적 중요성에 대해서 합의를 이루지 못했다. 그러나 그중 두 가지는 일반적으로 최상의 중요성을 가진 것으로 인정받았는데, 기체화학의 융성과 질량 관계에 대한 의문이 그것이었다. 기체화학의 역사는 17세기 진공 펌프의 개발과 그것을 화학 실험에서 사용하면서 시작되었다. 18세기 동안 진공 펌프와 여러 가지 기력(氣力) 장치를 사용하게 됨에 따라, 화학자들은 공기가 화학 반응에서의 활성성분임에 틀림없다는 것을 차츰 깨닫게 되었다. 그러나 몇 가지 예외들을 제외하면, 화학자들은 공기가 기체의 유일한 종류라는 믿음을 고수하고 있었는데, 이런 예외들도 너무 애매해서 예외로 간주되기 힘든 것들이었다.

1756년에 조지프 블랙이 고정된 공기(이산화탄소)는 언제나 보통 공기와는 구별된다는 것을 보여주기 전까지, 두 가지 기체 시료는 오직 그 불순물에서만 차이가 나는 것으로 간주되었다.[7]

블랙의 연구 이후, 기체에 관한 연구는 캐번디시, 프리스틀리 그리고 셸레의 손에서 가장 뚜렷하게 급진전을 이루었는데, 이들은 모두 기체의 시료들을 하나하나 구별해낼 수 있는 여러 가지 새로운 기술을 전개시켰다. 블랙으로부터 셸레에 이르는 학자들은 모두 플로지스톤 이론을 신봉했고, 그들의 실험장치와 결과 해석에서 자주 그것을 사용했다. 셸레는 실제로 열로부터 플로지스톤을 제거하도록 고안된 일련의 정교한 실험을 통해서 산소를 얻어낸 최초의 인물이었다. 그러나 그 실험에서 얻은 결과는 매우 까다로운 각양 각색의 기체 시료와 기체 성질이었던 까닭에, 이런 실험실에서의 결과를 플로지스톤 이론을 통해서 설명할 가능성은 차츰 희박한 것으로 드러났다. 이 화학자들 가운데 어느 누구도 플로지스톤 이론이 대체되어야 한다고 제안하지는 않았지만, 화학자들은 그 이론을 일관성 있게 응용할 수가 없었다. 1770년대 초 라부아지에가 공기에 대한 실험을 시작할 무렵에는 기체화학자들의 수만큼이나 많은 플로지스톤 이론의 수정안이 나왔다고 할 수 있을 정도였다.[8] 하나의 이론과 관련해서 이처럼 수정안이 무성해지는 것은 위기 상황에서 매우 보편적으로 나타나는 증상이다. 마찬가지로 코페르니쿠스

---

7) J. R. Partington, *A Short History of Chemistry* (제2판, London, 1951), pp. 48–51, 73–85, 90–120.

8) 이 논문들의 주된 관심은 약간 더 후기에 있기는 하지만, 많은 관련 자료들이 실려 있다. J. R. Partington and Douglas Mckie, "Historical Studies on the Phlogiston Theory", *Annals of Science*, II (1937), 361–404; III (1938), 1–58, 337–371; IV (1939), 337–371.

도 그의 서문에서 그것에 관해서 불평했다.

그러나 기체화학에 대한 플로지스톤 이론의 점증하는 모호성과 감소되는 효용성이 라부아지에를 가로막은 위기의 유일한 근원은 아니었다. 그는 대부분의 물체를 태우거나 구울 때에 나타나는 무게의 증가를 설명하는 문제에도 지대한 관심을 가졌으며, 이것 역시 오래 전부터 제기되어온 문제였다. 적어도 이슬람의 몇몇 화학자들은 어떤 금속은 가열하면, 무게가 늘어난다는 사실을 알고 있었다. 17세기에 들어와서 일부 연구자들은 바로 이 사실로부터 연소된 금속은 대기로부터 어떤 성분을 흡수하는 것이라고 결론지었다. 그러나 17세기 동안에 대부분의 화학자들에게 그러한 결론은 불필요한 것으로 보였다. 화학 반응이 모름지기 성분들의 부피, 색깔, 구조를 바꿀 수 있는 것이라면, 어째서 무게만 바꾸지 못한다는 말인가? 무게는 항상 물질의 양(quantity of matter)의 척도로 취급되지는 않았다. 게다가 연소에 따르는 무게 증가는 별개의 현상으로 다루어지고 있었다. 자연적인 물체(예컨대 나무)는 대부분 태울 때 그 무게가 줄어들었고, 이는 플로지스톤 이론이 후에 당연히 그래야 한다고 설명했던 바와 일치했다.

그러나 18세기를 거치면서, 무게 증가의 문제에 대한 이러한 초기의 반응은 차츰 지탱하기가 어려워졌다. 더러는 천칭 저울이 표준적 화학 기구로 많이 쓰이게 되었기 때문이었고, 더러는 기체화학의 발달로 인해서 반응의 기체 생성물을 보존하는 것이 가능하며 바람직한 일이 되면서, 화학자들이 연소에 의해서 무게 증가 현상이 일어나는 사례들을 점점 더 많이 발견하게 되었기 때문이었다. 동시에 뉴턴의 중력 이론에 점진적으로 동화한 것도 화학자들로 하여금 무게 증가가 물질의 양에서의 증가를 의미함에 틀림없다고 주장하도록 만들었다. 그렇다고 그러한 결론들이 플로지스톤 이론의 포기를 초래하지는 않았다. 왜냐하면 그 이론은 여러 가지 방식으로 조정될 수 있었기 때문이다. 어쩌면 플로지스톤은 마이너스의 무게를 가졌는지도 모를 일이었고, 또는 플로지스톤이 물체로부터 이탈할 때 불의 입자 또는 다른 무엇이 그 연소하는 물체로 들어가는지도 모를 일이었다. 이외에도 갖가지 설명들이 등장했다. 무게 증가의 문제가 플로지스톤 이론의 폐기로 이어지지는 않았으나, 그것은 이 문제가 큰 비중을 차지하는 특별한 연구의 수를 점점 증가시켰다. 그중 하나로, 1772년 초에 「무게를 가진 실체로 간주되고, 그것이 결합하는 물체에서 일으키는 무게 변화에 의해서 [분석되는] 플로지스톤에 관하여」라는 논문이 아카데미 프랑세즈에서 발표되었는데, 1772년은 바로 아카데미 원장에게 라부아지에가 그의 유명한 봉인 노트를 전한 해였다. 그 노트가 작성되기 이전에 몇 년 동안 그의 비상한 관심을 끌어왔던 문제가 두드러진 미해결의 퍼즐로 부각된 것이었다.[9] 플로지스톤 이론은 그 문제를 만족스럽게 풀기 위해서 다양하게 여러 가지로 수정, 변형되고 있었다. 기체화학에서의 문제들과 마찬가지로, 무게 증가의 문제도 플로지스톤 이론은 과연 무엇인가를 이해하는 것을 점점 더 어렵게 만들었다. 그때까지는 잘 들어맞는 도구라고 믿겨졌고 존중되었음에도 불구하고, 18세기 화학의 패러다임은 그 독보적 지위를 점진적으로 상실해갔다. 따라서 그 패러다임이 주도한 연구는 차츰 전패러다임 시대에 여러 학파들의 각축 아래에 수행되던 연구를 방불케 했는데, 이런 현상

---

9) H. Guerlac, *Lavoisier: the Crucial Year* (Ithaca, N.Y., 1961). 이 책 전체가 위기의 출현과 최초의 인식에 대한 자료를 담고 있다. 라부아지에에 관해서 상황을 명확하게 기술한 부분에 대해서는 p. 35 참조.

은 위기의 또다른 전형적 광경이다.

이제 세 번째이자 마지막 실례로, 상대성 이론이 탄생할 수 있도록 길을 열어준 19세기 말 물리학에서의 위기에 대해서 생각해보자. 이 위기의 뿌리 하나는 17세기 말로 거슬러올라가는데, 이 시절 다수의 자연철학자들은 절대 공간의 고전적 개념을 새롭게 수정해서 고수하는 것과 관련해서 뉴턴을 비판하고 있었다.[10] 그들은 아주 근접하게, 그렇다고 완전한 것은 아니었지만, 절대 위치와 절대 운동이 뉴턴의 체계에서 아무런 구실도 하지 못한다는 것을 증명할 수 있었다. 그리고 그들은 공간과 운동에 대한 완벽한 상대적 개념이 이후에 전개될 상당히 심미적인 매력을 암시하는 데에 성공했다. 그러나 그들의 비판은 순전히 논리적인 것이었다. 지구의 부동성(不動性)에 대한 아리스토텔레스의 증명을 비판했던 초기의 코페르니쿠스 학파처럼, 이 자연철학자들은 상대론적 체계로의 전환이 관측에서의 새로운 결과를 도출하리라는 사실을 상상도 하지 못했다. 그들은 뉴턴 이론이 자연에 적용될 때에 야기한 어떤 문제에도 그들의 견해를 관련시키지 않았다. 그 결과, 그들의 견해는 18세기 초엽 수십 년 사이에 그들과 더불어 사라졌으며, 그 후 19세기 말 수십 년 동안 물리학의 실행과 완전히 새로운 관계를 맺게 되면서 비로소 부활했다.

공간의 상대론적 철학이 최종적으로 연관을 맺은 기술적 문제들은 1815년 이후 빛의 파동 이론의 수용과 더불어 정상과학으로 도입되기 시작했지만, 1890년대까지는 아무런 위기를 촉발하지 않았다. 만일 빛이 뉴턴 법칙의 지배를 받는 역학적 에테르(mechanical

---

10) Max Jammer, *Concepts of Space: The History of Theories of Space in Physics* (Cambridge, Mass., 1954), pp. 114−124.

ether)를 통해서 전파되는 파동이라면, 천상계의 관측과 지상계의 실험 양쪽 모두에서 에테르를 통한 흐름을 검출할 수 있는 가능성이 생긴다. 천체 관측에 대해서는 오직 광행차(光行差, aberration : 태양의 빛이 에테르 속을 운동하는 지구 근처에 도달하여 휘어진다고 가정된 현상/역주)의 관찰만이 관련 정보를 제공하기에 충분한 정확성을 기약할 수 있었고, 그에 따라서 광행차를 측정해서 에테르의 편류(偏流 : 에테르라는 정지한 매질을 지구가 통과하면서 생기는 속도 차이에서 나타나는 일종의 흐름과 같은 효과/역주)를 검출하려는 실험은 정상연구에서 중요한 문제로 인식되었다. 그리고 이것을 해결하기 위해서 매우 특수한 장치가 고안되었다. 그러나 그 장치로는 관찰에 잡힐 만한 흐름을 검출하지 못했으므로, 이 문제는 실험자들과 관찰자들로부터 이론학자들에게로 이전되기에 이르렀다. 19세기 중반 수십 년 동안 프레넬, 스톡스 등의 여러 학자들은 에테르의 편류를 관찰하는 데에 실패한 이유를 설명하기 위해서 에테르 이론을 변형해서 갖가지 명료화된 수정안을 내놓았다. 이 수정안들은 각각 움직이는 물체는 그것과 함께 에테르의 일정 부분을 끌고 간다고 가정했다. 그리고 에테르 끌림(ether drag)에 대한 이런 설명은 제각기 천상계의 관측뿐만 아니라 그 유명한 마이컬슨과 몰리의 실험을 비롯한 지상의 실험에서 편류가 검출되지 않은 결과를 상당히 그럴듯하게 설명해주었다.[11] 다양한 수정 이론들 사이에서 빚어진 모순을 제외한다면, 거기에는 아직 아무런 모순도 없었다. 이와 관련되는 실험적 테크닉이 존재하지 않는 상황에서, 그런 모순은 결코 첨예하게 나타나지 않았던 것이다.

---

11) Joseph Larmor, *Aether and Matter……Including a Discussion of the Influence of the Earth's Motion on Optical Phenomena* (Cambridge, 1900), pp. 6-20, 320-322.

상황은 19세기 말의 20년 사이에 맥스웰의 전자기 이론의 점진적 수용과 더불어 바뀌게 되었다. 맥스웰 자신은 빛과 전자기는 일반적으로 역학적 에테르의 입자가 일정하지 않은 변위를 일으키기 때문에 생긴다고 믿은 뉴턴주의자였다. 전기와 자기의 이론에 관한 맥스웰의 가장 초기의 견해는 그가 이 매질에 부여한 가설적 성질을 직접 이용했다. 이 견해들은 그의 최종 수정안에서는 빠졌지만, 그는 아직도 자신의 전자기 이론이 뉴턴의 역학적 견해의 명료화와 양립된다고 믿었다.[12] 적절한 명료화를 전개시키는 작업은 그와 그의 계승자들에게 하나의 도전이었다. 그러나 과학의 발전에서 언제나 그래왔듯이, 이런 명료화를 실제로 얻어내기란 엄청나게 힘든 것으로 밝혀졌다. 코페르니쿠스의 낙관에도 불구하고, 그가 제안한 천문학 이론이 운동에 관한 기존 이론들에 대해서 위기의 고조를 낳았듯이, 맥스웰 이론 역시 그 뉴턴적 기원에도 불구하고 그것이 파생되었던 패러다임을 향해서 결국은 위기를 조성했다.[13] 더욱이 위기가 가장 심각하게 고조되었던 점은 우리가 방금 살펴본 문제들, 즉 에테르에 대한 운동의 문제들에 집약되었다.

운동하는 물체의 전자기적 거동을 다룬 맥스웰의 논의에는 물체가 에테르를 끌고 가는 에테르 끌림에 대한 언급은 없었고, 그의 이론에 이런 끌림을 도입하는 것은 매우 어려운 일임이 밝혀졌다. 따라서 에테르 편류를 검출하기 위한 초기의 일련의 관찰들은 모두 변칙현상이 되었다. 그러므로 1890년 이후 몇 해 동안 실험적, 이론적으로 에테르에 상대적인 움직임을 검출하고, 에테르 끌림을 맥스

---

12) R. T. Glazebrook, *James Clerk Maxwell and Modern Physics* (London, 1896), ix장, 맥스웰의 최종 태도에 관해서는 그의 저서 *A Treatise on Electricity and Magnetism* (제3판, Oxford, 1892), p. 470 참조.

13) 역학의 발달에 기여한 천문학의 역할에 관해서는 Kuhn, 앞의 책, vii장 참조.

웰 이론에 도입하기 위해서 길고도 끈질긴 시도가 경주되었다. 몇몇 분석가들은 그들의 결과를 모호하다고 생각했으며, 편류를 검출하는 실험들도 한결같이 성공을 거두지 못했다. 맥스웰 이론과 에테르 끌림을 연결시키려는 이론학자들의 시도는 여러 가지 고무적인 첫걸음을 내디뎠고, 특히 로런츠와 피츠제럴드의 연구가 두드러졌으나, 그들 역시 여전히 다른 퍼즐들을 노출시켰고, 결국에는 서로 경쟁하는 이론들의 난립을 낳게 되었는데, 이런 난립은 우리가 이미 앞에서 위기에 따르는 부수적 현상으로 파악했던 것이다.14) 아인슈타인의 특수 상대성 이론이 1905년에 출현했던 것은 이러한 역사적인 흐름을 그 배경으로 한 것이었다.

이들 세 가지 실례는 전형에 아주 가깝다. 각 경우에 새로운 이론은 정상적 문제 풀이 활동에서 현저한 실패를 겪은 후에야 비로소 출현했다. 더욱이 과학 외적 요인들이 특히 커다란 구실을 했던 코페르니쿠스의 경우를 제외하고는, 그런 붕괴와 그 징조가 되는 이론들의 양상은 새로운 이론이 선언되기 10년 또는 20년 전에 벌어진 상황이었다. 새로운 이론은 위기의 직접적 반응인 것으로 보인다. 이것은 그다지 전형적이지는 않을지 모르나, 붕괴가 일어났던 문제들이 모두 오랜 세월에 걸쳐 인식되어온 형태라는 점을 또한 주목하라. 이전의 정상과학의 실행은 그런 문제들이 풀렸거나 또는 거의 풀렸다고 생각할 만한 충분한 이유를 제공하고도 남음이 있었고, 이것은 실패에 이르렀을 때에 어째서 실패의 의미가 그렇게 심각한가를 설명해준다. 새로운 유형의 문제를 다룰 때, 실패하는 것은 흔히 실망스럽기는 하지만, 결코 놀라운 일은 아니다. 문제라든가 수수께끼는 그 어느 것도 처음 공격에 굴복하지 않는 것이 보통

---

14) Whittaker, 앞의 책, I, 386-410; II (London, 1953), 27-40.

이다. 마지막으로, 이런 실례들은 위기의 역할에 관한 사건을 인상적으로 만드는 데에 도움이 되는 또다른 특징을 띤다. 이들 각각의 실례에 대한 해답은 적어도 부분적으로는 해당 과학에 위기가 일어나지 않았던 시기 동안에 예측된 대로였다. 그리고 위기를 느끼지 못하던 상황에서 그 예상들은 무시되었다.

가장 유명한 사례이기도 한, 유일하게 완벽한 예상은 기원전 3세기에 아리스타르코스에 의해서 코페르니쿠스식의 태양중심 체계가 이미 제안되었던 경우이다. 만일 그리스 과학이 보다 덜 연역적이고 독단에 덜 지배되었더라면, 태양중심 천문학은 실제 일어났던 것보다 18세기쯤 먼저 전개되기 시작했을지도 모를 일이라고 흔히 논의된다.[15] 그러나 그것은 역사적 맥락을 완전히 무시하는 말이다. 아리스타르코스의 제안이 이루어졌을 당시에는, 압도적으로 더 합리적이었던 지구중심 체계에 태양중심 체계가 혹시라도 채워야만 하는 부족한 부분이 없었다. 프톨레마이오스 천문학의 전반적인 전개, 즉 그것의 승리와 몰락 모두는 아리스타르코스의 주장이 있은 한참 뒤에 일어났다. 게다가 아리스타르코스를 심각하게 받아들일 만한 뚜렷한 이유도 존재하지 않았다. 보다 정교한 코페르니쿠스의 이론조차도 프톨레마이오스 체계에 비해서 더 단순하거나 더 정확하지도 않았다. 이제부터 더욱 확실히 보게 되겠지만, 그 당시에 얻을 수 있었던 관측 시험은, 그 두 이론 가운데 하나를 선택할 만한 근거를 제공하지 못했다. 이러한 상황에서 천문학자들을 코페

---

15) 아리스타르코스의 연구에 대해서는 T. L. Heath, *Aristarchus of Samos: The Ancient Copernicus* (Oxford, 1913), II부 참조. 아리스타르코스의 업적을 무시한 전통적 입장을 극단적으로 서술한 내용에 대해서는 Arthur Koestler, *The Sleepwalkers: A History of Man's Changing Vision of the Universe* (London, 1959), p. 50 참조.

르니쿠스의 태양중심설로 유도한 요인들(그리고 천문학자들을 아리스타르코스의 설로 유도할 수 없었던 요인들) 가운데 하나는 당초에 혁신을 일으키는 첫째 이유가 되었던 위기의식이었다. 프톨레마이오스의 지구중심설은 천문학의 문제들을 푸는 데에 실패했다. 시기가 무르익자 경쟁 이론에도 기회가 주어졌다. 앞에서 말한 두 가지 다른 실례에는 이와 유사한 완벽한 예상이 없었다. 그러나 분명히 17세기에 레, 훅, 메이오 등이 연소가 대기로부터 무엇인가를 흡수함으로써 일어난다는 이론을 제창했는데, 이런 이론들이 충분히 관심을 끌지 못했던 한 가지 이유는 정상과학의 실행에서 논란이 된다고 인지된 지점과 접촉이 없었던 탓이다.16) 그리고 18-19세기의 과학자들에 의한 뉴턴주의의 상대론적 비판에 대한 장기간의 무시는 대체로 이와 비슷한 문제의식의 미숙함 때문이었음이 틀림없다.

　과학철학자들은 어느 주어진 자료의 수집에 의해서 언제나 하나 이상의 이론이 성립될 수 있음을 꾸준히 증명해왔다. 과학의 역사는, 특히 새로운 패러다임의 초기 전개 과정에서는, 그러한 대안들을 고안하는 일이 별로 어렵지 않다는 것을 말해준다. 그러나 과학의 발전에서 전패러다임 단계를 제외하고는, 과학자들은 그런 대안을 창안하는 일을 거의 수행하지 않으며, 그 뒤에 따르는 발달 과정에서도 지극히 특수한 경우에만 이런 일이 일어난다. 하나의 패러다임이 제공하는 도구들이 패러다임이 정의하는 문제들을 풀 수 있다고 증명되는 한, 과학은 최고의 속도로 발전하며 그 도구들을 확신 있게 적용시킴으로써 가장 심도 있게 탐구한다. 그 이유는 명백하다. 생산 활동에서처럼 과학에서도 도구를 새로 만드는 일도 그

---

16) Partington, 앞의 책, pp. 78-85.

것을 요구하는 경우를 위해서만 예비되어 있는 일종의 사치이다. 위기의 중요성은 도구를 바꾸어야 할 적기에 도달했음을 가리키는 지표가 된다.

8

위기에 대한 반응

그렇다면 위기가 새로운 이론의 출현에 필수적인 선행 조건이라고 가정하고, 다음에는 과학자들이 위기의 존재에 대해서 어떻게 반응하는가를 묻도록 하자. 그 대답의 일부는 중요한 만큼 분명한데, 그것은 우선 과학자들이 심각하고 만연된 변칙현상에 부딪쳤을 때 결코 취하지 않는 행동이 무엇인가를 주목함으로써 찾을 수 있다. 과학자들은 신념을 잃기 시작하고 이어서 다른 대안을 궁리하기 시작할지 모르나, 그렇다고 해서 그들을 위기로 몰고 간 그 패러다임을 바로 폐기하지는 않는다. 다시 말해서 그들은, 과학철학의 언어로는 그들이 그렇게 해야 함에도 불구하고, 변칙현상들을 반증 사례로 간주하지 않는다. 부분적으로 이런 일반화는 단순히 앞에서 제시했고 이제부터 더 넓게 제시하려는 실례들에 근거한 역사적 사실로부터 얻을 수 있는 서술이다. 이것들은 우리가 패러다임의 포기에 관해서 후에 검토할 내용이 보다 완전히 드러낼 것이 무엇인가를 시사하는데, 그것은 일단 하나의 과학 이론이 패러다임의 지위를 확보하게 되면, 그 이론은 그 지위를 차지할 만한 다른 후보 이론이 나타난 경우에 한해서 타당하지 않다고 선언된다는 것이다. 과학 발전에 관한 역사적 고찰에서 드러난 과정은 그 어느 것도 자연과의 직접 비교에 의해서 반증을 한다는 방법론적 상투적 관념과 닮은 점이 없다. 그렇다고 해서 과학자들이 과학 이론을 폐기하지 않는다는 것을 의미하거나, 또는 과학자들이 이론을 폐기하는 과정에 경험과 실험이 필수적이지 않음을 의미하는 것도 아니다. 그러나 그것은 과학자로 하여금 기존의 수용된 이론을 거부하도록 이끄는 판단의 행위가 항상 그 이론과 세계와의 비교 이상의 것에 근거를 둔다는 것을 의미하며, 이 점이 이후 궁극적인 핵심이 될 것이다. 하나의 패러다임을 거부하는 결단은 언제나 그와 동시에 다른 것을 수용하는 결단이 되며, 그 결정으로까지 이끌어가는 판단은 패러다임과 자연의 비교 그리고 패러다임끼리의 비교라는 두 가지를 포함한다.

덧붙여, 과학자들이 변칙현상 또는 반증 사례에 부딪혔기 때문에 패러다임을 포기한다는 주장에 회의를 느끼게 하는 두 번째 이유가 있다. 이 논의를 전개하면서 나의 논거는 그 자체로서 이 책의 핵심 테제를 미리 보여줄 것이다. 앞에서 언급된 의심의 이유들은 순전히 사실적인 것이다. 즉 그런 이유들은 그 자체가 지금 일반적으로 받아들여진 인식론에 대한 반증 사례들이다. 나의 이러한 관점이 옳은 것이라면, 그것들은 기껏해야 위기 형성을 조장하거나, 또는 보다 정확히 표현해서 이미 무르익은 위기를 심화시킬 따름이다. 그것들 자체로는 그런 철학적 이론을 반증할 수도 없으며 반증하지도 않을 것이다. 왜냐하면 그 철학적 패러다임의 옹호자들은, 우리가 이미 살펴본 바와 같이, 변칙에 부딪혔을 때에 과학자들이 하는 행동을 그대로 보여줄 것이기 때문이다. 그들은 다양한 명료화를 궁리하고 분명히 드러난 모순을 제거하기 위해서 그들의 이론을 이모저모로 수정할 것이다. 이와 관련된 다양한 수정과 완화는 실상 이미 문헌에 나타난 것들이다. 그러므로 만일 이들 인식론적 반증 사례들이 사소한 자극 이상의 구실을 하게 된다면, 그 까닭은 이것들이 과학의 새롭고 색다른 분석이 출현하도록 허용하는 일을 돕기 때문일 것인데, 이러한 새로운 분석의 범위 내에서는 그런 반증 사례들이 더 이상 말썽의 근원이 되지 않을 것이다. 더구나 우리가 과학혁명에서 나중에 관찰하게 될 전형적 양상이 여기에 적용된다면, 이 변칙현상들은 더 이상 단순히 사실로만 보이지 않을 것이다. 과학 지식에 대한 새로운 이론의 관점에서 보면, 이런 변칙현상들은 대신 항진명제(恒眞命題)인 것처럼 보일 것이다. 즉 그렇게 되지 않고 다르게 되는 것을 상상할 수도 없는 상황에 대한 진술처럼 보인다는 것이다.

예컨대 뉴턴 이론을 신봉하는 사람들은 흔히 뉴턴의 운동 제2법칙을 아무리 많은 관찰로도 결코 논박할 수 없는 순전히 논리적인 진술처럼 생각했는데, 실제로는 이 법칙을 얻기까지 수세기에 걸친 사실적, 이론적 연구의 험로를 거쳐야 했다.[1] 제10장에서 우리는 돌턴 이전에는 지극히 애매한 일반성만을 가진 실험 결과였던 화학의 일정 성분비의 법칙(law of fixed proportion)이 돌턴의 연구 이후로는 어떤 실험 연구에 의해서도 교란시킬 수 없는 것이 되었고, 화합물의 정의에서의 필수요소가 되었음을 보게 될 것이다. 변칙현상이나 반증 사례에 직면할 때, 과학자들이 패러다임을 거부하지 못한다는 일반화에 대해서도 역시 이와 비슷한 일들이 일어날 것이다. 과학자들은 패러다임을 거부할 수 없겠지만, 그래도 여전히 과학자로 남을 것이다.

역사가 그들의 이름을 기록에 남길 리는 거의 없지만, 어떤 사람들은 분명히 위기를 수용할 수 없다는 이유로 과학을 포기하기도

---

1) 특히 N. R. Hanson, *Patterns of Discovery* (Cambridge, 1958), pp. 99-105 참조.

했다. 예술가들과 마찬가지로, 창의적인 과학자들은 뒤죽박죽된 세계에서도 살 수 있어야 하는 경우가 꽤 있는데, 나는 다른 책에서 그 필요성을 가리켜서 과학 연구에 내재된 "본질적 긴장(essential tension)"이라고 표현한 바 있다.[2] 그러나 내가 생각하기에 과학을 포기하고 다른 직업을 택하는 것은 반증 사례들 그 자체가 이끌어 낼 수 있는 유일한 형태의 패러다임 폐기인 것 같다. 그것을 통해서 자연을 해석하게 될 최초의 패러다임이 일단 발견되면, 아무런 패러다임도 존재하지 않는 연구는 결코 있을 수 없다. 그와 동시에 새로운 것으로 대체하지 않은 채로 하나의 패러다임을 파기하는 것은 과학 자체를 포기하는 것이다. 그런 행위는 패러다임에 영향을 미치는 것이 아니라, 바로 그 사람에게 영향을 미친다. 어쩔 수 없이 그는 동료들에게 "자기 연장을 탓하는 목수"로 비칠 것이다.

바로 이 점에 대해서 적어도 똑같이 효과적으로 거꾸로 말할 수 있다. 반증 사례들이 없는 연구는 없다. 그렇다면 정상과학을 위기의 상태에 처한 과학과 구별하는 것은 무엇인가? 정상과학이 반증에 부딪치지 않았기 때문임은 분명히 아니다. 오히려 우리가 앞에서 정상과학을 구성하는 퍼즐들이라고 불렀던 것은, 과학 연구의 기틀이 되는 어떤 패러다임도 모든 문제들을 완전히 풀지 못했기 때문에 비로소 존재하는 것이다. 문제를 완전히 해결한 듯 보였던 극소수 분야(예컨대 기하광학)는 얼마 지나지 않아 완전히 연구 문

---

2) T. S. Kuhn, "The Essential Tension: Tradition and Innovation in Scientific Research", *The Third (1959) University of Utah Research Conference on the Identification of Creative Scientific Talent*, Calvin W. Taylor 편 (Salt Lake City, 1959), pp. 162–177. 예술가들 사이에서의 비교할 만한 현상에 관해서는 Frank Barron, "The Psychology of Imagination", *Scientific American*, CXCIX (September, 1958), 151–166, 특히 p. 160 참조.

제들의 산출을 중단하기에 이르렀고, 그 대신 공학적 계산을 위한 도구로 바뀌었다. 전적으로 실험 기기에 의존하는 것들을 제외하고, 정상과학이 퍼즐이라고 보는 문제는, 다른 관점에서 본다면, 어느 것이나 반증 사례로 볼 수 있으며, 따라서 위기의 근원으로 볼 수 있다. 코페르니쿠스는 프톨레마이오스의 다른 계승자들 대부분이 관찰과 이론 사이의 일치에서 퍼즐로 보았던 것들을 반증 사례라고 했으며, 라부아지에는 프리스틀리가 플로지스톤 이론의 명료화에서 성공적으로 해결된 퍼즐이라고 생각했던 것을 반증 사례라고 보았다. 그리고 아인슈타인은 로런츠, 피츠제럴드 등이 뉴턴 이론과 맥스웰 이론을 명료화시키면서 보았던 퍼즐을 반증 사례라고 생각했다. 더욱이 위기의 존재조차도 그 자체가 퍼즐을 반증 사례로 변형시키지는 않는다. 거기에 어떤 선명한 분리선은 없다. 오히려 패러다임의 수정안이 분분해짐에 따라서, 위기는 결국 새로운 패러다임의 출현을 허용하게 되는 방식으로 정규 퍼즐 풀이의 규칙을 완화시킨다. 나는 이에 관해서는 두 가지의 길만이 있을 뿐이라고 생각한다. 어느 과학 이론도 반증에 맞닥뜨리지 않거나, 과학 이론들 모두가 항상 반증 사례들에 직면한다.

어떻게 상황을 다르게 볼 수 있었을까? 이 질문은 철학의 역사적, 비판적 해명에까지 이르게 마련인데, 그러한 주제들은 여기서는 제외된다. 그러나 우리는 적어도 과학이 어떻게 참과 거짓이 명제를 사실에 비추어 반증함으로써 고유하고 확실히 결정된다는 일반화의 예증을 제공하는 것으로 보이는가에 대해서 두 가지의 이유를 들 수 있다. 정상과학은 이론과 사실이 보다 가깝게 일치되도록 끊임없이 온갖 노력을 기울이고 있고, 또 그래야만 하는데, 바로 이런 활동이 시험(test), 즉 확증 또는 반증에 대한 시도라고 쉽게 간주될 수 있다. 그러나 그 목적은 바로 그 존재 때문에 패러다임의 타당성이 인정되는 퍼즐들을 풀어내는 것이다. 해답을 얻지 못하는 것은 과학자의 탓일 뿐, 과학 이론의 흠은 되지 않는다. 이에 대해서는 "자기 연장을 탓하는 사람은 변변치 못한 목수이다"라는 경구가 앞의 경우보다 더 잘 적용된다. 게다가 이론의 논의와 그 실제 사례에 대한 응용에 관한 언급을 서로 얽어서 제공하는 과학 교육방식은 반증 이론과는 다른 지적 근원을 가진 확증 이론(confirmation-theory)을 강화시키는 데에 도움을 주었다. 그렇게 할 만한 티끌만큼의 이유가 주어진 상태라면, 과학 교과서를 읽는 사람은 이론의 응용을 그 이론에 대한 증거, 즉 왜 그 이론을 믿어야 하는가에 대한 이유로 쉽게 받아들인다. 그러나 과학도들은 증거 때문이 아니라 교사와 교재의 권위 때문에 이론들을 수용한다. 학생들에게 달리 무슨 대안이나 능력이 있겠는가? 교과서에 나오는 응용 사례들은 증거로서 거기에 실린 것이 아니라, 그런 것들을 배우는 것이 현재 활동의 기초로서 패러다임을 익히는 것의 일부이기 때문에 실린 것이다. 만일 응용의 사례가 증거로서 서술된 것이라면, 교과서가 다른 대안적 해석을 제시하거나 과학자들이 패러다임에 근거한 풀이를 얻는 데에 실패한 문제들에 대해서 토론하지 않는다는 이유로 교과서의 저자를 극단적인 편견을 가진 사람으로 비난해야 한다. 그러나 그렇게 탓할 이유는 조금도 없다.

그러면 이제 과학자는 이론과 자연 사이의 일치에서 변칙을 인지하게 될 때 어떤 반응을 나타내는가라는 처음 물음으로 되돌아가자. 앞에서 방금 논의한 내용을 생각해보면, 이론이 다른 응용 사례에서 밝혀진 차이에 비하여 대단히 엄청난 차이를 보여도 이것이 반드시 과학자들의 심각한 반응을 불러일으키는 것은 아님을 시사한다. 이론은 언제든지 어느 정도는 어긋나게 마련이며, 가장 완강한 차이조차도 결국에는 정상연구의 실행에 순응하는 것이 보통이다. 아주 종종 과학자들은 문제가 해결될 때까지 기꺼이 기다리려고 하는데, 특히 그 분야의 다른 영역에서 풀어야 할 문제들이 많을 경우에 그러하다. 우리가 이미 주목했던 바와 같이 예컨대 뉴턴의 원래 계산 이후 60년간, 달이 지구에 가장 가까워지는 근지점(近地點)의 운동 예측치는 관찰된 값의 절반밖에 되지 않은 채 방치되고 있었다. 유럽의 가장 뛰어난 수리물리학자들이 아무리 연구를 해도 그 확연한 오차를 해결할 수가 없자, 자연스럽게 뉴턴의 역제곱 법칙의 수정을 제안하게 되었다. 그러나 어느 누구도 이 제안을 아주 심각하게 여기지는 않았고, 실제로 주요 변칙현상에 대한 이런 인내는 옳았던 것으로 밝혀졌다. 1750년 클레로는 수학이 잘못 응용되었을 뿐, 뉴턴 이론은 여전히 성립된다는 것을 증명할 수 있었다.[3] 사소한 실수도 있을 법하지 않은 경우에도(아마도 관련된 수학이 보다 간단하거나 친숙한 것이고, 다른 경우에는 잘 맞는 종류라는 이유 때문에), 끈질기게 대두되고 인지된 변칙현상이 반드시 위기를 초래하는 것은 아니다. 뉴턴 이론이 소리의 속도와 수성의 운동에 대해서 예측한 결과가 관측 결과와 서로 어긋난다는 사실이 오랫동안 인식되었다는 이유로 뉴턴 이론에 대해서 심각한 회의를 품은 사람은 없었다. 소리의 속도에 대한 차이는 전혀 다른 목적으로 시행된 열에 관한 실험들에 의해서 결국 예기치 않게 풀렸다. 수성의 운동에 대한 불일치는 위기를 만드는 데에는 아무런 기여를 하지 못했는데, 위기 이후에 일반 상대성 이론의 출현과 더불어 사라

---

3) W. Whewell, *History of the Inductive Sciences* (개정판, London, 1847), II, 220–221.

졌다.4) 둘 중 어느 것도 위기에 따른 불안정을 야기할 만큼 그렇게 근본적으로 보이지는 않았다. 그것들은 반증 사례로서 인정될 수 있었지만, 여전히 나중에 수행될 작업으로 미루어둘 수 있었다.

만일 하나의 변칙현상이 위기를 유발한다면, 그것은 보통 단순한 변칙 이상의 것이라야 한다. 패러다임과 자연의 일치(fit)에는 항상 어디엔가 난관이 도사리고 있다. 그중 대부분은 흔히 미리 예상하지 못했을 과정들에 의해서 곧 바로잡힌다. 과학자가 발견하는 변칙현상 모두를 검토하기 위해서 멈춘다면, 그는 일다운 일을 해내기 힘들 것이다. 그러므로 우리는 무엇이 특정한 변칙현상을 집중적으로 탐사할 만한 가치가 있는 것으로 만드는가를 질문해야 하는데, 이 질문에는 완벽하게 일반성을 가지는 해답이 없는 것 같다. 앞에서 이미 검토했던 사례들은 특징적이기는 하나 규범적이지는 못했다. 때때로 변칙현상은, 에테르 끌림의 문제가 맥스웰 이론을 수용했던 사람들에게 했던 것처럼, 패러다임의 명시적이고 근본적인 일반화를 문제 삼을 것이다. 또는 코페르니쿠스 혁명에서처럼, 명백한 근본적 중요성이 없는 변칙현상이라도 그것이 방해하는 응용들이 달력 제작이나 점성술과 같은 특수한 실용적 중요성을 띠는 경우라면 위기를 촉발시킬 수 있다. 또는 18세기의 화학에서처럼 정상과학의 전개가 이전에는 그저 말썽거리였던 변칙현상을 위기의 근원으로 변형시킬 수도 있다. 무게 관계의 문제는 기체화학 기술의 출현 이후에 전혀 다른 성격을 띠게 되었다. 변칙현상을 특별히 긴급한 문제로 만드는 상황은 이 밖에도 여러 가지가 있을 것이

---

4) 음속에 관해서는 T. S. Kuhn, "The Caloric Theory of Adiabatic Compression", *Isis*, XLIV (1958), 136-137 참조. 수성의 근일점의 변동에 대해서는 E. T. Whittaker, *A History of the Theories of Aether and Electricity*, II, (London 1953), 151, 179 참조.

며, 보통 이것들 가운데 여러 요인이 복합될 것이다. 앞에서 이미 보았듯이, 예컨대 코페르니쿠스를 가로막았던 위기의 하나의 원천은 천문학자들이 프톨레마이오스의 지구중심 체계에 잔재한 불일치를 감소시키느라고 헛수고로 일관했던 장구한 세월이었다.

이런저런 이유들로 인해서, 하나의 변칙현상이 정상과학의 또다른 퍼즐 이상의 것으로 보이게 될 때에, 위기로 그리고 비정상과학(extraordinary science)으로의 이행이 시작되는 것이다. 이제 전문 분야는 변칙현상을 그 자체로서 점점 일반적으로 수용하기에 이른다. 그 분야의 가장 탁월한 많은 학자들이 그것에 차츰 더 많은 주의를 기울이게 된다. 그렇지 않은 것이 일반적이지만, 만일 그것이 그래도 풀리지 않는 경우, 학자들 대다수는 그 풀이를 그들 연구 분야의 가장 중요한 주제로 삼게 된다. 이제 그들에게 그 분야는 더 이상 이전의 것과 같은 것으로 보이지 않게 될 것이다. 그렇게 다른 양상으로 보이는 것은 더러는 과학적으로 면밀한 탐구를 수행하는 지점들이 달라졌기 때문이다. 이보다 더 중요한 변화의 원천은 그 문제에 주의를 집중시킴으로써 가능해진 다수의 부분적 풀이들이 매우 다른 성격을 가진다는 사실이다. 끈질기게 풀리지 않는 문제에 대한 초기의 공격은 매우 엄밀하게 패러다임 규칙을 따를 것이다. 그러나 문제가 여전히 잘 풀리지 않음에 따라서, 그것에 대한 공격은 점차 사소하거나 심각한 패러다임의 명료화를 포함하게 될 것이다. 그런 것들은 제각기 서로 달라서, 어떤 것은 일부 성공적일 것이나, 그 그룹에 의해서 패러다임으로 수용될 만큼 만족스러운 것은 없을 것이다. 이렇듯 여러 갈래의 명료화를 거치면서(점점 자주 그런 것들은 임시방편적[ad hoc] 수정이라고 묘사될 것이다), 정상과학의 규칙들은 점증적으로 모호해진다. 그때까지 패러다임이 존재하기는 하지만, 실제로 연구에 종사하는 이들 가운데 아직까지도 그것에 관해서 전적으로 합의하는 사람은 극소수로 드러나게 된다. 이미 풀린 문제들의 표준 풀이조차도 의문의 대상이 되고 만다.

심각한 경우에는 이런 상황이 관련된 과학자들에 의해서 인식되는 때도 있다. 코페르니쿠스는 그 시대의 천문학자들이 "이 [천문학상의] 연구에서 일관성이 도무지 없어서……공전 주기의 일정함을 설명조차 할 수 없거나 관찰할 수가 없다"라고 토로했다. 그는 계속해서 "그들은 마치 한 화가가 다양한 모델로부터 멋대로 손, 발, 머리 등의 부위를 합쳐서 이미지를 구성하려는 것이나 마찬가지로, 각 부분으로서는 뛰어나게 잘 그렸으나 단일한 신체로서 서로 연결되지 못하고 각 부위가 전혀 조화를 이루지 못하기 때문에, 그 결과는 사람이라기보다는 괴물에 가까워질 것이다"라고 말했다.5) 아인슈타인은 당시의 비교적 수수한 표현에 국한시켜서, "그것은 마치 바닥이 그 밑으로부터 떨어져나가서, 그 위에 쌓아올릴 수 있는 확고한 기초가 아무것도 없는 격이다"라고 적었다.6) 그리고 볼프강 파울리는 행렬역학(matrix mechanics)에 관한 하이젠베르크의 논문이 새로운 양자론에 이르는 길을 제시하기 몇 달 전에 친구에게 이런 편지를 썼다. "현재 물리학은 다시 극심한 혼돈의 상태일세. 어떻든 간에 내게는 매우 힘든 일이며, 차라리 희극 배우나 그 비슷한 무엇이 되어 물리학에 대해서는 듣지도 않았더라면 싶군." 그 후에 5개월도 채 지나지 않아 파울리가 한 말과 비교한다면, 그 증언은 참으로 인상적이다. "하이젠베르크의 역학의 형태는 내게 다시금

5) T. S. Kuhn, *The Copernican Revolution* (Cambridge, Mass., 1957), p. 138에서 인용.
6) Albert Einstein, "Autobiographical Note", in *Albert Einstein: Philosopher Scientist*, P. A. Schilpp 편 (Evanston, Ill., 1949), p. 45.

생의 희망과 기쁨을 안겨주었다. 분명히 그것은 퍼즐에 풀이를 제공하지는 못하나, 그러나 나는 다시 앞으로 전진할 수 있다고 확신한다."[7]

붕괴를 이처럼 뚜렷하게 인지하는 일은 지극히 드물지만, 위기의 여파는 그것의 의식적인 깨달음에 전적으로 의존하지 않는다. 우리는 과연 그 여파가 무엇이라고 말할 수 있을까? 여파 가운데 두 가지만이 보편적인 것 같다. 모든 위기는 하나의 패러다임이 모호해지면서, 그리고 그에 따라 정상과학의 규칙들이 해이해지면서 시작된다. 이런 맥락에서 위기 동안의 연구는 전(前)패러다임 시절의 연구와 매우 유사해지는데, 다만 위기의 연구에서는 견해 차이가 보다 적으며 이것이 보다 명확하게 정의된다. 그리고 모든 위기는 세가지 방식 가운데 하나로 종결된다. 위기를 기존 패러다임의 종말이라고 생각했던 사람들의 절망감에도 불구하고, 정상과학이 궁극적으로 위기를 발생시킨 문제를 해결할 수 있는 것으로 밝혀지는 경우들이 있다. 그런가 하면, 위기를 만든 문제가 현저히 급진적인 새로운 접근에 대해서까지도 완강히 저항하는 경우들이 있다. 그렇게 되면, 과학자들은 그들 분야의 현 상태로는 아무런 해답이 나오지 않을 것이라고 결론지을 수 있다. 그리하여 그 문제는 딱지가 붙고, 보다 진보된 도구들을 가진 미래 세대의 몫으로 밀쳐진다. 또는 가장 우리의 관심을 끄는 마지막 방식이 있다. 그것은 패러다임의 새로운 후보가 출현하고 그것의 수용을 놓고 잇따른 투쟁이 전개됨에 따라서 위기가 종말을 거두는 것이다. 위기에 종지부를 찍는 이

---

7) Ralph Kronig, "The Turning Point", in *Theoretical Physics in the Twentieth Century: A Memorial Volume to Wolfgang Pauli*, M. Fierz and V. F. Weisskopf 편 (New York, 1960), pp. 22, 25–26. 이 논문의 많은 부분이 1925년 직전 몇 해 동안의 양자역학의 위기를 묘사하고 있다.

세 번째 양식에 대해서는 이후에 자세히 다룰 것이나, 위기 상태의 진화와 해부도에 관한 이 부분의 언급을 마무리 짓기 위해서는 다음 장에서 논의될 내용의 일부를 미리 다루어야 한다.

위기에 처한 패러다임으로부터 정상과학의 새로운 전통이 태동할 수 있는 새로운 패러다임에로의 이행은 옛 패러다임의 명료화나 확장에 의해서 성취되는 과정, 즉 누적적 과정과는 거리가 멀 것이다. 그러한 변화는 오히려 새로운 기반에 근거해서 그 분야를 다시 세우는 것으로서, 그 분야 패러다임의 많은 방법과 응용은 물론이고, 가장 기본적인 이론적 일반화조차도 변화시키는 재건 사업이다. 그 이행 시기에는 옛 패러다임과 새 패러다임에 의해서 풀릴 수 있는 문제들이 크게 중복될 것이나, 그렇다고 해서 결코 완전히 중복되지는 않을 것이다. 그러나 무엇보다도 풀이의 양식에서 결정적인 차이가 생길 것이다. 그런 이행이 완결되는 때, 그 전문 분야는 자신의 영역에 대한 견해, 방법, 목적을 바꾸게 될 것이다. 최근에 통찰력 깊은 어느 과학사학자는 패러다임 변화에 의한 과학의 재편성에서의 고전적 사례를 고찰하면서, 그런 변화는 "지팡이의 다른 쪽 끝을 집어올리는 것"으로서, 그것은 "똑같은 자료 더미를 이전처럼 다루되 그것들에 종전과는 다른 테두리를 부여함으로써 각각의 자료들을 새로운 관련 체계 속에 놓이도록 하는 것"이 포함되는 과정이라고 묘사한 바 있다.[8] 과학적 진보의 이런 측면에 주목했던 다른 이들은 그런 변화가 시각적 게슈탈트(visual gestalt)에서의 변화와 비슷하다고 강조했다. 처음에는 한 마리의 새로 보였던 종이 위의 표시가 이제는 영양(羚羊)으로 보인다든가 또는 그 반대가 되는 식

---

8) Herbert Butterfield, *The Origins of Modern Science, 1300–1800* (London, 1949), pp. 1–7.

이다.9) 그런 비유 관계는 자칫 잘못 이해되기 쉽다. 과학자들은 어떤 사물을 다른 그 무엇으로 보지 않는다. 대신 과학자들은 그냥 그것을 볼 따름이다. 우리는 이미 앞에서 프리스틀리가 산소를 플로지스톤이 빠진 공기로 보았다고 말하는 것에 의해서 야기된 문제들을 몇 가지 검토한 바 있다. 게다가 과학자는 보는 방식을 놓고 앞뒤로 오락가락하는 게슈탈트 피실험자의 자유를 누리지 못한다. 그럼에도 불구하고 게슈탈트 전환(gestalt switch)은, 특히 요즘에는 매우 친숙한 까닭에, 전면적인 패러다임 전환에서 무엇이 일어나는가를 보여주는 유용한 기본 원형이 된다.

앞서의 예상은 위기를 새로운 이론들의 출현에 대한 적절한 전주곡으로 인식하는 데에 도움이 되는데, 이미 발견의 출현에 관한 논의에서 바로 그 동일한 과정의 소규모 과정을 검토한 바 있다. 새로운 이론의 출현은 과학 활동의 전통과의 관계를 깨고, 전혀 다른 규칙 아래에서 다른 대화의 세계 속에서 행해진 새로운 전통을 도입시킨다는 이유 때문에, 위기는 최초의 전통이 형편없이 어긋나고 있다고 느껴질 때에 한해서 일어날 수 있다. 그러나 이러한 논평은 위기 상태의 고찰에 대한 서막 이상은 되지 않으며, 불행히도 그것이 이끄는 질문은 과학사학자의 능력보다는 오히려 심리학자의 재능을 요구한다. 비정상연구(extraordinary research)란 대체 어떤 것인가? 어떻게 해서 변칙이 법칙 비슷한 것으로 만들어질 수 있는가? 과학자들은 그들이 받은 훈련으로는 다룰 재간이 없는 단계에서 무엇인가가 근본적으로 잘못되었다는 것만을 깨닫게 되는데, 이때 과학자들은 어떻게 연구를 속행하는가? 이러한 질문들은 보다 심층적인 고찰을 필요로 하는데, 모두 역사적이어야 할 필요는 없

9) Hanson, 앞의 책, I장.

다. 앞으로의 논의는 이전의 논의에 비해서 반드시 더 잠정적이고 덜 완벽할 것이다.

위기가 많이 진전되기 전이나 또는 뚜렷하게 인식되기 이전에도 새로운 패러다임은 종종, 적어도 아직 초기 배아(embryo)의 상태로 그 모습을 드러내기도 한다. 라부아지에의 연구는 이 점에서 하나의 사례를 제공한다. 그의 봉인된 비망록이 아카데미 프랑세즈에 기탁된 것은 플로지스톤 이론에서 무게와 관계된 고찰이 처음으로 철저하게 이루어진 지 1년도 지나지 않아서였고, 또한 프리스틀리의 논문 출간으로 기체화학에서의 위기가 완전히 드러나기 이전의 일이었기 때문이다. 또다른 예로서, 빛의 파동 이론에 대한 토머스 영의 최초의 설명은 광학(光學)에서 전개 중이던 위기의 맨 처음 단계에 나타났다. 이 위기는 영의 도움을 받지 않고 발생한 것이고, 그가 최초로 논문을 발표한 때로부터 10년 내에 국제적인 과학 사건으로 번지지 않았더라면 거의 알아차리지 못했을 위기였다. 이와 같은 경우에, 우리는 패러다임의 사소한 문제와 정상과학을 위한 패러다임 규칙이 최초로 무기력해지는 사건이, 어느 과학자에게는 그 분야를 새로운 방식으로 바라보도록 만들기에 충분했다는 것만을 말할 수 있다. 이 경우에는 문제에 대한 최초의 감지와 가능한 대안에 대한 인식 사이의 거리는 의식할 수도 없는 것이었다.

그러나 이를테면 코페르니쿠스, 아인슈타인 그리고 현대의 원자 이론 같은 다른 경우들에서는 패러다임 붕괴에 대한 최초의 인식과 새로운 패러다임의 출현 사이에는 상당한 시간차가 벌어진다. 그런 것이 일어날 때, 과학사학자는 비정상과학이 과연 무엇인가에 관해서 적어도 몇 가지 힌트를 얻을 수 있다. 이론의 영역에서 뚜렷하게 근본적인 변칙현상에 부딪치게 되면, 과학자는 흔히 그것을 우선

보다 정확하게 분리시켜서 그것에 구조를 부여하려고 시도하게 된다. 이제 그것들이 꼭 옳지만은 않다는 것을 알면서도, 과학자는 어디에, 그리고 어느 정도까지 정상과학의 규칙들이 적용될 수 있는가를 알아보기 위해서, 어려움에 처한 영역에 이 규칙들을 종전보다 더 강력하게 밀어넣어볼 것이다. 그와 동시에 과학자는 붕괴를 확대시키는 길, 즉 그 결과를 미리 예측할 수 있는 실험들에서 드러난 것보다 한층 극적이고 또한 보다 시사적인 위기로 만드는 길을 찾을 것이다. 그리고 과학의 패러다임 이후 발전의 어느 다른 단계에서보다도, 이런 시도 속에서 그는 우리에게 가장 친숙한 그런 과학자다운 이미지로 비쳐질 것이다. 일단 그는 흔히 아무것이나 무작위로 추구하며, 무엇이 일어나는지를 보기 위해서 실험을 하며, 속성을 제대로 추측할 수 없는 효과들을 찾아헤매는 사람처럼 보일 것이다. 그와 동시에, 실험은 어떤 종류의 이론 없이는 이해될 수 없는 것이므로, 위기에 처한 과학자는 끊임없이 추론적인 가설들을 내세우려고 애쓸 것이며, 성공적인 경우에 이는 새로운 패러다임에 이르는 길을 열게 되고, 실패하는 경우라도 대수롭지 않게 포기할 수 있을 것이다.

케플러가 화성의 운행에 대한 그의 다년간의 투쟁을 설명한 것과 프리스틀리가 새로운 기체들이 이것저것 나타난 데에 대한 그의 반응을 묘사한 것은 변칙현상을 인식함으로써 야기된, 보다 무작위적인 연구 형태의 고전적 실례를 보여준다.[10] 그러나 무엇보다도 가

---

10) 화성에 대한 케플러의 연구를 설명한 것은 J. L. E. Dreyer, *A History of Astronomy from Thales to Kepler* (제2판, New York, 1953), pp. 380–393. Dreyer의 요약에는 간혹 정확하지 못한 데가 있으나, 여기서 필요한 자료로는 손색이 없다. 프리스틀리에 관해서는 그 자신의 저서, 특히 *Experiments and Observations on Different Kinds of Air* (London, 1774–1775) 참조.

장 잘 들어맞는 설명은 장(場) 이론(field theory) 그리고 기본 입자에 관한 현대의 연구에서 찾을 수 있을 것 같다. 정상과학의 규칙들이 어느 정도까지 확장될 수 있는가를 알아야 할 필요를 낳은 위기가 없었더라면, 과연 중성미자를 검출하는 데에 필요했던 막대한 노력이 정당화될 수 있었을까? 또는, 정상과학의 규칙들이 드러나지 않은 어떤 시점에서 확실하게 파괴되지 않았더라면, 패리티 비보존(parity non-conservation : 약한 상호작용에 대해서 왼쪽과 오른쪽의 거울 대칭을 의미하는 패리티가 보존되지 않는다는 주장. 이를 처음으로 제시한 양전닝과 리정다오는 1957년에 노벨상을 수상했다/역주)의 극단적인 가설이 제시되었거나 또는 시험되었을까? 과거 10년간 물리학에서 이루어진 그 밖의 많은 연구에서처럼, 이 실험들은 어느 면으로는 아직도 산만한 일련의 변칙현상들의 원천을 찾고 정의하려는 시도였다.

이런 종류의 비정상연구는 통상적으로, 그렇다고 결코 일반적인 것은 아니지만, 또다른 연구를 수반하게 된다. 특히 괄목할 만한 위기 기간 중에는 과학자들이 그들 분야의 수수께끼를 푸는 장치로서 철학적 분석으로 전향한다. 과학자들은 일반적으로 철학자일 필요도 없고 철학자가 되기를 원하지도 않는다. 실제로 정상과학은 독창적 철학과 거리를 두며, 그럴 만한 충분한 이유도 있는 것 같다. 정상과학 연구 활동이 패러다임을 모델로 삼아서 수행될 수 있는 한에서는 규칙들과 가설들이 명시적으로 드러나지 않아도 괜찮다. 우리는 이미 제5장에서 철학적 분석으로 찾은 완전한 한 벌의 규칙들은 존재할 필요조차 없다는 것에 주목한 바 있다. 그러나 그것은 가설들(존재하지 않는 것까지도)에 대한 탐색이 마음에 대한 전통의 통제력을 약화시키고, 새로운 전통의 기반을 제시하는 효율적 방법이 될 수 없음을 뜻하지는 않는다. 17세기의 뉴턴 물리학의 출현 그리고 20세기의 상대성 이론과 양자역학의 탄생은 둘 다 당대의 연구 전통에 대한 근본적인 철학적 분석의 뒤를 따랐고 이에 수반되어야 했는데, 이것은 우연이 아니었다.[11] 그리고 이들 두 시기에 이른바 사고실험(thought experiment)이 연구의 진보에서 그처럼 결정적인 역할을 했다는 것도 결코 우연이 아니었다. 내가 앞에서 지적한 것처럼 갈릴레오, 아인슈타인, 보어 등의 저술에서 대부분을 차지하는 분석적 사고실험은 위기의 뿌리를 실험실에서는 얻을 수 없는 명징성을 가진 채로 분리시키는 방식을 통해서 옛 패러다임을 기존 지식에 노출시키도록 완벽하게 계산된 것이었다.[12]

이 비정상적 과정들이 단독으로건 합동으로건 전개되면서 또 한 가지 일이 벌어진다. 문제가 생긴 좁은 영역에 과학적 관심을 집중시킴으로써, 그리고 과학자들이 실험적 변칙현상을 그 자체로서 인식하도록 대비함으로써, 위기는 흔히 새로운 발견들을 낳게 된다. 우리는 이미 앞에서 위기의 인식이 산소에 관한 라부아지에의 연구와 프리스틀리의 연구를 어떻게 구별했는지를 살펴보았는데, 산소는 변칙현상을 인식한 화학자들이 프리스틀리의 연구에서 발견할 수 있었던 유일한 새로운 기체는 아니었다. 또한 새로운 광학적인 발견들이 빛의 파동 이론 출현 이전과 그 기간 동안에 마구 쏟아져 나왔다. 반사에 의한 편광(polarization)처럼, 어떤 현상들은 문제가

---

11) 17세기 역학에 수반되었던 철학적인 대응관계에 관해서는 René Dugas, *La mécanique au XVIIᵉ siècle* (Neuchatel, 1954), 특히 xi장 참조. 이와 비슷한 19세기 에피소드에 대해서는 같은 저자의 앞선 연구인 *Histoire de la mécanique* (Neuchatel, 1950), pp. 419-443 참조.

12) T. S. Kuhn, "A Function for Thought Experiments", in *Mélanges Alexandre Koyré*, R. Taton and I. B. Cohen 편, 1963, Hermann (Paris).

생긴 영역에서의 집중적 연구가 빚어낸 우연한 사건들의 결과였다 (이 발견의 주인공인 말뤼스는 불만족스러운 상태임이 널리 알려져 있던 주제인 복굴절[double refraction]에 관한 아카데미의 현상논문의 연구에 막 착수했다). 다른 현상들로는 원형 디스크의 그림자 중심에 나타나는 밝은 점의 현상처럼 새로운 가설에서 얻어진 예측들이 있었는데, 이런 예측들의 성공은 그것을 이후의 연구를 위한 패러다임으로 변형하도록 거들었다. 또 어떤 것들은 긁힌 자국의 색깔과 두꺼운 판유리의 색깔처럼 흔히 보아왔고 전에도 가끔 언급되던 효과들이었는데, 그 현상들은 프리스틀리의 산소나 마찬가지로 그 실체를 있는 그대로 보지 않는 방식으로 이미 잘 알려진 효과들에 동화되어버렸다.[13] 양자역학의 출현과 더불어 등장한 여러 가지 발견들(대략 1895년경부터 나타난)도 이와 마찬가지로 설명될 수 있다.

비정상연구는 이 밖에도 다른 여러 형태와 영향을 나타냄에 틀림없으나, 우리는 이 영역에서 아직 제기되어야 할 필요가 있는 질문들을 찾아내기 위한 첫 걸음도 떼지 못한 정도이다. 그러나 아마도 이 시점에서는 더 이상의 것이 필요 없을지도 모른다. 앞에서의 언급은 위기가 어떻게 상투적인 틀을 이완시킴과 동시에 근본적인 패러다임 전환에 필요한 늘어난 데이터를 제공하는가를 증명하기에 충분할 것이다. 때로는 새로운 패러다임의 형태가 비정상연구가 변칙현상에 부여한 구조에서 그 징조를 드러내는 경우들도 있다. 아인슈타인은 고전역학을 대치하는 어떤 것을 얻기 이전에, 흑체 복

---

13) 새로운 광학적 발견 일반에 대해서는 V. Ronchi, *Histoire de la lumière* (Paris, 1956), vii장 참조. 이러한 영향들 가운데 하나에 대한 초기의 설명은 J. Priestley, *The History and Present State of Discoveries Relating to Vision, Light and Colours* (London, 1772), pp. 498-520 참조.

사, 광전 효과, 그리고 비열이라는 이미 알려진 변칙현상들 사이의 상호관계를 볼 수 있었다고 적었다.[14] 그러한 구조는 의식적으로 미리 예시되지 않는 일이 더 흔하다. 오히려 새로운 패러다임이나 이후의 명료화를 허용하는 충분한 암시는, 때로는 한밤중에 한꺼번에 쏟아져나와서, 위기에 깊숙이 잠겨버린 사람의 마음속에 그 모습을 드러내기도 한다. 한 사람이 어떻게 이제 모두 수합된 데이터에 질서를 부여하는 새로운 방법을 고안하는가(또는 자기가 그것을 고안했다는 것을 발견하는가)라는 최종 단계의 성격이 무엇인가는 여기서 해결할 수 없는 문제이며, 또 아마 영원히 그럴 것이다. 그렇지만 여기에서 한 가지만 살펴보자. 거의 예외 없이, 새로운 패러다임의 이러한 근본적 창출을 이룬 사람들은 아주 젊든가 아니면 그들이 변형시키는 패러다임의 분야를 아주 새롭게 접한 사람들이다.[15] 그리고 아마도 그런 점은 명시적으로 밝혀야 할 필요가 없는지도 모르겠는데, 그 이유는 확실히 이것이 이전 활동 때문에 정상과학의 전통적 규칙에 매이는 일이 거의 없고, 특히 이전의 규칙들이 해볼 만한 게임을 더 이상 정의하지 못하게 되었음을 목격하고 그것들을 대치할 다른 규칙들을 착상하기가 쉬운 사람들이기 때문이다.

---

14) Einstein, 앞의 인용문.

15) 근본적인 과학적 연구에서 젊은 과학자들의 역할에 대한 이러한 일반론은 진부하다고 할 만큼 흔한 이야기이다. 더구나 과학 이론에 미친 근본적인 공헌들을 기록한 어떤 리스트라도 한번 훑어보면 이를 인상 깊게 확인할 수 있다. 그렇기는 하지만, 그 일반화는 반드시 체계적인 고찰을 필요로 한다. Harvey C. Lehman(*Age and Achievement* [Princeton, 1953])은 유용한 데이터를 많이 제공한다. 그러나 그의 연구에서는 근본적인 재개념화를 포함하는 공헌들을 따로 추려내려는 노력이 보이지 않는다. 또한 그의 연구는 과학에서의 비교적 늦게 나타난 생산성에 수반될 수 있는 특수한 상황에 대해서도 (만일 그런 것이 있다면) 고찰하지 않았다.

이에 따르는 새로운 패러다임으로의 이행이 과학혁명으로서, 우리가 접근하기 위해서 오랫동안 준비한 주제이다. 그러나 우선 바로 앞의 세 장의 내용이 길을 마련해준, 겉으로 보아서는 포착하기 어려운 한 가지 마지막 성격에 주목하라. 변칙현상의 개념이 처음으로 도입된 제6장까지는 '혁명(revolution)'과 '비정상과학(extraordinary science)'이라는 용어가 동격인 것처럼 보였을 것이다. 보다 중요한 것은 적어도 몇몇 독자들에게는 미심쩍어 보였을 수도 있는 순환성으로서, 그중 어느 용어도 '정상과학이 아닌 것' 이상의 것을 뜻하지 않는 듯이 보였을 것이다. 실상 그것은 그럴 필요가 없었다. 우리는 이제 그와 유사한 순환성이 과학 이론들의 특성이라는 것을 발견할 시점에 이르렀다. 그러나 께름칙하든 그렇지 않든 간에, 그런 순환성은 이제 더 이상 부당한 것이 아니다. 이번 장과 앞의 두 장에서는 정상과학 활동의 붕괴를 가늠하는 다수의 기준을 끌어냈는데, 그 기준은 붕괴 이후에 혁명이 일어났는가 하는 문제와는 전혀 무관하다. 변칙현상이나 위기에 직면하는 경우, 과학자들은 현존 패러다임에 대해서 이전과는 다른 태도를 취하게 되며, 그들 연구의 성격도 그에 따라서 바뀌게 된다. 경쟁적인 명료화의 남발, 무엇이든 해보려는 의지, 명백한 불만의 표현, 철학에의 의존과 기본 요소에 관한 논쟁, 이 모든 것들은 정상연구로부터 비정상연구로 옮아가는 증세들이다. 정상과학의 개념이 의존하는 것은 혁명의 존재라기보다는 이들 증상의 존재이다.

9

과학혁명의 성격과 필연성

이렇게 살펴봄으로써 우리는 드디어 이 책에 제목을 부여한 문제들을 고려할 수 있게 되었다. 과학혁명이란 무엇인가? 그리고 그것은 과학의 발전에서 어떤 기능을 하는가? 이 질문들에 대한 대답은 앞서 다룬 장들에서 상당 부분 예측되었다. 특히 바로 앞 장의 논의에 따르면, 여기서 과학혁명이란 보다 옛 패러다임이 양립되지 않는 새 것에 의해서 전반적이거나 부분적으로 대치되는, 누적적이지 않은 발전의 에피소드이다. 그러나 이외에 말해야 할 것이 더 있는데, 그 본질적 요소는 한 가지 물음을 더 제기함으로써 잡힐 수 있다. 패러다임의 변화는 어째서 혁명이라고 불러야 하는가? 정치적 발전과 과학의 발전 사이에는 엄청난 본질적인 차이가 있음에도 불구하고, 어떠한 유비관계가 양쪽에서 혁명이라는 은유를 정당화시키는가?

유비관계의 한 가지 측면은 앞의 논의 과정에서 이미 뚜렷해졌다. 정치혁명은 기존 제도가 주변 환경에 의해서 제기되는 문제들을 이제 더 이상 적절하게 해결할 수 없다는 의식이 팽배해지면서 시작되는데, 이런 의식은 종종 정치적 집단에 국한되며, 여기에서의 주변 환경은 기존 제도가 일정 정도 만들었던 것이다. 이와 상당히 비슷한 방식으로 과학혁명이란, 과학의 탐구를 주도했던 기존 패러다임이 자연현상에 대한 다각적인 탐사에서 이제 더 이상 적절한 구실을 하지 못한다는 의식이 점차로 증대되면서 시작되는데, 이런 의식은 과학 전문 분야의 좁은 하위 분야에 종종 국한된다. 정치적, 과학적 발전의 양쪽에서 위기로 몰고 갈 수 있는 기능적 결함을 깨닫는 것은 혁명의 선행 조건이다. 더욱이, 이 은유에 분명하게 제한을 가하기는 하지만, 그런 유비관계는 코페르니쿠스와 라부아지에의 경우와 같은 주요 패러다임 변화에 적용될 뿐만 아니라, 산소나 X선처럼 새로운 현상의 동화와 연관된 국소적인 패러다임 변화에서도 역시 성립된다. 제5장 끝에서 보았던 것처럼, 과학혁명은 그들이 받아들인 패러다임이 혁명으로 인해서 영향을 받는 바로 그 사람들에게만 혁명 같아 보이면 된다. 그 밖의 무관한 사람들에게는, 마치 20세기 초의 발칸 혁명과 같이, 발달 과정에서의 정상적인 국면으로 보일 것이다. 예컨대 천문학자들은 X선을 그들의 지식 더미에 단순히 하나가 더 추가된 것으로 받아들였는데, 그들의 패러다임은 새로운 복사선의 존재로 달라질 것이 없었기 때문이다. 그러나 연구 과정에서 복사 이론이나 음극선관을 다루었던 켈빈, 크룩스, 뢴트겐 같은 학자들에게는 X선의 출현이 새로운 다른 패러다임을 창출하게 되면서 기존의 패러다임을 배반할 수밖에 없었다. 이것은 이들 복사선이 정상연구에서 우선 무엇인가가 잘못된 다음에야 발견될 수 있었는가의 이유가 된다.

정치적 발전과 과학적 발전 사이의 이러한 원천적 유사성의 측면은 더 이상 의심할 여지가 없다. 그러나 그 원천적 유사성은 두 번째의, 그리고 보다 심오한 측면을 가지는데, 위의 첫 번째 측면은 이로부터 연유한다. 일반적으로 정치혁명은 기존 정치제도 자체가 금지하는 방식으로 그것들을 개혁하는 것을 겨냥한다. 그러므로 정치혁명의 성공은 다른 제도를 선호하면서 기존 제도의 일부를 파기하는 것을 필연적으로 요구하며, 그러는 동안 사회는 어떤 제도에 의해서도 통제되지 못하는 시기를 겪는다. 이미 앞에서 보았듯이, 위기가 패러다임의 역할을 약화시키는 것처럼 위기만이 초기에 정치제도의 역할을 약화시킨다. 점차로 많은 사람들이 정치적 삶으로부터 소원해지고, 그 속에서 점점 더 정상궤도를 벗어나는 행동을 한다. 그리고 위기가 심화됨에 따라서 이런 사람들의 대부분은 새로운 제도의 틀 속에서 사회를 재구성하는 어떤 구체적 대안에 헌신하게 된다. 그 시점에 이르면, 사회는 여러 갈래의 경쟁적 진영이나 당파로 나뉘게 되는데, 한편은 옛 제도를 옹호하는 입장을 취하고, 다른 한편은 새로운 제도의 수립을 추구하게 된다. 그리고 일단 진영의 양극화가 발생하면, 정치적으로 문제를 푸는 것은 실패한다. 각각의 진영들은 정치적 혁명이 수행되고 평가되는 제도적 매트릭스(matrix)에 대해서 의견을 달리하며, 서로 간의 혁명적인 차이를 조정하는 데에 필요한 초제도적인 틀을 알지 못하기 때문에, 혁명의 투쟁에 나선 당파들은 결국 흔히들 무력을 포함한 대중 설득의 기술에 호소하기에 이른다. 혁명은 정치제도의 진화에서 결정적인 역할을 해왔지만, 그런 역할은 혁명이 부분적으로 정치 외적이고 제도 외적인 사건이라는 사실에 의존한다.

이 책의 나머지 부분의 목표는 패러다임 변화에 대한 과학사적 고찰이 과학의 진화에서도 매우 유사한 특성을 드러낸다는 것을 증명하는 것이다. 서로 경쟁하는 정치제도들 사이의 선택과 마찬가지로, 경쟁하는 패러다임들 사이의 선택은 양립 불가능한 공동체적 삶의 양식들 사이에서의 선택이라는 것이 밝혀질 것이다. 그것이 그런 특성을 띠는 까닭에, 선택은 정상과학의 특징인 그런 평가 과정에 의해서 단순히 결정되는 것이 아니며, 그렇게 결정될 수도 없다. 그 이유는 선택이 부분적으로는 특정 패러다임에 의존하고 있으며, 그 패러다임이 바로 논란의 대상이 되고 있기 때문이다. 패러다임이 패러다임 선택에 관한 논쟁에 끼어들게 되면, 패러다임의 역할은 필연적으로 순환성을 띠게 된다. 그룹마다 제각기 그 패러다임을 옹호하는 논증에 그 고유의 패러다임을 이용하기 때문이다.

물론 결과적으로 나타나는 순환성이 논쟁을 잘못되거나 무력한 것으로까지는 만들지 않는다. 오히려 패러다임의 방어 논쟁에서 패러다임을 전제로 삼는 사람은, 자연의 새로운 견해를 받아들이는 사람들에게는 과학의 실행이 어떤 모습일 것인가에 관해서 명백한 사례를 제시할 수 있다. 그런 사례는, 종종 강제적으로 느껴질 정도로, 엄청나게 설득력이 클 수 있다. 그러나 그 위력이 무엇이든 간에, 순환적 논증의 지위는 다만 설득의 지위일 뿐이다. 그것은 논리적으로건 확률적으로건 그 순환에 끼어들기를 거부하는 사람들을 억지로 설득할 수 없다. 그러기에는 패러다임을 놓고 논쟁하는 두 집단이 공유하는 전제와 가치가 충분히 넉넉하지 못하다. 정치혁명에서처럼 패러다임 선택에서도 마찬가지인데, 해당 집단의 동의보다 상위에 있는 기준이란 존재하지 않는다. 그러므로 과학혁명이 어떻게 달성되는지를 알아내려면, 자연과 논리의 충격뿐만 아니라 과학자 공동체를 구성하는 상당히 특이한 집단 내에서의 효과적 설득을 위해서 도입되는 테크닉들을 검토해야 할 것이다.

패러다임 선택이라는 주제가 논리와 실험만으로 확고하게 풀릴 수 없는 이유가 무엇인지를 찾기 위해서, 우리는 곧 전통적 패러다임의 지지자들을 혁명적인 후계자들과 구별 짓는 차이들의 성격에 관해서 살펴보아야 한다. 그러한 검토를 하는 것이 이 장과 다음 장의 주요 목표이다. 그러나 우리는 이미 앞에서 그런 차이에 관한 여러 가지 사례들을 보았으며, 역사가 다른 사례들을 다수 제공할 것임은 의심의 여지가 없을 것이다. 그런 예증의 존재보다 먼저 의심해보고, 따라서 우선 고려되어야 하는 점은 그러한 사례들이 과학의 본질에 대한 결정적 정보를 제공하는가라는 것이다. 패러다임의 폐기가 역사적 사실이었다는 점을 받아들인다면, 그것이 인간의 고집식함과 혼동 이상을 우리에게 드러내주는가? 새로운 종류의 현상이나 새로운 과학 이론의 동화가 오래된 패러다임의 폐기를 강요해야만 하는 본연적 이유가 존재하는 것인가?

만일 그런 이유들이 존재한다면, 그것들은 과학 지식의 논리적 구조로부터 유도되지 않는다는 것을 우선 주목해야 한다. 원칙적으로 새로운 현상은 과거의 과학 활동의 어느 부분에도 파괴적인 영향을 미치지 않으면서 출현할 수 있다. 달에서 생명체를 발견하는 것은 오늘날 현존 패러다임에는 파괴적이겠지만(이 패러다임은 달에서의 생명체의 존재가 가능하지 않다는 사실을 우리에게 말해주기 때문이다), 은하계의 보다 미지의 장소에서 생명체를 발견한다면 그렇지 않을 것이다. 마찬가지 이치로, 새로운 이론이 그것에 선행했던 다른 이론들과 필연적으로 갈등을 일으켜야 하는 것은 결코 아니다. 양자 이론이 20세기 이전에는 알려지지 않았던 원자 이하의 입자들의 현상을 다룬(유의미하게 다룬다는 것이지 완벽하게 다룬다는 뜻은 아니다) 사실에서처럼, 새로운 이론은 전적으로 예전에는 알려지지 않았던 현상을 다룰 수 있다. 또는 새로운 이론은 낮은 차원의 이론들의 전체 집합을 별다른 변형 없이 한데 연결시킴으로써 이전에 알려졌던 것들보다 단순히 한 단계 높은 수준의 이론일 수도 있다. 오늘날 에너지 보존 이론(theory of energy conservation)은 역학, 화학, 전기학, 광학, 열 이론 등 사이에서 바로 그런 연결을 맺어주고 있다. 이런 것 외에도 다른 형태로 옛 이론과 새 이론 사이에 서로 양립될 수 있는 관계들이 형성될 수 있다. 과학이 전개되어온 역사적 과정들이 모두 그런 관계들이라고 예증할지도 모른다. 그런데 만일 그러하다면, 과학의 발전은 원천적으로 누적적일 것이다. 새로운 종류의 현상이란, 이전에는 아무것도 보이지 않았던 자연의 한 측면에서 규칙성을 노출시키는 것일 따름이다. 이렇다면, 과학의 진화에서 새로운 지식은 다른 모순되는 종류의 지식을 대치하기보다는 무지(無知)를 대치하게 될 것이다.

물론 과학이 (또는 아마도 보다 덜 효과적인 다른 학문 활동이) 그렇게 완전히 누적적인 양식으로 발전했을 수도 있다. 많은 사람들이 과학이 그렇게 발전했다고 믿어왔고, 대부분은 적어도 역사적 발전이, 그렇게 자주 인간의 기벽(奇癖)에 의해서 왜곡되지 않았더라면, 그런 이상적인 누적성이 드러날 것이라고 생각한다. 이렇게 믿는 데에는 그럴 만한 중요한 이유들이 있다. 제10장에서는 과학이 누적적이라는 생각과 지식은 정신이 가공되지 않은 원감각자료(raw sense data) 위에 세운 구조물이라는 지배적인 인식론적 입장이 얼마나 밀접하게 얽히는가를 보게 될 것이다. 그리고 제11장에서는 효과적인 과학 교육이 바로 과학의 그런 발달사관(發達史觀)을 강력하게 지원하고 있다는 점을 검토할 것이다. 그러나 그러한 이상적 이미지의 강렬한 개연성에도 불구하고, 그것이 **과학**의 이미지가 될 수 있는가의 여부를 의심할 만한 이유는 점점 증가하고 있다. 전(前)패러다임 시기 이후에는, 모든 새로운 이론의 동화와 거의 모든 새로운 현상의 동화가 실상 이전 패러다임의 파괴와 과학 사상의 여러 경쟁하는 학파들 사이에 갈등을 초래했다. 예기치 못했던 새로움을 누적적으로 쌓는 일은 과학적 발전의 규칙에 거의 존재하지 않는 예외이다. 역사적 사실을 심각하게 받아들이는 사람은 과학이 누적성이라는 이미지가 보여주는 이상을 향해서 나아가는 것이 아니라고 생각할 수밖에 없다. 아마도 과학은 이런 이상과는 종류가 다른 활동일 것이다.

역사적 사실들의 저항이 우리를 여기까지 이끈다면, 이미 살펴본 근거를 재고해봄으로써 새로움의 누적적 축적은 실제로 드물 뿐만 아니라 원칙적으로 불가능하다는 것을 알 수 있다. 누적되는 성격인 정상과학이 그 성공을 거두는 것은 과학자들이 이미 존재하는 것에 근접하는 개념적, 도구적 테크닉을 사용해서 해결할 수 있는 문제들을 일정하게 선정하는 능력 덕분이다(이것이 기존 지식이나 테크닉과 관계가 있건 없건 유용한 문제들에 지나친 관심을 두는 것이 과학적 발전을 쉽사리 방해할 수 있는 이유가 된다). 그러나 기존 지식과 테크닉에 의해서 정의된 문제를 풀고자 애쓰는 사람은 그저 주변을 둘러보기만 하는 것이 아니다. 그 사람은 자신이 성취하고자 하는 것이 무엇인가를 알고, 거기에 맞게 자신의 도구를 고안하고 그의 사고를 끌고 간다. 예기치 못했던 새로움, 즉 새로운 발견은 자연에 대한 그의 예측과 그의 도구가 잘못되었다고 밝혀지는 정도만큼만 출현할 수 있다. 그로부터 유래되는 발견의 중요성은 흔히 그것의 전조가 되는 변칙현상의 정도와 완강함에 비례할 것이다. 그 다음에는 분명히 변칙을 드러내는 패러다임과 변칙현상을 법칙 비슷한 것처럼 만들어주는 패러다임 사이에 갈등이 생길 것이다. 제6장에서 검토한 패러다임의 파괴를 통한 발견의 사례는 역사적으로 우발적인 사건들이 아니다. 발견이 일어날 수 있는 다른 효과적인 다른 방법은 존재하지 않는다.

　이와 똑같은 논거는 새로운 이론들의 창안에 보다 분명하게 들어맞는다. 원칙적으로 새로운 이론이 전개되는 데에는 오로지 세 가지 종류의 현상만이 있을 뿐이다. 첫 번째 것은 기존 패러다임에 의해서 이미 잘 설명된 현상들로 이루어지며, 이것들이 이론 구축에 대한 동기라든가 새 출발점을 제공하는 일은 거의 없다. 그렇지만 제7장의 마지막에서 논의한 세 가지 유명한 사례에서처럼, 그런 현상들이 동기나 출발점을 부여할 때에 그 결과로 나타나는 이론들이 수용되는 경우는 드문데, 그 이유는 자연이 이론을 판별할 수 있는 근거를 제공하지 않기 때문이다. 두 번째 부류의 현상은 기존 패러다임에 의해서 그 성격이 드러나지만, 그 상세한 내용은 이론의 보다 진전된 명료화를 통해서만 이해될 수 있는 현상이다. 이것들은 과학자들이 연구에 많은 시간을 쏟는 현상들이지만, 그런 연구는 새로운 패러다임의 창안을 겨냥하기보다는 기존 패러다임의 명료화에 목표를 둔다. 명료화를 위한 이 시도들이 실패하는 경우에 한해서 과학자들은 세 번째 형태의 현상과 마주친다. 이것들이 인식된 변칙현상들로서, 그 두드러진 특징은 기존 패러다임에 동화되기를 강경히 거부한다는 것이다. 이 세 번째 형태의 현상만이 새로운 이론들을 만든다. 패러다임은 변칙현상을 제외한 모든 현상에 대해서 과학자의 시야의 범위 속에서 이론에 의존하는 적절한 자리를 제공한다.

　그러나 기존 이론과 자연현상의 관계 속에서 변칙현상을 해결하기 위해서 새로운 이론이 요청된다면, 성공적인 새 이론은 어딘가 그 이전의 이론에서 유도된 예측과는 다른 예측을 내놓아야만 한다. 만일 두 이론들이 논리적으로 양립된다면, 이런 차이는 발생하지 않을 것이다. 이런 차이가 있기 때문에, 동화 과정에서 두 번째 이론은 첫 번째 것을 대체해야 한다. 오늘날, 에너지 보존과 같은 이론은 독립적으로 확립된 이론들을 통해서만 자연과 관계를 맺는 논리적 체계로 보이지만, 이런 이론조차도 역사적으로 보면 패러다임의 파괴 없이 등장하지는 않았다. 실제로 그것은 어떤 위기로부터 등장했는데, 그 위기의 핵심은 뉴턴의 역학과 나중에 만들어진 열의 칼로릭 이론의 결과 사이에 상충되는 요소가 있다는 것이었다. 칼로릭 이론이 폐기된 후에야 에너지 보존 법칙은 과학의 한 부분이 될 수 있었다.[1] 그리고 과학의 일부가 되고 한참 뒤에야, 그것은 논리적으로 한 차원 높은 형태의 이론으로 보일 수 있게 되었는데, 이때에야 비로소 이것이 이전의 선행 이론들과 모순되지 않아 보이기 시작했다. 새로운 이론이 자연에 관한 믿음에 파괴적 변화를 일으키지 않고 나타나는 경우를 목도하기는 매우 어렵다. 논리적 포괄성이라는 것이 연속적인 과학 이론들 사이의 관계에 대한 관점으로서 아직 수용되고 있지만, 역사적으로는 가능하지 않은 것이다.

한 세기 전이었다면 아마도 과학혁명의 필연성에 관한 주장을 이 정도 지점에서 멈추어도 되었을 것이나 지금은 그럴 수가 없다. 그 이유는 앞에서 전개된 주제에 대한 나의 견해가 과학 이론의 성격과 기능을 설명하는 현대의 가장 유력한 해석과 양립될 수가 없기 때문이다. 초기의 논리실증주의와 밀접하게 관련되어 있었고 그 후계자들에 의해서 단적으로 폐기되지는 않았던 이 해석은 수용된 이론의 범위와 의미를 같은 자연현상을 예측하는 이후의 모든 이론과 모순되지 않는 방식으로 제한할 것이다. 과학 이론에 대한 이런 제

---

1) Silvanus P. Thompson, *Life of William Thomson Baron Kelvin of Largs* (London, 1910), I, 266–281.

한된 관념을 보여주는 경우로서 가장 잘 알려지고 분명한 것은, 현대의 아인슈타인 역학과 뉴턴의『프린키피아』로부터 파생된 오래된 역학의 관계식 사이의 관련성에 대한 논의에서 잘 드러난다. 이 책의 관점에서 본다면, 이들 두 이론은 코페르니쿠스의 태양중심체계와 프톨레마이오스의 지구중심 체계에 대한 관계에서 설명된 것과 마찬가지로 근본적으로 서로 모순된다. 아인슈타인의 이론은 뉴턴의 것이 잘못되었다는 것을 인식할 때에만 수용될 수 있었다. 그러나 요즘 이것은 소수의 견해로 머물고 있다.[2] 그러므로 우리는 이에 대한 가장 유력한 반대 주장들을 검토해야 한다.

반대 주장들의 요점은 다음과 같이 전개될 수 있다. 상대론적 역학은 뉴턴 역학이 잘못된 것임을 증명한 것이 아닌데, 그 이유는 뉴턴 역학은 아직도 대부분의 공학자들에 의해서 매우 성공적으로 이용되고 있으며, 다수의 물리학자들에 의해서도 선별적으로 적용되고 있기 때문이다. 더욱이 보다 옛 이론의 이러한 이용의 타당성은 여타의 응용에서 옛 이론을 대치한 바로 그 이론으로부터 증명될 수 있다. 아인슈타인의 이론은 몇몇 제한 조건을 만족하는 모든 응용에서 뉴턴 방정식의 예측들이 우리의 측정기기만큼 괜찮은 것임을 증명한다. 예컨대 만일 뉴턴 이론이 그럴듯한 근사적 해(解)를 제공하려면, 고려되는 물체들의 상대 속도는 빛의 속도에 비해서 훨씬 더 작아야만 한다. 이 조건과 그 밖의 몇 가지 조건이 만족된다면, 뉴턴 이론은 아인슈타인 이론으로부터 유도될 수 있는 것으로 보이며, 따라서 뉴턴 이론은 아인슈타인 이론의 특수한 경우가 된다는 것이다.

반대 주장은 계속된다. 어떤 이론도 그것의 특수한 경우 중의 하

---

2) 예컨대 *Philosophy of Science*, XXX (1958), 298에 실린 P. P. Wiener의 논평 참조.

나와 모순될 수 없다. 만일 아인슈타인의 과학이 뉴턴 역학을 틀리게 만드는 것으로 보인다면, 그것은 뉴턴주의자들의 일부가 뉴턴 이론이 완벽하게 정확한 결과를 준다거나 또는 상대 속도가 매우 빠른 경우에도 뉴턴 이론이 잘 맞는다고 경솔하게 주장했기 때문에 한해서였다. 이들은 주장을 뒷받침할 만한 어떤 증거도 갖출 수 없었으므로, 그런 주장을 했을 때에 그들은 과학의 규범을 벗어나버렸던 것이다. 뉴턴 이론은 타당한 증거에 의해서 뒷받침되는 참으로 과학적인 이론이었고, 그런 한 지금도 그러하다. 그 이론에 대한 너무 과한 주장들은 정통 과학의 일부로 포함되지 못했으며, 이것만이 아인슈타인에 의해서 잘못된 것으로 밝혀졌다. 이런 단순한 인간적 무모함만을 배제하면, 뉴턴 이론은 도전받은 적도 없으며 또한 도전받을 수도 없는 것이다.

이런 논의를 조금 변형하면, 유능한 과학자들의 중요한 그룹에서 사용된 어느 이론이든지 공격을 면제받을 수 있다. 이를테면, 결함 투성이의 플로지스톤 이론도 여러 가지 물리적, 화학적 현상에 규칙성을 부여했다. 플로지스톤 이론은 물체에 플로지스톤이 풍부하기 때문이라고 함으로써 물체가 왜 타는지를 설명했고, 금속들은 왜 그 원광석(原鑛石)들보다 훨씬 더 많은 공통점을 가지고 있는가를 설명했다. 금속들은 모두 상이한 기본적 토류(earths)가 플로지스톤과 결합된 복합성 물질이었으며, 플로지스톤은 모든 금속들에 공통으로 존재했기 때문에 그것들에 공통되는 성질을 부여한 것이었다. 덧붙여서, 플로지스톤 이론은 탄소와 황 같은 물질의 연소에 의해서 산(酸)이 생성되는 등의 여러 반응들도 설명해주었다. 또한 플로지스톤 이론은 한정된 부피의 공기 중에서 연소가 일어날 때에 부피가 감소되는 현상을 설명했는데, 마치 불꽃이 철사 줄의 탄성을 "망치는" 것처럼, 연소에 의해서 방출되는 플로지스톤은 그것을 흡수한 공기의 신축성을 "망친다"고 간주되었다.3) 만일 이런 것들이 플로지스톤 이론가들이 그들의 이론을 옹호하기 위해서 이용한 유일한 현상이었다면, 그 이론은 결코 도전을 받을 수 없었을 것이다. 이와 비슷한 식의 논의는 특정 범위의 현상에 대해서 성공적으로 적용되어온 모든 이론에 대해서도 충분히 성립될 것이다.

그러나 이런 방식으로 이론을 구제하려면 이론의 적용 범위는 연구 중인 실험적 증거가 이미 다루고 있던 현상들과 관측의 정확성에만 제한되어야 한다.4) 여기서 한 단계만 더 나아가면(그리고 이 단계는 일단 첫걸음을 내디딘 뒤에는 어쩔 수 없이 따라오게 마련인데), 이런 제약은 과학자로 하여금 이미 관찰되지 않은 현상에 대해서는 "과학적으로" 이야기한다고 주장하지 못하도록 만든다. 현재의 형태로서도 이런 제약은, 연구자가 이론을 사용한 과거의 실행에서 전례가 제공되지 않은 영역에 들어서거나 전례가 없던 정밀도를 추구하려고 할 때, 이론에 의존하는 것을 금지하게 만든다. 이러한 금지는 논리적으로 반대할 수 없다. 그러나 그것들을 수용한 결과는 과학을 더욱 발전시키는 연구 전통의 종말이 될 것이다.

이쯤 되면 이런 요점 역시 사실상 동어반복이다. 패러다임의 공약에 헌신하지 않고는 정상과학이란 있을 수 없다. 더욱이 그런 공약은 완벽한 전례가 없는 분야들에까지, 그리고 전례가 없는 정확

---

3) James B. Conant, *Overthrow of the Phlogiston Theory* (Cambridge, 1950), pp. 13–16; J. R. Partington, *A Short History of Chemistry* (제2판, London, 1951), pp. 85–88. 플로지스톤 이론의 기여에 관해서 가장 완벽하고 공감적으로 설명한 것은 H. Metzger, *Newton, Stahl, Boerhaave et la doctrine chimique* (Paris, 1930), II부이다.

4) 전혀 다른 유형의 분석을 거쳐서 얻은 결론인 R. B. Braithwaite, *Scientific Explanation* (Cambridge, 1953), pp. 50–87, 특히 p. 76과 비교하라.

도로까지 확장되어야 한다. 만일 그렇지 못하다면, 그 패러다임은 일찍이 풀리지 않았던 퍼즐을 전혀 제공할 수 없었을 것이다. 게다가 패러다임에의 공약에 의존하는 것은 정상과학뿐만이 아니다. 만일 현존 이론이 과학자들을 기존의 응용과 관련해서만 묶어놓고 있다면, 거기에는 놀라움도, 변칙현상도, 혹은 위기도 존재할 수 없다. 그러나 이런 것들은 바로 비정상과학을 향한 노정을 가리키는 표지가 된다. 어느 이론의 합법적인 응용 범위에 대한 실증적 제약을 글자 그대로 받아들인다면, 과학자 공동체에서 어떤 문제들이 근본적인 변혁에 이르게 하는가를 말해주는 메커니즘은 그 기능을 멈추어야 한다. 그리고 이런 일이 벌어지면, 그 과학자 공동체는 전패러다임 상태와 흡사한 어떤 것으로 되돌아갈 수밖에 없는데, 그것은 모든 구성원들이 과학을 수행하기는 하나, 그들의 총체적 산물은 도대체 과학을 닮지 않은 것이 되어버리는 상황이다. 잘못되는 위험을 감수하는 공약을 통해서만 중요한 과학적 진보를 이룰 수 있다는 것이 진정으로 놀라운 일인가?

보다 중요하게도, 실증주의자의 논증에는 논리적 허점이 뚜렷이 드러나는데, 이는 혁명적 변화의 본질로 우리를 곧바로 다시 안내해줄 것이다. 뉴턴의 동역학은 진정으로 상대론적 동역학으로부터 유도될 수 있는가? 그러한 유도는 과연 무엇처럼 보이는가? 상대성 이론의 법칙들을 구체적으로 구현하는 E_1, E_2, ……E_n으로 표시되는 진술들의 집합에 대해서 생각해보라. 이러한 진술에는 공간적 위치, 시간, 정지질량 등을 나타내는 변수(variable)와 매개변수(parameter)가 포함된다. 논리적 도구와 수학적 도구를 사용하는 것을 포함해서, 그것들로부터 관찰에 의해서 검증될 수 있는 온전한 한 벌의 진술이 더 유도될 수 있다. 뉴턴의 동역학이 하나의 특수 경우로서 성립된다는 것의 적절함을 증명하려면, 변수의 범위를 제한하는 $(v/c)^2 \ll 1$와 같은 조건을 E_i의 부가적 진술에 첨가시켜야 한다. 그 다음 이렇게 확장된 한 벌의 진술을 조작해서 뉴턴의 운동 법칙, 중력의 법칙 등과 형태가 같은 새로운 $N_1, N_2, \cdots N_m$의 집합을 만든다. 외견상으로 보았을 때, 뉴턴의 역학은 몇 가지 제한 조건을 만족하는 상태로 아인슈타인 이론으로부터 유도된 것처럼 보인다.

그럼에도 불구하고 최소한 이 시점까지의 이런 유도는 의심스럽다. N_i는 상대론적 역학 법칙의 특수한 경우이지만, 그것은 뉴턴의 법칙이 아니다. 혹은 적어도 아인슈타인의 연구가 나온 뒤에야 가능했던 방식으로 해석되지 않는 한, 이것은 뉴턴의 법칙이라고 할 수 없다. 아인슈타인의 E_i 묶음에서 공간적 위치, 시간, 질량 등을 나타냈던 변수와 매개변수는 N_i 묶음에서도 여전히 나타난다. 그리고 그것들은 거기서 여전히 아인슈타인의 공간, 시간, 질량을 표시한다. 그러나 이 아인슈타인 개념의 물리적 지시 대상들은 동일한 이름을 가진 뉴턴 개념의 그것들과 결코 같지 않다(뉴턴의 질량은 보존되지만, 아인슈타인의 질량은 에너지로 변환될 수 있다. 상대 속도가 느린 경우에 한해서 이 두 가지는 같은 방법으로 측정될 수 있으나, 그런 경우라고 할지라도 그 둘을 똑같은 것으로 보아서는 안 된다). N_i 묶음에서의 변수들에 대한 정의를 변화시키지 않는 한, 우리가 유도한 진술은 뉴턴의 법칙이 되지 않는다. 만일 그 정의를 바꾼다면, 적어도 요즘 일반적으로 받아들이는 "유도(derive)"의 의미에서는 뉴턴의 법칙을 유도했다고 말하기가 곤란하다. 우리의 논증은 물론 뉴턴 법칙들이 어째서 잘 맞는 것처럼 보였는가에 대한 이유를 설명했다. 그렇게 함으로써 우리의 논증은 이를테면 자동차 운전사가 마치 뉴턴의 우주에서 사는 것처럼 행동하는 것을 합리화시켰다. 이와 같은 종류의 논증은 측량가들에게 지구중심의 천문학을 가르치는 것을 정당화하는 데에도 이용된다. 그러나 이 논증은 아직까지 정작 해야 할 것을 증명하지 못했다. 다시 말해서, 그것은 뉴턴의 법칙들이 아인슈타인의 법칙들 가운데 하나의 한정된 경우라는 것을 증명하지 못했다는 것이다. 왜냐하면 그 제약에 이르는 경로에서 변화를 겪은 것은 법칙의 형태만이 아니었기 때문이다. 동시에 우리는 기본적인 구조적 요소들을 바꿔야 했는데, 이것들은 법칙이 적용되고 과학자들의 우주가 구성되는 요소이다.

이미 확립된 친숙한 개념들이 의미하는 바를 뜯어고쳐야 하는 필요성은 아인슈타인 이론이 미친 혁명적 충격의 핵심에 해당되는 요소이다. 뉴턴에서 아인슈타인으로의 변화는 지구중심설로부터 태양중심설로, 플로지스톤으로부터 산소로, 또는 입자로부터 파동으로의 변화보다도 더 미묘함에도 불구하고, 그 결과로 나타난 개념적 변환은 다른 어떤 것 못지않게 이전에 확립된 패러다임을 결정적으로 파괴한다. 그것을 과학에서의 혁명적 재배치의 원형(原型)으로 보기 시작해도 좋을 것 같다. 뉴턴에서 아인슈타인 역학으로의 변환은 사물이나 개념을 추가적으로 도입하지 않았고, 바로 이런 이유에서 이 변환은 과학자들이 세계를 보는 데에 사용하는 개념적 네트워크가 변화한 것이 과학혁명임을 특히 분명하게 보여준다.

이러한 언급은 또다른 철학적 맥락에서는 당연하게 여겨졌을 수 있는 점을 보여주기에 충분할 것이다. 적어도 과학자들에게는 폐기된 과학 이론과 그 후속 이론 사이의 명백한 차이의 대부분이 실제적이다. 시대에 뒤진 이론은 항상 그 최신의 후속 이론의 특수한 경우로 간주될 수 있지만, 그렇게 되려면 목적에 맞게 변형되어야 한다. 그리고 그 변형은 돌이켜보았을 때 얻어지는 이점, 즉 보다 최신 이론의 명시적인 도움을 받아서만 이루어질 수 있는 것이다. 더욱이 그런 변형이 옛 이론을 해석하는 데에 적용되는 적법한 도구였다고 할지라고, 그 응용의 결과는 크게 제약받는 이론이 되어 이미 알려진 것을 재서술하는 데에 사용되었을 것이다. 경제성 측면에서 그런 재설명은 유용성을 띠겠지만, 연구의 지침으로서는 충분하지 못할 것이다.

　그러므로 이제 우리는 여기서 잇달아 나타나는 패러다임 사이의 차이는 필연적이며 동시에 양립 불가능하다는 것을 당연하다고 받아들이기로 하자. 그렇다면 그런 차이들이 어떤 유형의 것인가에 대해서 보다 명시적으로 말할 수 있는가? 가장 뚜렷한 형태의 차이는 이미 앞에서 누차 설명한 바 있다. 계속 이어지는 패러다임은 우리에게 우주의 구성요소들 그리고 그것들의 특징적 행동에 관해서 서로 다른 사항들을 일러준다. 다시 말하면, 원자 이하의 입자들의 존재, 빛의 물질성 그리고 열 또는 에너지의 보존 등과 같은 물음에 관해서 그 패러다임들은 서로 다른 이야기를 한다. 이런 것들은 계승되는 패러다임들 사이의 상당한 차이이며, 그것들은 더 이상의 예증을 필요로 하지 않는다. 그러나 패러다임은 물질 이상의 것에서 차이를 보이는데, 그 까닭은 패러다임이 자연에만 관련된 것이 아니라 그 패러다임을 생산한 과학을 지탱하는 것이기 때문이다. 패러다임은 주어진 시대의 어느 성숙한 과학자 공동체에 의해서 수용된 방법들의 원천이요, 문제 영역이며, 문제 풀이의 표본이다. 따라서 새로운 패러다임의 승인은 필연적으로 이에 상응하는 과학을 재정의하도록 만드는 경우가 많다. 옛날 문제들은 더러 다른 과학 분야로 이관되거나 또는 완전히 "비과학적인" 것이라고 선언된다. 이전에는 존재하지 않았거나 또는 사소해 보였던 여러 문제들이 새로운 패러다임의 등장과 더불어서 유의미한 과학적 성취의 원형이 될 수도 있다. 그리고 문제들이 바뀜에 따라서 단순한 형이상학적 추론, 용어 놀음, 또는 수학적 조작으로부터 참된 과학적 해답을 구별 짓는 기준도 바뀌는 일이 흔하다. 과학혁명으로부터 출현하는 정상과학의 전통은 앞서 간 것과는 양립 불가능할(incompatible) 뿐만 아니라, 종종 실제로 공약불가능한(incommensurable) 것이다.

17세기의 정상과학 실행의 전통에 미친 뉴턴 연구의 영향은 패러다임 전환의 미묘한 효과를 보여주는 놀라운 사례라고 볼 수 있다. 뉴턴이 태어나기 전에 17세기의 "새로운 과학"은 물체의 본질(essence)로써 표현되는 아리스토텔레스주의의 설명과 스콜라 학파의 설명을 거부하는 데에 드디어 성공을 거두었다. 새로운 과학 이후, 돌멩이가 땅으로 떨어지는 이유를 그 "본성(nature)"이 돌을 우주 중심을 향해서 떨어지게 만들기 때문이라고 말하는 것은 하찮은 동어 반복의 말장난이 되었는데, 그 전에는 분명히 그렇지 않았다. 새로운 과학 이후로는 색깔, 맛, 심지어 무게까지 포함하는 감각적 외양의 전체 현상이 모두 크기, 모양, 위치 그리고 바탕 물질의 기본 입자들의 운동이라는 개념을 써서 설명되었다. 다른 성질들을 기본 원자들 탓으로 돌리는 설명은 마술적 요소에 의지한 것이었으며, 따라서 과학의 경계를 벗어난 것이었다. 몰리에르가 아편은 잠이 오게 하는 효능 때문에 최면제로 작용한다고 설명하는 의사를 비웃었을 때에, 그는 이런 새로운 정신을 포착했던 것이다. 17세기 후반기에 많은 과학자들은 아편 입자의 둥그런 모양이 알갱이들이 움직이는 주위의 신경을 진정시키는 작용을 한다는 설명을 선호했다.[5]

---

5) 일반적인 입자설에 대해서는 Marie Boas, "The Establishment of the Mechanical Philosophy", *Osiris*, X (1952), 412-541 참조. 입자 모양이 맛에 어떤 영향을 미치

이보다 이전 시대에는 신비적 성질을 이용해서 사물을 설명하는 것이 생산적인 과학 연구의 불가분의 요소였다. 그렇기는 했지만, 17세기에 부상한 역학적–입자적 설명이라는 새로운 공약은 많은 과학 분야에 대해서 막강한 성과를 냄으로써, 일반적으로 인정받는 해법을 거부해왔던 문제들을 과학에서 제거하고 대신에 다른 문제들을 제안하게 되었다. 역학에서는, 예컨대 뉴턴 운동의 세 가지 법칙은 신기한 새 실험들의 산물이라기보다는, 잘 알려진 관찰 결과를 일차적인 중성적(전하가 없는/역주) 입자들의 운동과 상호작용의 관점에서 다시 설명하려던 시도의 결과였다. 구체적인 설명을 한 가지만 들어보자. 중성적 입자들은 접촉에 의해서만 서로가 작용을 미칠 수 있으므로, 자연에 대한 역학적–입자적 견해는 과학적 관심을 충돌에 의한 입자의 운동의 변화라는 전혀 새로운 연구 주제로 향하도록 만들었다. 데카르트는 이 문제를 선언했고, 최초의 잠정적 풀이를 제안했다. 하위헌스, 렌 그리고 월리스는 그것을 더욱 확장시켰는데, 이런 확장의 일부는 충돌하는 추의 움직임에 관한 실험에 의해서 이루어졌으나, 대부분은 이미 잘 알려져 있던 운동의 특성을 새로운 문제에 적용시킨 것이었다. 그리고 뉴턴은 이들이 얻은 결과를 그의 운동 법칙에 내재화했다. 제3법칙에서 동일한 "작용(action)"과 "반작용(reaction)"은 충돌에 의해서 양쪽이 겪게 되는 운동량의 변화들이었다. 그것과 똑같은 운동의 변화가 제2법칙에 내포된 역학적 힘의 정의를 제공했다. 17세기의 다른 여러 경우에서처럼, 입자적 패러다임은 새로운 문제를 만들고 그런 문제의 해결에서 큰 부분을 담당했다.[6]

는 가에 대해서는 같은 책, p. 483 참조.

6) R. Dugas, *La mécanique au XVIIe siècle* (Neuchatel, 1954), pp. 177–185, 284–298,

그러나 뉴턴 연구의 많은 부분이 역학적-입자적 세계관으로부터 유도되고 구체화된 표준과 문제를 지향하고 있었음에도 불구하고, 그의 연구로부터 파생된 패러다임의 영향은 과학에 합당한 문제와 표준을 심층적이고 부분적으로 파괴하는 변화로 나타났다. 중력은 물질의 모든 입자쌍 사이의 본유적 인력이라고 풀이하는 것은 스콜라 학파의 "떨어지려는 경향(tendency to fall)"이라는 용어와 마찬가지의 의미를 가진 신비적 성질이 된다. 그러므로 입자설의 규범이 영향을 발휘하는 반면에, 중력에 대한 역학적 설명에의 추구는 『프린키피아』를 패러다임으로 인정한 사람들에게 가장 심각한 도전을 제기하는 문제의 하나가 되었다. 뉴턴은 이 문제에 많은 관심을 기울였으며, 그의 18세기 후계자들도 마찬가지였다. 단 하나의 명백한 대안이란 중력을 설명하는 데에 실패한 이유를 들어 뉴턴 이론을 배격하는 것이었으며, 실제로 이런 대안 역시 널리 채택되었다. 그러나 이 견해들 중 어느 것도 궁극적으로 성공하지 못했다. 『프린키피아』가 없이 과학을 수행하는 것도 불가능하고 연구를 17세기 입자설의 규범에 맞게 할 수도 없는 상황에서, 과학자들은 점차로 중력은 참으로 본유적인 것이라는 견해를 받아들였다. 18세기 중엽에 이르러서는 그런 해석이 거의 보편적으로 인정받았으며, 그 결과는 스콜라 철학의 규범으로의 진정한 회귀(퇴보와 똑같은 것은 아닌)였다. 물질에 본래 내재하는 인력과 척력은 크기, 모양, 위치 그리고 운동과 함께 물질의 물리적으로 비환원적인 일차적 성질이 되었다.[7]

345-356.

7) I. B. Cohen, *Franklin and Newton: An Inquiry into Speculative Newtonian Experimental Science and Franklin's Work in Electricity as an Example Thereof* (Philadelphia, 1956), vi-vii장.

그 결과로 물리과학의 규범과 문제 영역에서 변화가 나타난 것은 필연적이었다. 1740년대까지, 예컨대 전기학자들은 한 세기 이전에 몰리에르의 의사 선생이 겪었던 조롱을 당하지 않으면서 전기적 유체의 끌어당기는 "효력(virtue)"에 관해서 말할 수 있었다. 그렇게 함으로써 전기적 현상은 그것을 역학적 전기소(mechanical effluvium)의 영향이라고 간주했던 때와는 다른 규칙성을 점차 나타내게 되었다. 전기소는 접촉에 의해서만 작용을 한다고 간주된 입자였다. 특히 서로 떨어진 위치에서의 전기적 작용이 그 자체의 중요성 때문에 연구의 주제가 되었을 때는, 오늘날 이른바 유도에 의한 충전이라는 현상이 그 효과 중의 하나로서 인식될 수 있었다. 그 이전에는 이런 현상이 어쩌다 관찰되는 경우, 전기적 "대기(atmosphere)"의 직접적 작용 때문이라거나, 어느 전기 실험실에나 있게 마련인 누전의 탓으로 돌려졌다. 유도 효과에 대한 새로운 견해는 이어서 레이던 병에 관한 프랭클린의 분석에 핵심 요소가 되었고, 따라서 전기에 대한 새로운 뉴턴식의 패러다임 출현에 관건이 되었다. 물질의 본유적 힘을 찾으려는 시도가 정당화되면서 자극을 받은 과학 분야는 역학과 전기학만이 아니었다. 화학적 친화력(chemical affinity)과 치환 계열(replacement series)에 관한 18세기 문헌의 대부분도 역시 뉴턴주의의 이런 초역학적 관점으로부터 유도된다. 다양한 화학종들 사이에서 다른 강도로 작용하는 인력을 믿은 화학자들은 이전에는 상상하지도 못했던 실험들을 꾸몄고, 새로운 종류의 반응을 찾아내려고 했다. 그 데이터와 그런 과정에서 진전된 화학적 개념이 없었더라면, 라부아지에의 후기의 연구와 더욱이 돌턴의 연구는 이해될 수 없었을 것이다.[8] 허용되는 문제, 개념 그리고 설명을 다스

8) 전기에 관해서는 같은 책, viii-ix장 참조. 화학에 대해서는 Metzger, 앞의 책, I부

리는 기준에서의 변화는 과학을 변형시킬 수 있다. 다음 장에서 나는 그것이 세계를 변화시키는 의미에 대해서 설명할 것이다.

이어지는 패러다임들 사이에 이처럼 비실재적인(nonsubstantive) 차이를 보이는 다른 실례들은 거의 모든 시대의 모든 과학 발전의 역사에서 찾아낼 수 있다. 여기서는 우선 두 가지 간단한 실례만으로 만족하기로 하자. 화학혁명 이전에 화학이 안고 있던 과제들 가운데 하나는 화학 물질의 성질과 화학 반응을 거쳐 일어나는 이 성질들의 변화에 관해서 설명하는 것이었다. 소수의 기본적인 "원리들(principles)"의 도움으로 화학자는 왜 어떤 물질은 산성이며, 또 어떤 것은 금속성, 연소성인가에 대해서 그 이유를 설명하려고 했으며, 플로지스톤 이론도 그중 하나였다. 이런 방향으로 어느 정도 성공을 거두기도 했다. 이미 앞에서 플로지스톤 이론을 이야기하면서 왜 금속들이 서로 그렇게 비슷한가를 알 수 있었다. 우리는 산(酸)에 대해서도 그와 비슷한 논의를 전개할 수 있을 것이다. 그러나 라부아지에의 개혁은 결국 화학적 "원리들"로부터 벗어났고, 따라서 화학으로부터 약간의 사실적 그리고 상당히 잠재적인 설명 능력을 박탈함으로써 마무리되었다. 이런 손실을 보상하기 위해서 기준의 변화가 요구되었다. 19세기의 상당 기간 동안 새로운 화학 이론은 화합물의 성질을 설명하는 데에 실패했는데, 우리는 이것 때문에 화학 이론에 유죄판결을 내릴 수는 없다.[9]

또다시, 맥스웰은 19세기 빛의 파동 이론의 지지자들과 뜻을 같이함으로써, 빛이라는 파동이 물질 에테르를 통해서 전파되는 것임에 틀림없다고 확신했다. 빛의 파동성을 뒷받침하는 역학적 매질을

참조.

9) E. Meyerson, *Identity and Reality* (New York, 1930), x장.

고안하는 것은 당대의 가장 우수한 학자들 다수에게 하나의 표준 문제가 되었다. 그러나 맥스웰 자신의 이론인 빛의 전자기 이론은 빛의 파동성을 뒷받침할 수 있는 매질에 대해서 전혀 고려하지 않았으며, 그 이론은 분명히 예전에 인식되었던 것보다 설명을 더욱 어렵게 만들었다. 이런 이유로 해서, 초기에는 맥스웰 이론이 널리 배격되었다. 그러나 뉴턴 이론과 마찬가지로, 맥스웰 이론을 버리기는 어려운 것임이 밝혀졌고, 이에 대한 과학자 공동체의 태도는 그것이 패러다임의 지위로 올라섬으로써 바뀌었다. 20세기 초에 역학적 에테르가 존재한다는 맥스웰의 주장은 점점 더 립서비스로 들리게 되었는데, 이는 그 이전의 평가와는 확연히 다른 것이었다. 결국 이런 에테르 매질을 고안하려는 노력은 포기되었다. 이제 과학자들은 무엇이 위치를 바꾸는지(變位)를 밝히지 않은 채로 전기적 "변위"(electrical displacement : 맥스웰 전자기학의 핵심 개념 중 하나로 전기적 변위의 시간에 따른 변화가 변위 전류이다/역주)에 대해서 논하는 것을 더 이상 비과학적이라고 생각하지 않게 되었다. 그 결과 또다시 새로운 문제와 기준이 출현했고, 이것이 결국에 가서는 상대성 이론의 탄생에 커다란 역할을 했다.[10]

적법한 문제와 기준에 대한 과학자 공동체의 관념에서의 이런 특징적인 변환이 항상 방법론적으로 낮은 차원으로부터 보다 높은 어떤 형태로 일어난다고 한다면, 이 책의 주제와 관련해서는 그 중요성이 떨어질 것이다. 그 경우 그러한 노력은 역시 누적적인 것으로 보였던 것이다. 일부 과학사학자들이 과학사는 과학의 본성에 대한 인간의 관념을 꾸준히 성숙시키고 세련되게 만든 기록이라고 주장

---

10) E. T. Whittaker, *A History of the Theories of Aether and Electricity*, II (London, 1953), 28–30.

하는 것은 이상할 것이 없다.[11] 그러나 과학적 문제와 기준의 누적적 발전은 이론 누적의 경우보다 더 정당화하기 힘들다. 18세기에 대부분의 과학자들은 중력을 설명하려는 시도를 현명하게 포기했는데, 이는 이런 시도가 본질적으로 합당하지 않은 문제를 지향했기 때문이 아니었다. 물체에 고유한 힘이라는 관념에 대한 반대는 그리 비과학적인 것도 아니요, 경멸적 의미에서 형이상학적인 것도 아니었다. 그런 종류의 판단을 허용하는 외적인 규범은 존재하지 않는다. 실제로 발생했던 것은 기준의 몰락도, 기준의 부상도 아니고, 단순히 새로운 패러다임의 채택이 불러일으킨 변화였던 것이다. 더욱이 그런 변화는 그 후 다시 역전되었고, 또다시 역전될 수 있다. 20세기에 아인슈타인은 중력에 의한 인력을 설명하는 데에 성공했으며, 그의 설명은 과학의 기준과 문제를, 이런 특정한 측면에서, 뉴턴의 계승자들의 관점보다는 전임자들의 관점과 더 비슷한 상태로 되돌려놓았다. 그리고 다시 제기된 양자역학의 전개는 화학혁명에서 유래했던 방법론적 금기를 뒤엎었다. 화학자들은 지금 그들의 실험실에서 사용하고 만든 물질에 대해서 색깔, 상태, 기타 성질을 설명하려고 하고 있으며, 이는 크게 성공적이다. 이와 비슷한 역전은 전자기 이론에서도 일어날 수 있다. 현대 물리학에서 공간은 뉴턴 이론과 맥스웰 이론의 양쪽에서 도입된 비활성적이며 균질한 매질이 아니다. 지금 공간의 새로운 성질 가운데 일부는 한때 에테르의 탓으로 돌렸던 성질과 다르지 않다. 우리는 언젠가 맥스웰의 전기적 변위가 진짜로 무엇인지 알게 될지도 모른다.

---

11) 과학의 발전을 이런 프로크루테스의 침대에 맞추려는 기발하고 지극히 최신식의 시도에 대해서는 C. C. Gillispie, *The Edge of Objectivity: An Essay in the History of Scientific Ideas* (Princeton, 1960) 참조.

패러다임의 인식적 기능으로부터 규범적인 기능으로 강조점을 옮긴다면, 앞의 사례들은 패러다임이 과학적 활동에 형태를 부여하는 방식에 대한 우리의 이해를 확장시킨다. 앞에서 우리는 주로 과학 이론의 전달자로서의 패러다임의 역할을 검토했다. 그런 역할에서 패러다임은 과학자에게 자연이 내포하거나 내포하지 않은 실체에 대해서 일러주고, 그들 실체가 작용하는 방식에 관해서 알려주는 기능을 한다. 그런 정보는 그 상세한 내용이 성숙한 과학적 연구에 의해서 밝혀지게 되는 하나의 지도를 제공한다. 그리고 자연은 무작위로 그 베일이 벗겨지기에는 너무 복잡하고 다양한 까닭에, 그러한 지도는 과학의 끊임없는 발전에 대해서 관찰이나 실험 못지않게 필수적인 요소가 된다. 그것들이 구체화하는 이론을 통해서 패러다임은 연구 활동을 형성하는 구성요소임이 밝혀진다. 그렇지만 그것들은 또한 다른 관점에서도 과학의 구성 부분이 되는데, 이것이 지금 말하려는 요점이다. 특히 우리가 마지막에 든 실례는 패러다임이 과학자들에게 지도뿐만 아니라 지도를 만드는 데에 필수적인 방향을 어느 정도 제시한다는 것을 보여준다. 패러다임을 익히면서 과학자는 이론, 방법, 기준을, 보통 한데 뒤엉킨 혼합체로 모두 획득하게 된다. 그러므로 패러다임이 변화하게 되면, 통상적으로 문제와 제안된 풀이 등 양쪽의 정당성을 결정짓는 기준에서도 상당한 변동이 일어나게 된다.

이런 관찰은 우리를 이번 장의 출발점이 된 문제로 돌아가게 하는데, 왜냐하면 서로 겨루는 패러다임 사이의 선택이 정상과학의 기준으로는 해결할 수 없는 질문들을 규칙적으로 제기하는 이유를 최초로 지적해주는 것이기 때문이다. 과학의 두 학파가 무엇이 문제이고 무엇이 해결인가에 관해서 의견을 달리하는 (불충분한 만큼이나 심각하게) 한에서는, 그들이 각각의 패러다임이 가진 상대적 장점을 논의할 때에는 서로의 이야기를 건성으로 흘려들을 수밖에 없을 것이다. 부분적인 순환 논변이 규칙적으로 나타나는데, 여기에서 각각의 패러다임은 스스로에게 부과하는 기준은 어느 징도 만족시키지만, 상대 패러다임에 의해서 부과된 기준은 만족시키지 못했음이 드러날 것이다. 어느 경우에나 패러다임 사이의 논쟁을 특징짓는 논리적 접근의 불완전성에 대해서는 다른 이유들도 역시 존재한다. 이를테면 어느 패러다임도 그것이 정의하는 모든 문제를 풀어낸 적이 없었고, 두 패러다임이 풀지 못한 문제들이 모두 같은 것도 아닌 까닭에, 패러다임 사이의 논쟁에는 항상 다음의 질문이 개입된다. 어느 문제들을 해결하는 것이 더 의미가 있는가? 서로 겨루는 기준의 주제와 마찬가지로, 가치관에 대한 이런 질문은 총괄적으로 정상과학의 외부에 존재하는 기준에 의해서만 답을 할 수 있으며, 이렇게 외부의 기준에 의존하는 것은 패러다임 사이의 논쟁을 가장 확실하게 혁명적으로 만들어준다. 그러나 기준과 가치보다 더욱더 근본적인 그 무엇이 또한 문젯거리가 된다. 나는 지금까지는 패러다임이 과학을 구성한다는 것만을 논의했다. 이제부터 나는 패러다임이 자연도 구성한다는 것의 의미를 밝히고자 한다.

10

세계관의 변화로서의 혁명

현대적인 역사 해석의 관점에서 과거 연구의 기록을 훑어본다면, 과학사학자들은 패러다임이 변화할 때에 세계 그 자체도 더불어 변화한다고 주장하고 싶어질 것이다. 새로운 패러다임에 의해서 인도되어, 과학자들은 새로운 도구를 채택하고 새로운 영역을 들여다보게 된다. 더 중요한 것은 혁명 기간 동안에 과학자들은 이전에 연구했던 곳에서 친숙한 도구를 이용해서 관측하면서 새롭고 색다른 것들을 보게 된다는 사실이다. 이것은 마치 전문가 공동체가 돌연 다른 행성으로 이송된 것과 비슷한데, 이곳에서는 이전의 친숙한 대상도 달리 보이고 미지의 것들과 섞여서 존재하게 된다는 것이다. 물론 정말 이런 일이 실제로 일어난다는 것은 아니다. 지역적인 이동은 없으며, 연구실 바깥에서의 일상생활은 과거와 마찬가지로 지속되고 있다. 그럼에도 불구하고 패러다임의 변화들은 과학자들로 하여금 그들의 연구 활동의 세계를 다르게 보도록 만든다. 과학자들이 그런 세계에 의존하는 것이 이들이 보고 행하는 것을 통해서인 만큼, 우리는 하나의 혁명이 있은 후의 과학자들은 달라진 세계에 대응하고 있다고 말하고 싶은 것일지도 모른다.

시각적 게슈탈트에서 친숙한 전환의 증거들은 과학자의 세계에서 일어나는 이러한 변형에 대한 기본 원형을 시사하는 것이 된다. 혁명 이전의 과학자 세계에서 오리였던 것이 혁명 이후에는 토끼로 둔갑한다. 처음에는 위쪽에서 상자의 외부를 내려다보았던 사람이 나중에는 아래쪽으로부터 그 내부를 들여다보게 된다. 이와 같은 변형들은 대체로 보다 점진적이고 거의 어김없이 비가역적인 것이기는 하지만, 과학적 훈련에도 공통적으로 생기는 부산물이다. 등고선 지도를 보면서 학생은 종이 위에 그려진 선들을 보지만, 지도 제작자는 지형에 관한 그림을 본다. 거품 상자(bubble-chamber) 사진을 보면서 학생은 혼란스럽게 끊어진 선들을 보지만, 물리학자는 낯익은 원자핵 내부의 사건들의 기록을 읽어낸다. 그러한 시각적 변형을 숱하게 거친 뒤에야, 학생은 과학자 세계의 일원이 되어서 과학자가 보는 것을 보고 과학자가 반응하듯이 반응하게 된다. 그러나 한편으로는 그것을 둘러싼 환경의 속성 때문에, 그리고 다른 한편으로는 과학의 본질 때문에, 학생이 그렇게 해서 들어간 세계는 영구하게 고정되어 있지 않다. 반대로 그것은 환경과 학생이 추구하도록 훈련받았던 특정 정상과학의 전통과의 결합에 의해서 결정된다. 따라서 정상과학의 전통이 변화하는 혁명의 시기에는 과학자 자신의 환경에 대한 지각은 재교육되어야 한다. 특정한 친숙한 상황에서, 과학자들은 새로운 게슈탈트를 볼 수 있도록 배워야 한다는 것이다. 그렇게 한 후의 그의 연구 세계는 여러 가지 형태에서 이전에 그가 살아왔던 세계와 공약불가능한 것으로 보일 것이다. 상이한 패러다임에 의해서 주도되는 학파들이 항상 서로 얼마간 엇갈리게 마련인 또다른 이유가 바로 이것이다.

물론 가장 일반적인 유형에서 게슈탈트 실험은 지각작용 변형의 속성만을 설명해줄 따름이다. 게슈탈트 실험들은 패러다임의 역할이나 지각작용의 과정에서 과거에 동화되었던 경험의 역할에 관해서는 아무것도 알려주는 것이 없다. 그러나 이 점에 대해서는 심리학 문헌들이 풍부하게 갖추어져 있고, 그중 많은 부분이 하노버 연구소(Hanover Institute)의 선구적 업적에서 유래된 것이다. 상(像)을 거꾸로 만드는 렌즈를 넣은 안경을 쓴 피실험자는 처음에는 온 세상을 거꾸로 본다. 초기에 그의 감각기관은 안경 없이 기능하도록 훈련되었던 때처럼 작용하게 되고, 따라서 당사자는 극도의 방향 상실에 이르러 심각한 위기에 부딪친다. 그러나 대개 시각이 몹시 혼란스러워지는 과도기를 거친 뒤, 피실험자는 새로운 세계를 다룰 줄 알기 시작하고 그의 시야 전체는 거꾸로 뒤집어진다. 그 뒤에는 물체들이 다시 안경을 쓰기 전에 있었던 것처럼 보이게 된다. 이전의 변칙적인 시야의 동화 과정이 시야와 상호작용을 해서 시야 자체를 변화시킨 것이다.1) 비유적일 뿐만 아니라 글자 그대로, 이렇게 거꾸로 보이는 렌즈에 익숙해진 사람은 시각에서 혁명적인 변형을 경험한 것이다.

제6장에서 논의된 변칙적인 카드 실험에서 피실험자들은 이와 매우 흡사한 변형을 경험했다. 카드를 오래 살펴보고 그 세계에는 이상야릇한 카드들이 있다는 것을 깨닫게 될 때까지는, 그들은 이전의 경험을 통해서 알던 카드 형태만을 보았다. 그러나 일단 부가적인 범주를 경험하자, 피실험자들은 카드를 식별할 만한 충분한 시간만 주어지면 첫눈에 이상한 카드를 모두 알아볼 수 있었다. 또다른 여러 실험에서도 실험용으로 제시된 물체들의 크기, 색깔 등이

---

1) 그 원래의 실험은 George M. Stratton, "Vision without Inversion of the Retinal Image", *Psychological Review*, IV (1897), 341-360, 463-481이었다. 보다 최신의 총설은 Harvey A. Carr, *An Introduction to Space Perception* (New York, 1935), pp. 18-57에 실려 있다.

피실험자가 이전에 받은 훈련과 경험에 따라서 달리 지각된다는 것이 증명되었다.[2] 이러한 사례들이 실린 풍부한 실험 문헌을 훑어보면, 패러다임과 같은 것이 지각작용에 선행한다는 느낌이 들게 된다. 사람이 무엇을 보는가는 그가 바라보는 대상에도 달려 있지만, 이전의 시각−개념 경험이 그에게 무엇을 보도록 가르쳤는가에도 달려 있다. 그러한 훈련이 없는 상태에서는, 윌리엄 제임스의 표현처럼 "꽃이 피고 벌이 윙윙거리는 혼동"(유아가 경험하는 혼란스러운 세상이라는 뜻으로 제임스가 쓴 표현/역주)만이 존재할 뿐이다.

최근 들어서 과학사에 관심을 가진 여러 사람들은 앞서 말한 유형의 실험들이 시사하는 바가 매우 크다는 것을 알게 되었다. 특히 N. R. 핸슨은 게슈탈트 시연실험을 이용함으로써, 여기서의 나의 관심사인 과학적 신념의 문제에 대해서 똑같은 결과를 일부 밝혀냈다.[3] 다른 동료들은, 만일 과학자들이 앞서 말한 바와 같은 지각작용의 변동을 자주 경험한다고 생각할 수 있다면, 과학사는 보다 훌륭하고 논리정연한 의미를 가질 수 있으리라는 점을 되풀이하여 주목했다. 그러나 심리학적 실험들이 시사적이기는 하지만, 그 실험들은 그 성격상 그 이상은 될 수 없다. 심리학적 실험들은 과학의 발전에 핵심이 될 수 있는 지각작용의 특성들을 드러내지만, 이것들이 과학 연구자들이 행하는 세심하고 통제된 관찰과 같은 특성이 있다는 것을 증명하지는 못한다. 더욱이 이 실험들의 본질 자체가

---

2) 예를 들면 다음의 Albert H. Hastorf, "The Influence of Suggestion on the Relationship between Stimulus Size and Perceived Distance", *Journal of Psychology*, XXIX (1950), 195−217; Jerome S. Bruner, Leo Postman, and John Rodrigues, "Expectations and the Perception of Color", *American Journal of Psychology*, LXIV (1951), 216−227 참조.

3) N. R. Hanson, *Patterns of Discovery* (Cambridge, 1958), i장.

그러한 요점의 직접적인 논증을 불가능하게 만든다. 역사적인 사례가 이 심리학적 실험들과 연관되는 것으로 보이게 하려면, 우리는 우선 역사가 제시한다고 기대할 수 있는 증거의 유형들에 주목해야 한다.

게슈탈트 시연실험의 피실험자는 똑같은 책이나 종이를 손에 쥐고 있는 동안 계속해서 자신의 지각을 되풀이해서 바꾸어볼 수 있기 때문에 그것이 바뀌고 있다는 것을 안다. 환경에 아무런 변화가 없었다는 것을 알고, 그는 점점 그 주의를 형체(오리나 토끼)가 아니라 자기가 보고 있는 종이의 선들에 집중시키게 된다. 마침내 그는 어떤 형체를 보지 않고도 그 선들만을 볼 수 있게 될 것이며, 그가 정말로 보는 것은 이 선들이지만 그것들이 번갈아가며 오리로도 보이고 토끼로도 보인다고 말할 것이다(이것은 그가 이전에는 확실히 말할 수 없었던 것이다). 이와 마찬가지로 변칙적인 카드 실험의 피실험자는 자신의 지각이 바뀌었음이 틀림없다는 것을 느끼게 되는데(또는 보다 정확히 말하자면 설득을 당하는데), 왜냐하면 실험을 수행하는 외부의 권위자가 피실험자가 무엇을 바라보았든지 간에 상관없이 그에게 내내 검은색 하트 5를 쳐다보고 있었다고 확신시켜주기 때문이다. 이와 비슷한 형태의 모든 심리학적 실험처럼, 양쪽의 실험 모두에서 그 효과는 이런 방식으로 실험을 분석할 수 있다는 가능성에 의존한다. 시각의 전환을 증명할 수 있는 외적인 기준이 존재하지 않는다면, 지각작용의 전환 가능성에 대한 결론도 얻어질 수 없는 것이다.

그러나 과학적 관찰의 경우에는 상황이 완전히 역전된다. 과학자는 자신의 눈과 기기를 통해서 본 것 이외에는 의존할 수가 없다. 만일 그의 시각이 바뀌었음을 보여줄 수 있는 보다 높은 권위의 근거가 존재한다면, 곧 그 권위 자체가 과학자에게 데이터의 출처가 될 것이고, 과학자의 시각작용은 (마치 피실험자의 행동이 심리학자에게 그러했던 것처럼) 문제의 출처가 될 것이다. 과학자가 게슈탈트 실험의 피실험자처럼 자신의 지각을 되풀이하여 바꾸어볼 수 있다고 해도 역시 똑같은 유형의 문제들이 발생할 것이다. 빛이 "때로는 파동이고 때로는 입자"였던 시대는 무엇인가 잘못되어 있던 위기의 시대였고, 그 위기는 파동역학이 개발되고 빛은 파동이나 입자와는 다른, 자체모순이 없는 실체라는 사실이 알려지면서 비로소 종지부를 찍었다. 그러므로 과학에서 지각작용의 전환이 패러다임 변화를 수반한다면, 우리는 과학자들이 직접 이러한 변화들을 입증하는 것을 기대하지 않아도 된다. 코페르니쿠스주의로 전향한 사람은 달을 쳐다보면서 "나는 이제까지 행성을 보고 있었지만 지금은 위성을 보고 있다"라고 말하지는 않는다. 이런 말투는 프톨레마이오스 체계가 한때는 옳았다는 의미를 내포한다. 새로운 천문학으로의 전향자는 그런 말 대신에 "나는 한때 달을 행성이라고 생각했지만 (또는 달을 그렇게 보았지만) 그것은 내 잘못이었다"라고 말한다. 이런 유형의 진술은 과학혁명이 발생한 후에 되풀이되어 나타난다. 만일 이것이 통상적으로 과학적 시각의 변환이나 그 비슷한 효과를 띠는 정신적 변형을 위장한 것이라면, 우리는 이런 변환에 대한 직접적인 증거를 기대하지 못하게 된다. 오히려 우리는 새로운 패러다임을 받아들인 과학자가 종래에 보았던 방식과는 다른 방식으로 세상을 보고 있다는 것에 대해서 간접적이고 행동상의 증거를 찾아야 한다.

그러면 이제는 데이터로 돌아가서, 그러한 변화를 믿고 있는 과학사학자가 과학자의 세계 속에서 어떤 유형의 변형들을 발견할 수 있는지를 알아보자. 윌리엄 허셜 경의 천왕성 발견은 그 첫 번째 예로서, 변칙적인 카드 실험과 아주 비슷한 사례이다. 1690년부터 1781년 사이에 적어도 17회에 걸쳐 유럽 최고의 몇몇 관측자를 비롯한 여러 천문학자들이 지금의 천왕성 궤도 자리에서 별 하나를 보았다. 이 그룹에서 가장 뛰어난 한 관측자는 실제로 1769년에 나흘 밤을 연달아 그 별을 보았으나, 그 정체를 알려줄 수도 있었을 별의 운행에 대해서는 알아내지 못했다. 12년이 지난 뒤 바로 그 물체를 처음 관측하면서, 허셜은 자신이 손수 만든 훨씬 더 개량된 망원경을 사용했다. 그 결과, 적어도 별 모양으로서는 상당히 보기 드문 뚜렷한 원반체를 알아볼 수 있었다. 무엇인가가 잘못된 것이었으므로, 그는 판정을 미루고 더 자세히 조사해보았다. 조사한 결과, 별들 가운데서의 천왕성의 운행을 밝혀냈고, 따라서 허셜은 자기가 새로운 혜성을 보았다고 공포했다! 관측된 운행을 혜성 궤도에 맞추려는 부질없는 시도 끝에, 몇 달 지나지 않아서 렉셀은 그 궤도가 행성인 것 같다고 제안하기에 이르렀다.[4] 그 주장이 수용되자, 천문학자의 세계에는 몇 개 줄어든 항성과 하나가 늘어난 행성이 존재하게 되었다. 거의 한 세기 동안 관측되었다 말았다 했던 천체가 1781년 이후에는 달리 보이게 되었다. 그 이유는 변칙적인 카드 실험과 마찬가지로, 그것이 종래의 패러다임에 의해서 제공되는 지각작용의 범주(항성 또는 혜성)에 더 이상 들어맞을 수 없었기 때문이다.

그러나 천문학자들로 하여금 행성인 천왕성을 볼 수 있도록 한 시각의 변환은 이미 관측된 물체의 지각에만 영향을 미쳤던 것 같지는 않다. 그에 따르는 결과는 보다 광범위했다. 증거가 논쟁적이

---

4) Peter Doig, *A Concise History of Astronomy* (London, 1950), pp. 115−116.

기는 하지만, 허셜에 의해서 야기된 소규모의 패러다임 변화는 1801년 이후 천문학자들이 여러 소행성들을 급속히 발견하도록 하는 데에 도움이 되었던 것 같다. 그 크기가 작았던 까닭에 소행성들은 허셜을 놀라게 했던 변칙적인 확대 효과를 보이지는 않았다. 그럼에도 불구하고 행성을 더 찾아낼 준비가 된 천문학자들은 표준 기구를 써서 19세기의 전반 50년 동안 20개의 소행성을 확인할 수가 있었다.5) 천문학사에는 과학적 지각에서 패러다임이 유발한 변화에 대한 각기 다른 사례들이 많이 있으며, 그중 몇 가지는 좀더 확실해 보인다. 예를 들면, 코페르니쿠스의 새로운 패러다임이 처음 제안된 후 반세기 동안 서양 천문학자들이 종래에는 불변이라고 생각했던 천상계(고대 우주론에서 달 위의 세계. 완전하고 변화가 없다고 간주되었다/역주)에서의 변화를 처음 목격했던 것이 우연일 수 있을까? 자신들의 우주관에서 천상계의 변화를 배제하지 않았던 중국인들은 훨씬 앞서서 이미 하늘에서의 많은 신성(新星)의 출현을 기록해놓았다. 또한 망원경의 도움 없이도 중국인들은, 갈릴레오와 당대의 학자들보다 수세기 이전에 태양 흑점의 출현을 체계적으로 기록했다.6) 단지 태양의 흑점과 신성만이 코페르니쿠스 직후의 서양 천문학계에서 파악한 천상계 변화의 유일한 사례들은 아니다. 실오라기같이 단순한 것을 비롯한 전통적인 천문기구를 사용하면서, 16세기 말의 천문학자들은 그 이전에는 불변의 행성과 항성에만 허용되던 공간에서 멋대로 떠돌아다니는 혜성들을 계속 발견

---

5) Rudolph Wolf, *Geschichte der Astronomie* (Munich, 1877), pp. 513-515, 683-693. 특히 볼프의 해석이 이런 발견들을 보데의 법칙의 결과로서 설명하는 것을 얼마나 어렵게 만들었는가에 주목하라.

6) Joseph Needham, *Science and Civilization in China*, III (Cambridge, 1959), 423-429, 434-436.

했다.7) 옛 대상을 옛 기기로 관측하면서 천문학자들이 그토록 쉽고 빠르게 새로운 것들을 보았다는 사실에서 우리는 코페르니쿠스 이후의 천문학자들이 전과는 다른 세계에서 살게 되었다고 말하고 싶을 수도 있다. 어떤 경우든, 그들의 연구는 마치 그런 것처럼 반응했다.

앞서 말한 사례들은 천문학으로부터 선택되었는데, 왜냐하면 천체 관측의 기록들은 흔히 비교적 순수한 관측 용어로 기록되기 때문이다. 오직 그런 기록에서만 과학자들의 관찰과 심리학의 피실험자에 의한 관찰 사이에 완전한 유사성 같은 것을 찾아낼 가능성을 기대할 수 있다. 그러나 그런 완벽한 유사성을 크게 강조할 필요는 없으며, 오히려 기준을 완화시킴으로써 많은 것을 얻게 된다. 우리가 '보다'라는 동사의 일상적 용법에 만족할 수 있다면, 패러다임의 변화를 수반하는 과학적 지각 변환에 대한 많은 사례들을 이미 접했다는 것을 곧 깨닫게 될 것이다. '지각'과 '보기'의 용도를 확장하는 것은 즉각적으로 분명한 방어를 요구하는 것이지만, 우선 과학 활동에서 그 응용부터 살펴보기로 하자.

이전에 설명한 전기학의 역사의 두 가지 사례를 잠깐 다시 살펴보자. 17세기에 걸쳐 이런저런 전기소 이론에 따라서 연구가 진행되던 시절에, 전기학자들은 그것들을 끌어당기는 대전체(帶電體)로부터 알갱이들이 튀어오르고 떨어지고 하는 것을 거듭 관찰했다. 적어도 이것은 17세기의 관측자들이 보았다고 말한 것이었는데, 우리가 우리 자신의 기록보다 그들의 지각작용의 기록을 더 의심해야 할 이유는 없어 보인다. 같은 실험장치 앞에 앉아서 현대의 관측자는 정전기적 반발(역학적이거나 인력에 의한 되튀김이 아닌)을 보게 될 것이지만, 역사적으로 무시된 한 가지 예외를 제외하면, 혹스

---

7) T. S. Kuhn, *The Copernican Revolution* (Cambridge, Mass., 1957), pp. 206-209.

비의 대규모 장치로 그 효과가 크게 확대되기까지는 정전기적 반발이 그 자체로 관찰되지 못했다. 그러나 접촉을 통한 대전 뒤에 생긴 반발은 혹스비가 보았던 여러 가지 새로운 반발 효과 중의 하나에 불과했다. 게슈탈트 전환의 경우와 상당히 비슷하게도, 그의 연구를 통해서 반발은 갑자기 전기 작용의 가장 기본이 되는 특성이 되었으며, 그 뒤에는 인력이 설명되어야 할 그 무엇이 되었다.[8] 18세기 초반에 볼 수 있었던 전기적 현상들은 17세기보다 더 미묘하고 다양한 것이었다. 또는, 플랭클린의 패러다임으로 동화한 이후, 레이던 병을 바라보고 있던 전기학자는 전에 보았던 것과는 다른 어떤 것을 보게 되었다. 이때의 장치는 콘덴서가 된 것인데, 콘덴서에는 병 모양도, 유리도 필요하지 않았다. 그 대신 두 개의 전도성 피막이 흔한 것이 되었는데, 그중 하나는 원래의 장치에는 없던 것이었다. 당시 글과 그림에서 드러나고 입증되듯이, 비전도체를 끼운 두 개의 금속판이 이와 같은 부류의 원형이 되었다.[9] 동시에 다른 유도 효과에 대해서도 새로운 설명이 이루어졌으며, 그 밖에 다른 효과들도 처음으로 주목받게 되었다.

이런 유형의 변환은 천문학과 전기학에 국한된 것이 아니다. 우리는 이미 화학사(化學史)로부터 이끌어낼 수 있는 이와 비슷한 시각 변형을 일부 살펴보았다. 라부아지에는 프리스틀리가 플로지스톤이 빠진 공기를 보았던 곳에서, 그리고 다른 사람들은 전혀 아무것도 보지 못했던 곳에서 산소를 보았다. 그러나 라부아지에는 산소를 보는 것을 배우는 과정에서 여타의 다른 친숙한 물질들에 대한 그의

---

8) Duane Roller and Duane H. D. Roller, *The Development of the Concept of Electric Charge* (Cambridge, Mass., 1954), pp. 21–29.

9) 제7장의 논의와 그 장의 주 9)에 인용된 참고 문헌이 지시하는 서적 참조.

견해를 바꾸어야 했다. 예를 들면, 프리스틀리와 당대의 학자들이 원소성의 흙을 보았던 곳에서 그는 화합물의 광물을 보아야 했으며, 이런 변화들은 이 밖에도 다수가 있다. 산소를 발견한 결과로서 최소한 라부아지에는 자연을 달리 보게 되었다. 그리고 그가 "달리 보았던" 자연이 고정된 것이라고 가설적으로 생각할 근거가 없는 상황에서, 우리는 자연계의 경제성의 원칙에 기대서 산소를 발견한 후에 라부아지에는 전혀 다른 세계에서 연구를 했다고 말할 수 있다.

이런 생소한 표현을 피할 수 있는 가능성에 대해서 이제 곧 다루겠지만, 우리에게는 우선 이런 사용법을 보여주는 더 많은 사례가 필요하며, 이를 위해서 갈릴레오의 연구 중 가장 유명한 부분을 살펴보겠다. 아득한 옛날부터 대부분의 사람들은 줄이나 사슬에 매달린 이런저런 무거운 물체가 완전히 멈추어 설 때까지 앞뒤로 흔들리는 것을 보아왔다. 아리스토텔레스주의자들은 무거운 물체는 그 자체의 본성에 의해서 높은 곳으로부터 보다 낮은 곳의 자연스런 정지 상태로 운동하는 것이라고 믿었던 터였으므로, 그들에게 흔들리는 물체란 단지 어려움을 겪으며 떨어지는 것일 따름이었다. 그 물체는 사슬에 묶인 상태이므로 만곡선(彎曲線)의 동작을 거쳐 상당한 시간이 흘러서야 비로소 낮은 위치의 제자리에 멈출 것이었다. 그 반면에 갈릴레오는 흔들리는 물체를 바라보면서 진자를 생각했는데, 그것은 거의 무한하게 거듭해서 같은 움직임을 되풀이하는 물체였다. 이 진자의 움직임을 본 갈릴레오는 진자의 다른 성질들도 관측하고, 그의 새로운 역학의 가장 의미 깊고 독창적인 부분들을 그 성질들을 중심으로 다수 구축했다. 예컨대, 진자의 성질들로부터 갈릴레오는 경사면을 따라서 내려오는 운동에서의 수직 높이와 최종 속도 사이의 상관관계에 관해서뿐만 아니라, 낙하 속도는 무게와 무관하다는 그의 유일하게 완벽하고 확고한 이론을 이끌어 냈다.[10] 이 모든 자연의 현상들을 그는 이전에 그것들이 보여져왔던 방식과는 상이하게 보았던 것이다.

왜 그런 시각의 변환이 일어났을까? 물론 그것은 갈릴레오라는 개인의 천재성을 통해서였다. 그러나 여기서의 그런 천재성은 흔들리는 물체를 보다 정확하거나 객관적으로 관찰하는 데에서 발현된 것이 아님을 주목할 필요가 있다. 기술적(記述的)인 면으로는 아리스토텔레스적인 지각작용도 갈릴레오 못지않게 정확하다. 갈릴레오가 90도에 이르기까지의 진폭(振幅)에서는 진자의 주기가 진폭과 무관하다고 보고했을 때, 진자에 대한 그의 견해는 지금 거기서 우리가 볼 수 있는 것보다 훨씬 더 규칙적인 것이었다.[11] 오히려 이에 관련되었던 것으로 보이는 것은 중세의 패러다임 전환에 의해서 주어진 지각적인 가능성을 천재가 이용한 것이었다. 갈릴레오는 완벽하게 아리스토텔레스주의자로서 길러지지는 않았다. 오히려 그는 임페투스 이론(impetus theory : 물체의 운동을 물체에 부여된 임페투스의 증대와 감소로 설명하는 중세의 운동 이론/역주)의 관점에서 운동을 분석하도록 훈련받았다. 그 이론은 무거운 물체의 지속적인 운동 원인을, 물체를 던진 사람에 의해서 물체 속에 불어 넣어진 내부적인 힘에서 찾던 중세 후기의 패러다임이었다. 임페투스 이론에 가장 완전한 체계를 부여한 것은 14세기 스콜라 학파의 장 뷔리당과 니콜 오렘으로서, 이들은 진동 운동에 대한 갈릴레오의 관측 일부를 미리 관측했던 것으로 알려진 최초의 인물들이다. 뷔

---

10) Galileo Galilei, *Dialogues concerning Two New Sciences*, H. Crew and A. de Salvio 역 (Evanston, III., 1946), pp. 80-81, 162-166.

11) 같은 책, pp. 91-94, 244.

리당은 진동하는 줄의 운동을 줄에 충격이 가해질 때 임페투스가 처음 주입되는 것으로 설명한다. 그 뒤 임페투스는 줄의 장력(tension)의 저항과 맞서서 줄의 위치를 변환시키는 데에 소모된다. 다음에 장력이 줄을 되튕겨놓으면서, 운동의 중간점에 이를 때까지 점점 더 임페투스를 불어넣는다. 그런 후에 임페투스는 다시 장력에 맞서서 줄을 반대방향으로 변위시킨다. 이런 과정은 연속적으로 무한히 지속될 수 있는 대칭적 과정이다. 14세기 후반에 가서 오렘은 흔들리는 돌에 대해서 이와 비슷한 분석을 도식화했으며, 오늘날 이는 진자에 대한 최초의 논의인 것으로 보인다.[12] 오렘의 견해는 분명히 갈릴레오가 처음 진자에 접근했던 방식과 아주 비슷하다. 적어도 오렘의 경우에는(갈릴레오의 경우에도 거의 확실하게는), 이런 관점은 원래 아리스토텔레스주의자로부터 운동에 대한 스콜라 학파적인 임페투스 패러다임으로의 전이에 의해서 가능해졌다. 그런 스콜라 학파적인 패러다임이 창안되기까지는 과학자들은 진자를 보았던 것이 아니라 단지 흔들리는 돌을 보았을 따름이다. 진자는 패러다임에 의해서 유발된 게슈탈트 전환과 매우 유사한 어떤 것에 의해서 실체를 갖추게 된 것이었다.

그러나 갈릴레오를 아리스토텔레스로부터, 또 라부아지에를 프리스틀리로부터 구별시켜주는 것을 시각의 변환이라고 표현할 필요가 있을까? 같은 종류의 물체를 바라보면서 그 사람들은 참으로 서로 다른 것들을 쳐다보았던 것일까? 그들이 서로 다른 세계에서 연구를 수행했다고 말할 수 있는 어떤 타당한 의미가 있을까? 이러한 질문들은 더 이상 미루어둘 수가 없는데, 왜냐하면 앞에서 개관

---

12) M. Clagett, *The Science of Mechanics in the Middle Ages* (Madison, Wis., 1959), pp. 537-538, 570.

한 역사적 사례들을 모두 설명해주는 훨씬 더 통상적인 방식이 분명히 있기 때문이다. 다수의 독자들은 분명히, 패러다임과 더불어 변화하는 것은 관찰에 대한 과학자의 해석일 뿐이고, 이러한 관찰은 환경과 지각장치의 성격에 따라서 영속적으로 고정되는 것이라고 말하고 싶을 것이다. 이러한 견해에 따르면, 프리스틀리와 라부아지에는 둘 다 산소를 보았지만, 단지 그들의 관찰을 달리 해석했던 것이다. 또 아리스토텔레스와 갈릴레오는 둘 다 진자를 보았으나, 서로가 보았던 것에 대한 해석에서 차이가 났던 것이다.

우선, 과학자들이 기본적인 주제들에 관한 그들의 생각을 변화시킬 때, 어떤 일이 일어나는가에 대한 이런 지극히 통상적인 견해에 대해서는 완전히 잘못되었다든가 또는 순전히 실수라고 할 수는 없다. 오히려 그것은 데카르트에 의해서 창안되고, 동시에 뉴턴 역학으로 전개되었던 철학적 패러다임의 요체가 된다. 그 패러다임은 과학과 철학의 양쪽에 크게 기여했다. 동역학의 경우처럼, 이 패러다임을 잘 탐구해보면 다른 방식으로는 성취되지 못했을 근본적인 이해를 가능하게 한다. 그러나 뉴턴 역학의 사례가 역시 예시하듯이, 과거의 가장 놀라운 성공조차도 위기가 무한히 뒤로 지연될 수 있음을 보장하지는 못한다. 오늘날 철학, 심리학, 언어학 그리고 심지어 예술사 영역에서의 연구는 모두가 한결같이 전통적 패러다임이 다소 빗나간 것이었음을 일러준다. 적응에 대한 그런 실패는 과학의 역사적 연구의 경우에서도 갈수록 뚜렷해지고 있는데, 지금 우리는 이 문제에 초점을 맞추고 있다.

위기를 조장하는 이러한 주제들 가운데 어느 것도 지금까지 전통적인 인식론적 패러다임을 대신할 유효한 대안을 내놓지 못했으나, 이제는 그런 대안 패러다임의 일부 특성들이 무엇이 될 것인가가 제시되기 시작했다. 예컨대 나는 아리스토텔레스와 갈릴레오가 흔들리는 돌을 보았을 때, 아리스토텔레스는 속박 상태의 낙하 현상을 보았고 갈릴레오는 진자를 보았다라고 말함으로써 야기되는 곤란한 점들을 잘 알고 있다. 이번 장의 첫 문장에서는 바로 그런 어려움이 보다 더 근본적인 형태로 나타나 있다. 그것은 세계가 패러다임의 변화와 더불어서 변화하지는 않지만, 그 이후 과학자들은 이전과는 다른 세계에서 연구 활동을 하게 된다는 것이다. 그럼에도 불구하고 나는 역시 우리가 적어도 이것들과 유사한 진술의 의미를 이해하는 것을 배워야 한다고 확신한다. 과학혁명 동안에 일어나는 일은 개별적인 안정된 데이터의 재해석으로 완전히 환원되지 못한다. 무엇보다도 우선 데이터들이 이론의 여지없이 안정되지 못한 상태이다. 진자는 떨어지는 돌이 아니며, 산소는 플로지스톤이 빠진 공기가 아니다. 결과적으로, 이제 곧 보겠지만, 과학자들이 이 다양한 대상들로부터 수집한 데이터는 그 자체가 서로 다른 것들이다. 더욱 중요한 것은 과학자 개인이나 과학자 공동체가 속박된 낙하 운동으로부터 진자로, 또는 플로지스톤이 빠진 공기로부터 산소로의 이행을 성취한 과정은 해석과 흡사한 과정이 아니다. 해석할 수 있는 고정된 데이터가 없는 상황에서 어떻게 과학자가 그렇게 할 수 있겠는가? 새로운 패러다임을 채택한 과학자는 해석자이기보다는 차라리 거꾸로 보이는 렌즈를 낀 사람과 비슷하다. 이전과 똑같은 무수한 대상들을 마주 대하고 그렇게 변함없는 대상을 보고 있다는 것을 알면서도, 과학자는 대상들의 세부적인 것의 여기저기에서 속속들이 그 대상들이 변형되었음을 깨닫게 된다.

이 언급 중 어느 것도 과학자들에게 관찰 결과와 데이터를 해석하는 특성이 없다는 것을 가리키지 않는다. 오히려 반대로, 갈릴레오는 진자에 대한 관찰 결과를, 아리스토텔레스는 떨어지는 돌에 대한 관찰 결과를, 뮈스헨브루크는 충전된 병에 대한 관찰 결과를, 그리고 프랭클린은 콘덴서에 대한 관찰 결과를 해석했다. 그러나 이들 해석은 각기 어떤 패러다임을 전제로 하는 것이었다. 또한 이 것들은, 우리가 앞에서 보았듯이, 이미 존재하는 하나의 패러다임을 세련화하고, 확대하고, 명료화하는 것을 겨냥하는 작업인 정상과학의 일부분이었다. 제3장에서는 해석이 핵심적 역할을 했던 여러 사례들이 제시되었다. 그러한 사례들은 과학 연구에서 압도적인 다수를 차지하는 전형이다. 그 사례들의 각각에서 과학자는 수용된 패러다임을 바탕으로 해서 데이터가 무엇인가, 그것을 얻기 위해서는 어떤 기기를 써야 하는가, 그리고 그 해석에는 어떤 개념이 관련되는가를 알게 되었다. 하나의 패러다임이 주어지면, 데이터의 해석은 패러다임을 탐사하는 작업에서 그 핵심을 이루게 된다.

그러나 이런 해석 작업은 패러다임을 명료화할 수 있을 뿐 수정하지는 못하며, 이것이 전전 문단의 무거운 짐이었다. 패러다임들은 결코 정상과학에 의해서 고쳐질 수 있는 것이 아니다. 그보다는, 우리가 이미 보았듯이, 정상과학은 궁극적으로 변칙현상들의 인지와 위기로 인도할 따름이다. 그리고 이것들은 심사숙고와 해석에 의해서가 아니라 게슈탈트 전환과 같은 비교적 돌발적이고 비구조적인 사건에 의해서 끝을 맺는다. 그러면 과학자들은 "눈에서 비늘이 걷혔다"고 말하거나, 또는 "번득이는 섬광"이 전에는 모호하던 퍼즐에 "넘쳐난다"고 말하는데, 이는 그런 퍼즐을 풀 수 있도록 그 구성요소들을 새롭게 보는 것을 가능하게 해준다. 다른 경우에는 관련되는 깨달음이 꿈속에서 얻어진다고 하기도 한다.[13] '해석'이

13) [Jacques] Hadamard, *Subconscient intuition, et logique dans la recherche scien-*

라는 용어의 어떠한 일반적인 의미도 새로운 패러다임을 만드는 직관이라는 섬광과는 부합되지 않는다. 그러한 직관은 옛 패러다임과 더불어 얻어지는 변칙적이거나 어울리는 경험에 의존하는 것이지만, 해석의 과정에서와는 달리 그런 직관은 경험의 특정 항목들에 논리적으로나 차츰차츰 연결되지는 않는다. 오히려 직관은 그런 경험의 많은 부분을 모아서, 꽤나 다른 형태의 경험의 묶음으로 변형시킨다. 이것들은 과거의 패러다임이 아니라 새로운 패러다임에 차츰차츰 연결된다.

이러한 경험상의 차이가 무엇인가를 더 이해하기 위해서 잠시 아리스토텔레스, 갈릴레오 그리고 진자의 이야기로 되돌아가자. 그들의 상이한 패러다임과 공통된 환경 사이의 상호작용은 그들 각자에게 어떤 데이터에 접근하는 것을 가능하게 해주었는가? 속박된 낙하 운동을 관측하면서, 아리스토텔레스주의자는 돌의 무게와 운동에서 그것이 놓인 수직 높이와 그것이 떨어져서 정지하기까지 걸린 시간 등을 측정할 것이다(아니면 적어도 이런 것들을 논의할 것인데, 아리스토텔레스주의자들은 측정을 거의 하지 않았기 때문이다). 매질의 저항과 더불어서 이런 것들은 낙하체를 다룰 때 아리스토텔레스주의 과학에 의해서 사용되는 개념적 범주들이었다.[14] 그것들에 의해서 인도된 정상연구가 갈릴레오가 발견한 법칙들을 만들었을 리가 없다. 그것은 다만 일련의 위기를 낳을 수 있었을 뿐이며,

---

tifique (*Conférence faite au Palais de la Découverte le 8 Décembre 1945* [Alençon, 연도 불명]), pp. 7–8. 수학적인 새로운 창안에만 국한되기는 했으나, 훨씬 더 자세히 설명한 것은 같은 저자가 쓴 *The Psychology of Invention in the Mathematical Field* (Princeton, 1949)이다.

14) T. S. Kuhn, "A Function for Thought Experiments", in *Mélanges Alexandre Koyré*, R. Taton and I. B. Cohen 편, Hermann (Paris), 1963.

다른 경로를 통해서 실제로 그런 위기를 낳았다. 이런 위기는 흔들리는 돌에 대한 갈릴레오의 생각을 탄생시킬 수 있었다. 그러한 위기들과 그 밖의 지적인 변화의 결과로서, 갈릴레오는 흔들리는 돌을 전혀 다른 방식으로 보게 되었다. 부유(浮游)하는 물체에 관한 아르키메데스의 연구는 매질을 필수적인 것이 아니게 만들었으며, 임페투스 이론은 운동을 대칭적이고 지속적인 것으로 만들었고, 신플라톤주의는 갈릴레오의 관심을 원형 운동의 형태 쪽으로 돌려놓았다.15) 그리하여 그는 무게, 반지름, 이동 각도 그리고 흔들리는 주기만을 측정했는데, 이것들은 바로 진자에 관한 갈릴레오의 법칙을 낳도록 해석될 수 있는 데이터들이었다. 사실, 해석은 거의 불필요했던 것으로 판명되었다. 갈릴레오의 패러다임이 주어지면 진자와 같은 규칙적인 운동은 접근하기가 매우 쉬웠다. 진자의 주기가 진폭과 전혀 무관하다는 갈릴레오의 발견에 대해서 어떻게 달리 설명할 수 있겠는가? 그 발견은 갈릴레오로부터 비롯된 정상과학이 근절해야 했던 문제이며, 우리가 오늘날 자세히 기록하기가 꽤 힘든 것이다. 아리스토텔레스주의자에게는 존재할 수 없었던(그리고 사실상 자연에 의해서 어디에서도 정확히 예증되지 못하는) 규칙적 현상들이 흔들리는 돌을 보았던 갈릴레오 같은 사람에게는 즉각적 체험의 결과였던 것이다.

아리스토텔레스주의자들이 실제로 흔들리는 돌에 대한 논의를 기록했던 적은 없으므로, 아마도 그런 실례는 너무 공상적일지도 모른다. 그들의 패러다임에서 보았을 때 흔들리는 돌이라는 현상은 엄청나게 복잡한 현상이었다. 그러나 아리스토텔레스주의자들은,

---

15) A. Koyré, *Etudes Galiléennes* (Paris, 1939), I, 46–51; "Galileo and Plato", *Journal of the History of Ideas*, IV (1943), 400–428.

보다 간단한 경우, 즉 특별한 속박 없이 낙하하는 돌에 대해서 논의했는데, 여기서도 똑같은 시각 차이가 드러난다. 낙하하는 돌을 관찰하면서, 아리스토텔레스는 하나의 과정(process)보다는 오히려 상태의 변화(change of state)를 보았다. 따라서 그에게는 운동의 의미 있는 척도들은 움직인 전체 거리와 경과한 전체 시간이었으며, 이것들은 우리가 오늘날 속도라고 부르는 것이 아니라 평균속도라고 부르는 것을 제공하는 변수들이었다.16) 이와 마찬가지로 돌은 그 본성에 의해서 그 최종의 정지 위치에 이르도록 정해져 있었기 때문에, 아리스토텔레스는 운동이 일어나는 도중 어느 시점에서의 의미 있는 거리 변수를 운동의 시발점으로부터의 거리가 아니라 운동의 최종 지점까지의 거리로 보았다.17) 이러한 개념적 변수들은 그의 유명한 "운동의 법칙(law of motion)"에 포함되었고, 그것에 중요한 의미를 부여했다. 그러나 부분적으로는 임페투스 패러다임을 통해서 그리고 부분적으로는 형상의 강도(latitude of form)라고 알려진 이론을 통해서, 스콜라주의적 비판은 운동을 다루는 이런 사고방식을 변화시켰다. 임페투스에 의해서 움직이는 돌은 그 시발점으로부터 멀어질수록 점점 더 임페투스를 획득했다. 따라서 정지점까지 거리가 아니라 시발점으로부터의 거리가 의미 있는 변수가 되었다. 덧붙여 아리스토텔레스의 속도 관념은 스콜라 학파에 의해서 두 갈래로 분화되어, 갈릴레오 이후에 곧 오늘날 평균속도와 순간속도라고 개념화된 두 가지 속도 관념을 낳았다. 이 개념들이 그 일부를 이루었던 패러다임을 통해서 고찰될 때, 떨어지는 돌은 진자와 마

---

16) Kuhn, "A Function for Thought Experiments", in *Mélanges Alexandre Koyré* (완전하게는 주 14) 참조).

17) Koyré, *Etudes⋯⋯*, II, 7~11.

찬가지로 거의 한눈에 그것을 지배하는 법칙들을 드러내 보였다. 돌들이 균일하게 가속되는 운동에 의해서 떨어진다는 사실은 갈릴 레오가 최초로 주장한 것이 아니었다.[18] 더욱이 그는 경사면에서의 실험을 행하기 이전에, 이 주제에 관한 그의 정리를 그 여러 결과들 과 함께 이미 전개시켰다. 그 정리는 자연에 의해서 그리고 갈릴레 오와 당대의 학자들을 길러낸 패러다임에 의해서 결정된 세계 속에 서 천재가 깨닫게 되는 새로운 규칙성의 틀 가운데 또다른 하나였 다. 그러한 세계에 살면서도 갈릴레오는, 그가 원한다면, 왜 아리스 토텔레스가 운동에 관해서 그렇게 보았던가를 설명할 수는 있었다. 그럼에도 불구하고 떨어지는 돌과 관련한 갈릴레오의 즉각적 경험 (immediate experience)의 내용은 아리스토텔레스의 그것과는 달랐 던 것이다.

"즉각적 경험"은 패러다임이 일시에 그들의 규칙성을 드러내는 것을 부각시키는 지각 형태들을 수반한 경험인데, 물론 우리가 이에 대해서 그토록 관심을 둘 필요가 있는가는 전혀 확실하지 않다. 그 형태들은 분명히 패러다임에 대한 과학자의 공약에 따라서 변화할 것임에 틀림없으나, 그것들은 과학 연구를 진전시킨다고 평가되는 원자료나 맹목적 경험에 대해서 논할 때 우리가 일반적으로 연상하 는 것과는 거리가 멀다. 아마도 즉각적 경험은 유동적인 것으로서 미루어두고, 그 대신 우리는 과학자가 그의 실험실에서 수행하는 구 체적인 조작과 측정에 관해서 논의해야만 할지 모른다. 또는 아마도 즉각적으로 주어진 것으로부터 더 깊은 분석이 이루어져야 할지도 모른다. 예를 들면 이런 분석은 어떤 중립적 관찰언어(observation- language)를 사용해서 행해질 수도 있는데, 그런 관찰언어는 과학자

---

18) Clagett, 앞의 책, iv, vi, ix장.

가 보는 것을 중계하는 망막에 맺힌 영상에 일치하도록 고안된 것일 수도 있다. 이런 방식들을 통해서만 비로소 우리는 다시금 경험이 영구적으로 안정화되는 영역을 되찾기를 기대할 수 있을지도 모른다. 그리고 이러한 영역에서는 진자와 속박된 낙하 현상이 서로 다른 지각작용인 것이 아니라 흔들리는 돌의 관찰에 의해서 얻어진 명확한 데이터를 서로 달리 해석한 것이 될 것이다.

그러나 감각적 경험이 확고하고 중립적인 것일까? 이론이란 주어진 데이터에 대해서 인간이 붙여놓은 해석에 불과한 것일까? 지난 3세기 동안 서양 철학을 거의 주도하다시피 한 인식론적인 관점은 즉각적으로 분명히 '그렇다'라고 못을 박는다. 나는 진전된 대안이 없는 상태에서는 그러한 관점을 완전히 철회하는 것이 불가능하다고 생각한다. 그러나 내가 보기에 그런 관점은 더 이상 효과적으로 기능하지 못하며, 중립적 관찰언어를 도입함으로써 그것을 기능하도록 만들려는 시도들은 현재 전망이 없는 것 같다.

과학자가 실험실에서 행하는 조작과 측정들은 경험에서 "주어지는 것"이라기보다는 "어렵게 수집한 것"이다. 그것들은 과학자가 보는 그 무엇이 아닌데, 적어도 그의 연구가 상당한 수준으로 진전되고, 그의 주의가 초점을 맞추기 전까지는 그렇지 못하다. 오히려 그것들은 보다 기본적인 지각작용의 내용에 대한 구체적인 지표들이며, 그러한 것으로써 정상연구의 엄밀한 탐사 대상으로 선정되는데, 그 이유는 그것들이 수용된 패러다임의 유익한 세련화의 기회를 기약하기 때문이다. 조작과 측정은 부분적으로 그것들을 이끌어내는 직관적 경험에 비해서 훨씬 더 패러다임에 의해서 결정되는 정도가 두드러진다. 과학은 가능한 실험 조작을 모두 취급하지는 않는다. 실제로 과학은 하나의 패러다임을 즉각적 경험에 결합시키는 데에 의미 있는 조작과 측정만을 선별하는데, 이러한 경험도 부분적으로는 패러다임에 의해서 결정된다. 그 결과 상이한 패러다임을 신봉하는 과학자들은 서로 다른 실험 조작들을 구체적으로 수행한다. 진자에 관해서 실행되어야 할 측정은 속박된 낙하 운동의 경우에 관련되는 측정들과는 달라지게 마련이다. 산소의 성질을 규명하는 데에 필요한 실험들은 플로지스톤이 빠진 공기의 특성을 고찰할 때 요구되는 조작과 같을 수가 없다.

순수한 관찰언어에 관해서 말하자면, 아마 앞으로 그런 것이 고안될지도 모른다. 그러나 데카르트 이후 3세기가 지난 오늘날에도 그러한 경우를 기대하는 우리의 희망은 여전히 지각과 정신의 이론에만 전적으로 의존하고 있다. 그리고 현대의 심리학 실험은 그러한 이론으로는 거의 다룰 수 없는 현상들을 급격히 증식시키고 있다. 오리-토끼 실험은 동일한 망막에 맺힌 영상을 얻은 두 사람이 서로 다른 것들을 볼 수 있음을 입증한다. 거꾸로 보이는 렌즈는 서로 다른 망막 영상을 받은 두 사람이 똑같은 것을 볼 수 있음을 보여준다. 심리학에는 이와 동일한 효과를 보여주는 증거들이 대단히 많으며, 그로부터 제기되는 의구심은 실제적인 관찰언어를 제시하려고 했던 역사적 시도에 의해서 더욱 깊어진다. 현재로서는 그런 목적을 달성하려는 어떤 시도도 아직 일반적으로 적용될 수 있는 순수한 지각 용어에 근접하지 못하고 있다. 그런데 가장 가까이 접근한 그러한 시도들을 살펴보면, 이 책의 주요 주제의 몇 가지를 크게 강화시키는 하나의 공통되는 특성이 드러난다. 그런 시도들은 처음부터 현행 과학 이론이나 일상적인 담론으로부터 취합되는 하나의 패러다임을 가정하며, 그 다음에는 그 패러다임으로부터 비논리적이고 비지각적인 용어들을 모두 제거하기 위해서 노력한다. 담론의 몇몇 영역에서는 이러한 노력이 상당한 정도로 수행되어 훌륭한 성과를 거두었다. 이런 유형의 노력이 추구할 만한 가치가 있다는 데에는 의심의 여지가 없다. 그러나 그것들의 결과는 자연에 관한 수많은 예측을 구체화하기는 하지만, 이들 예측이 빗나갈 경우에는 기능하지 못하는 언어가 된다. 이는 과학에서 사용되는 언어의 경우에도 정확히 마찬가지이다. 넬슨 굿먼은 그의 저서 『현상의 구조(The Structure of Appearance)』의 저술 의도를 서술하면서 바로 이 점을 언명했다. "[존재하는 것으로 알려진 현상들 이외에] 아무것도 문제가 되지 않는다는 것은 다행한 일이다. 왜냐하면 '가능한' 경우, 즉 실제로 존재하지는 않지만 존재했을지도 모르는 경우라는 개념은 지극히 불확실한 것이기 때문이다."[19] 이렇듯이 이미 완전히 알려진 세계를 표현하는 데에 국한된 언어는 어느 것도 "주어진 것"에 대한 순수한 중립적, 객관적 기록을 완수할 수 없다. 철학적 고찰은 그런 사명을 다할 수 있는 언어가 어떤 것이 될 것인가에 대한 힌트조차도 아직 제시하지 못하고 있다.

이러한 상황 아래에서 우리는 과학자들이 산소와 진자를(그리고 아마 원자와 전자도) 그들의 즉각적 경험의 근본 구성요소로서 다루고 있을 때, 그들이 과학의 실행에서뿐 아니라 원리에서도 옳은

---

19) N. Goodman, *The Structure of Appearance* (Cambridge, Mass., 1951), pp. 4-5. 이 문구는 더 자세하게 인용할 필요가 있다. "가령 1947년 윌밍턴 시 거주자 가운데 체중 175-180파운드인 사람들 모두가, 그리고 그들만이 붉은 머리라면, '윌밍턴의 붉은 머리, 1947년 거주자'는 '175-180파운드의 윌밍톤 시 1947년 거주자'와 구조상의 정의에서 결합될 수 있다.……이들 서술부의 어느 하나만이 적용될 사람이 '있을지도 모른다'는 의문은 이 문제에 아무 관계가 없다.……일단 우리가 거기에는 그런 사람이 없다는 것을 결정하고 나면……아무것도 문제가 되지 않는다는 것은 다행한 일이다. 왜냐하면 '가능한' 경우, 즉 실제로 존재하지는 않지만 존재했을지도 모르는 경우라는 개념은 지극히 불확실한 것이기 때문이다."

가를 적어도 의심은 해볼 수 있다. 인류, 문화, 그리고 마지막으로 전문가 집단이 가진 패러다임이 구현된 경험의 결과로서, 과학자의 세계는 행성과 진자, 콘덴서와 혼합 광물, 그리고 그 외의 여러 대상들로 충만해졌다. 이들 지각 대상에 비하면, 미터자의 눈금을 읽는다거나 망막에 영상을 얻는다거나 하는 것은 둘 다 경험이 직접 접근 가능한 정교한 구성물인데, 이 구성물은 자신이 하는 연구의 목적을 위해서 과학자가 그렇게 하도록 마련할 때에 한해서, 경험을 통해서 직접 접근할 수 있다. 이것이 과학자가 흔들리는 돌을 바라보면서 볼 수 있는 유일한 것이 진자라고 말하는 것은 아니다(우리는 이미 다른 과학자 공동체의 구성원들도 속박된 낙하 현상을 볼 수 있었다는 데에 주목했다). 그렇지만 이것은 흔들리는 돌을 바라보는 과학자가 진자를 보는 것보다 원리적으로 더 기본적인 성격의 경험을 할 수 없음을 의미하는 것이다. 그 대안은 가설로만 가능한 "불변의" 시각이 아니라, 다른 패러다임을 통해서 보는 것이며, 그럴 때 흔들리는 돌은 다른 그 무엇이 되는 것이다.

과학자든 일반인이든 세계를 조금씩 보거나 요소 하나하나를 뜯어보도록 익히는 것이 아님을 우리가 다시 한번 상기한다면, 이 모든 것은 보다 그럴듯하게 보일 것이다. 모든 개념적이고 조작적인 범주들이 미리 구비되어 있는 경우, 예컨대 초(超)우라늄 원소를 더 발견한다거나 또는 새로운 집이 눈에 띄는 경우 등을 제외하고는, 과학자와 일반인은 모두 경험의 흐름으로부터 전체 영역을 한꺼번에 분류해낸다. 어린아이가 '엄마'라는 단어를 모든 사람으로부터 모든 여성에게로, 그 다음에 드디어 자기 어머니에게로 옮겨가는 것은 단순히 '엄마'라는 말이 무슨 뜻이며, 자기 엄마가 누구인지를 배우고 있는 것만이 아니다. 그와 동시에 그 아이는 한 여자를 제외한 다른 모두가 자기에게 어떻게 행동하는가에 대해서 무엇인가를 알게 될 뿐만 아니라, 남자와 여자의 차이에 대해서도 배우고 있는 것이다. 어린아이의 반응과 기대와 믿음, 즉 사실상 그에게 지각된 세계의 많은 부분이 그것에 따라서 변화한다. 마찬가지 이야기로, 태양을 그 전통적 명칭인 '행성'이라고 부르기를 거부했던 코페르니쿠스주의자들은 '행성'이 무엇을 뜻하는가, 혹은 태양은 무엇인가만을 깨우치고 있었던 것이 아니다. 오히려 그들은 태양뿐만 아니라 모든 천체가 종전의 방식과는 전혀 다르게 보이는 세계 속에서, 유용한 구별을 하는 것이 지속될 수 있게 '행성'의 의미를 변화시키고 있었다. 앞에서 제시된 다른 실례들에 대해서도 마찬가지 이야기가 성립될 수 있을 것이다. 플로지스톤이 빠진 공기 대신 산소를, 레이던 병 대신 콘덴서를, 또는 속박된 낙하 운동 대신 진자를 보았던 것은 관련된 숱하게 많은 화학적, 전기적, 역학적 현상에 대한 과학자의 전체적인 시각 변환의 일부였다. 패러다임은 일시에 경험의 광대한 영역을 결정하는 것이다.

그러나 조작적 정의나 순수한 관찰언어에 대한 탐색이 시작될 수 있는 것은 경험이 이처럼 결정된 이후의 일이다. 어떤 측정이나 망막 영상이 진자를 진자여야만 하는 것으로 만드는가를 묻는 과학자나 철학자는 그것을 볼 때 진자를 인지할 수 있어야 한다. 만일 진자 대신 속박된 낙하 운동을 보았다면, 그의 질문은 제기될 수조차 없었을 것이다. 그리고 진자를 보았으나, 소리굽쇠나 진동 저울을 보았던 방식으로 그것을 보았다면, 그의 질문은 답을 얻을 수 없었을 것이다. 혹은 적어도 똑같은 질문이 아니었으므로, 똑같은 방식으로 답을 얻을 수는 없었을 것이다. 그러므로 망막 영상이나 특수한 실험 조작의 결과에 대한 질문들은 항상 정당하고 때로는 놀랄 만큼 유익하기는 하지만, 이런 질문들은 지각적 그리고 개념적으로 이미 일정한 방식으로 세분화된 세계를 전제로 한다. 어떤 의미에서 그러한 질문들이 정상과학의 일부가 되는 것은 그것들이 패러다임의 존재에 의존하며 패러다임의 변화의 결과로서 다른 대답들을 얻게 되기 때문이다.

이 장을 마무리하기 위해서, 망막 영상 문제는 여기서 접어두고, 다시 과학자에게 그가 이미 보아왔던 단편적이지만 구체적인 지표들을 제공하는 연구실 작업으로 주의를 국한시키자. 그러한 연구실 작업이 패러다임과 더불어 변화되는 한 가지 방식은 이미 앞에서 여러 번 관찰되었다. 과학혁명 이후에는 많은 과거의 측정과 기기 조작이 무의미해지고 다른 것들에 의해서 대체된다. 과학자는 플로지스톤이 빠진 공기에 적용했던 것과 동일한 시험들을 모두 산소에 적용하지는 않는다. 그러나 이런 유형의 변화들은 결코 총체적이지 않다. 그가 무엇을 보든 간에, 혁명 이후의 과학자는 여전히 똑같은 세계를 살피고 있는 것이다. 더욱이 혁명 이전에는 다른 방식으로 사용했다고 하더라도, 그의 언어의 많은 부분과 실험기구들의 대부분은 역시 이전과 똑같이 동일하다. 그 결과로서, 혁명 이후의 과학은 혁명 이전의 과학과 마찬가지로, 똑같은 기기로 행해지고 같은 용어로 기술되는 똑같은 작동을 변함없이 다수 포함하게 된다. 만일 이렇게 지속되는 작동들이 어딘가 변화했다면, 그 변화는 그것들의 패러다임에 대한 관계에서 또는 그것들의 구체적인 결과들에서 일어나야 한다. 이제 나는 마지막으로 새로운 예를 하나 소개하면서, 이들 두 가지 유형의 변화가 모두 일어난다는 것을 보여주고자 한다. 돌턴과 그 당시 학자들의 연구를 살펴보면, 우리는 하나의 동일한 조작이 다른 패러다임을 통해서 자연에 연결될 때에는 자연의 규칙성의 전혀 다른 측면에 대한 지표가 될 수 있음을 발견하게 될 것이다. 덧붙여서 우리는 낡은 조작 방법이 종종 그 새로운 역할 속에서 상이한 구체적인 결과를 낳는다는 것을 알게 될 것이다.

18세기 대부분의 기간 동안과 19세기에 들어서까지도 유럽 화학 자들은 거의 보편적으로 모든 화학종(化學種)을 이루는 기본 원자 들은 상호간의 친화력에 의해서 결합된다고 믿었다. 그리하여 은 덩어리는 은의 입자들 사이의 친화력 때문에 한데 뭉친 것이었다 (라부아지에 이후까지 이러한 입자들은 그것보다 더 기본적인 알갱 이들로부터 결합되는 것으로 생각되었다). 바로 이 이론에 의하면, 은이 산(酸)에 녹는 (또는 소금이 물에 녹는) 이유는 산의 입자들이 은의 입자들을 (또는 물의 입자들이 소금의 입자들을) 물질 입자 상 호간에 잡아끄는 것보다 더 강하게 끌어당기기 때문이었다. 또한 구리와 산 사이의 친화력이 은에 대한 산의 친화력보다 컸기 때문 에, 구리는 은 용액에 녹아서 은을 침전시킨다고 생각되었다. 그 밖 의 다수의 현상들이 이와 같은 방식으로 설명되었다. 18세기 동안 선택적 친화력(elective affinity) 이론은 훌륭한 화학 패러다임으로 서, 화학 실험법의 설계와 분석에 광범위하게, 그리고 때때로 성공 적으로 적용되었다.[20)

그러나 친화력 이론은 돌턴의 연구로 동화한 이래로는 이상스럽 게 보이는 방식으로 물리적 혼합물(mixture)과 화학적 화합물(com- pound)을 구분했다. 18세기의 화학자들은 두 종류의 과정을 인식했 다. 이들은 혼합에 의해서 열, 빛, 발산 그리고 그 비슷한 무엇인가 가 일어날 때, 화학적 결합이 발생하는 것으로 보았다. 다른 한편,

---

20) H. Metzger, *Newton, Stahl, Boerhaave et la doctrine chimique* (Paris, 1930), pp. 34-68.

혼합물의 입자들이 육안으로 또는 기구를 써서 분리, 구분될 수 있는 경우, 그것은 단지 물리적인 혼합물이라고 간주되었다. 그러나 중간적 성격의 수많은 경우들, 예를 들어 물에 녹은 소금, 합금, 유리, 대기 중의 산소 등에는 이런 어설픈 기준은 거의 쓸모가 없었다. 자신들의 패러다임에 의해서 인도되면서, 대부분의 화학자들은 이 모든 중간 영역을 화학적이라고 생각했는데, 이는 그것을 구성하는 과정들이 모두 같은 종류의 힘에 의해서 지배된다고 믿었기 때문이다. 물속의 소금이나 질소에 섞인 산소는, 구리를 산화시켜서 얻는 결합과 마찬가지의 화학적 결합의 한 실례로 여겨졌다. 이처럼 용액을 화합물로 간주하는 견해는 매우 완강했다. 친화력 이론은 그 자체로서 잘 입증되었다. 게다가 화합물의 생성은 용액에서 관찰되는 균질성을 설명해주었다. 예를 들면, 만일 산소가 공기 중에서 결합되어 있는 것이 아니라 그저 섞여 있기만 한 것이라면 보다 무거운 기체인 산소는 바닥으로 가라앉아야 할 것이기 때문이었다. 공기를 혼합물이라고 보았던 돌턴은 산소가 바닥으로 가라앉지 않는다는 사실에 대해서 만족스럽게 설명할 수가 없었다. 그의 원자론에로의 동화는 궁극적으로 이전에는 아무 변칙도 존재하지 않았던 곳에 변칙현상을 탄생시킨 것이었다.[21]

사람에 따라서는, 용액을 화합물이라고 보았던 화학자들이 그들의 후계자들과 달랐던 점은 단지 정의에 관한 문제였을 뿐이라고 말할 수도 있을 것이다. 어떤 의미에서는 그랬을지도 모른다. 그러나 그 의미는 정의를 단순히 관례적인 편의로 만들어버리는 그런

21) 같은 책, pp. 124-129, 139-148. 돌턴에 대해서는 Leonard K. Nash, *The Atomic Molecular Theory* ("Harvard Case Histories in Experimental Science", Case 4; Cambridge, Mass., 1950), pp. 14-21 참조.

것은 아니다. 18세기에는 혼합물과 화합물이 조작상의 실험에 의해서 완전히 구별되지 않았으며, 아마도 그럴 수도 없었을 것이다. 화학자가 그러한 검증을 모색했다고 하더라도, 그들은 용액을 화합물로 만드는 기준을 추구했을 것이다. 혼합물-화합물의 구분은 그들의 패러다임의 일부였고, 그들이 연구 영역 전체를 보았던 방식의 일부였다. 그것은 화학의 누적된 경험 전체보다 우선하지는 않았으나, 어느 특정 실험적 검증보다는 선행하는 것이었다.

그러나 화학이 이런 방식으로 생각되었던 동안에, 화학적 현상들은 돌턴의 새로운 패러다임에 동화되면서 나온 법칙과는 다른 법칙들을 예시하고 있었다. 특히 용액이 여전히 화합물이라고 생각되던 동안, 그렇게 많았던 화학 실험은 그 자체로서 일정 성분비의 법칙을 내놓을 수가 없었다. 18세기 말에는 **몇몇** 화합물들이 그 구성성분들의 무게로 볼 때, 성분비가 통상적으로 일정하다는 사실이 널리 알려지게 되었다. 몇 가지 종류의 반응에 대해서 독일 화학자 리히터는 현재의 화학 당량의 법칙(law of chemical equivalent)에 포함되는 보다 진전된 규칙성까지도 주목하고 있었다.[22] 그러나 제조법의 경우를 제외하고는, 어떤 화학자도 이런 규칙성을 제대로 활용하지 못했으며, 거의 18세기 말 이전까지는 아무도 그 규칙성을 일반화할 생각을 하지 못했다. 유리나 소금 수용액에서처럼 확실한 반대 실례들이 주어진 상황에서, 친화력 이론을 폐기하면서 화학자들의 영역의 범위를 재개념화하지 않고서는 일반화란 도대체 불가능한 것이었다. 18세기 말에 이르러서 프랑스 화학자 프루스트와 베르톨레 사이의 유명한 논쟁에서 그 결과는 뚜렷하게 드러났다.

---

22) J. R. Partington, *A Short History of Chemistry* (제2판, London, 1951), pp 161-163.

전자는 모든 화학 반응이 일정 성분비로 일어난다고 주장한 반면, 후자는 그렇지 않다고 맞섰다. 두 사람 모두 자신의 견해에 대한 설득력 있는 실험적 증거를 수합해놓았다. 그럼에도 불구하고 두 사람의 주장은 서로 엇갈릴 수밖에 없었고, 그들의 논쟁은 전혀 결론이 날 전망이 없었다. 베르톨레가 성분비 면에서 달라질 수 있는 하나의 화합물을 보았던 곳에서, 프루스트는 단지 물리적인 혼합물만을 보았기 때문이다.23) 이 논쟁에는 실험도, 정의상 관계의 변화도 아무 의미가 없었다. 갈릴레오와 아리스토텔레스가 그러했던 것처럼, 두 사람은 서로 근본적으로 엇갈려 있었던 것이다.

이것이 바로 존 돌턴이 마침내 그의 유명한 화학적 원자론(chemical atomic theory)으로 이끌게 된 연구를 수행하던 시절의 상황이었다. 그러나 그런 연구의 최후 단계에 이르기까지, 돌턴은 화학자도 아니었고 화학에 관심도 없었다. 오히려 그는 물에 의한 기체의 흡수와 대기에 의한 수분의 흡수라는 물리적인 문제들을 다루고 있던 기상학자였다. 다른 전공 분야에서 훈련을 받으면서 더러는 그 전공에 대해서 스스로 수행한 연구 때문에, 그는 이러한 문제들에 당시의 화학자들과는 상이한 패러다임을 가지고 접근했던 것이다. 특히 그는 기체의 혼합물이나 물이 기체를 흡수하는 과정을 친화력이 전혀 작용하지 않는 물리적 과정이라고 보았다. 따라서 그에게 용액의 관찰된 균질성(homogeneity)은 하나의 문젯거리였으나, 그는 실험에서 혼합물 속의 다양한 원자들의 상대적 크기와 무게를 결정할 수 있다면 그 문제가 풀릴 수 있으리라고 생각했다. 돌턴이 결국 화학으로 돌아선 것은 이들의 크기와 무게를 결정하기 위해서

---

23) A. N. Meldrum, "The Development of the Atomic Theory : (1) Berthollet's Doctrine of Variable Proportions", *Manchester Memoirs*, LIV (1910), 1-16.

였고, 그는 처음부터 그가 화학적이라고 여겼던 반응들의 제한된 영역에서 원자는 1 : 1이나 다른 간단한 정수비로만 결합될 수 있다고 가정했다.[24] 이 자연스러운 가정은 그로 하여금 기본 입자들의 크기와 무게를 결정하는 것을 가능하게 했으나, 일정 성분비의 법칙을 동어반복으로 만들었다. 돌턴에게는 성분이 일정한 비율로 대입되지 않은 반응은 그 어느 것도 사실상 순수한 화학적 과정이 아니었다. 일단 돌턴의 연구가 받아들여지자, 그의 연구 이전에 실험으로 확립될 수 없었던 법칙이 어떠한 화학적 측정으로도 뒤엎을 수 없는 기본적인 원칙이 되었다. 어쩌면 과학혁명의 가장 완벽한 사례가 될지도 모르는 이 사건의 결과로서, 동일한 화학적 조작이 화학적 일반화에 대해서 종전과는 전혀 다른 관련을 맺게 되었던 것이다.

말할 나위도 없이, 돌턴의 결론들은 처음 발표되었을 당시 여기저기서 공격을 받았다. 특히 베르톨레는 결코 설득되지 않았다. 이 주제의 성격을 고려하건대, 그가 설득되어야 할 이유도 없었다. 그러나 대다수의 화학자들에게, 돌턴의 새로운 패러다임은 프루스트의 패러다임이 미흡했던 부분에서 설득력을 가진 것으로 판명되었는데, 그 이유는 돌턴의 패러다임이 혼합물과 화합물을 구분하는 새로운 기준 이상의 보다 광범위하고 보다 중요한 의미를 내포하고 있었기 때문이다. 이를테면 만일 원자가 간단한 정수비로만 화학적으로 결합하는 것이라면, 기존의 화학 데이터의 재검토는 일정 성분비의 법칙뿐만 아니라 배수비례의 법칙의 예증까지도 드러내줄 것이었다. 화학자들은 이제, 예컨대 탄소의 두 가지 산화물은 무게

---

24) L. K. Nash, "The Origin of Dalton's Chemical Atomic Theory", *Isis*, XLVII (1956), 101–116.

로 보았을 때 각각 산소 56퍼센트와 72퍼센트를 포함한다고 말하지 않게 되었다. 그 대신 그들은 무게 1인 탄소가 무게 1.3이나 2.6인 산소와 결합한다고 표현했다. 과거의 실험적 조작의 결과들이 이런 방식으로 기록되자, 곧 2 : 1이라는 비율이 눈에 띄게 되었다. 잘 알려졌던 여러 반응들과 그 밖의 새로운 반응들의 분석에서도 이런 관계가 나타났다. 게다가 돌턴의 패러다임은 리히터의 연구를 동화시키고, 완전히 일반화시키는 것을 가능하게 했다. 또한 그것은 특히 결합 부피에 대한 게이−뤼삭의 실험을 비롯한 새로운 실험들을 제안했고, 그런 실험들은 화학자들이 이전에는 꿈도 꾸지 못했던 다른 규칙들도 내놓게 했다. 화학자들이 돌턴으로부터 취했던 것은 새로운 실험적 법칙이 아니라 화학을 수행하는 새로운 방식이었고 (그 자신은 그것을 "화학철학의 새로운 체계"라고 불렀다), 이것이 유용하다는 것이 매우 급속히 판명됨으로써 프랑스와 영국의 구식 화학자들 중 소수만이 그것에 저항할 수 있는 상황이 되었다.[25] 그 결과 화학자들은 화학 반응이 이전과는 전혀 다르게 행동하는 세계에서 살게 된 것이었다.

이 모든 일들이 진행됨에 따라서 한 가지 전형적이고도 매우 중요한 다른 변화가 발생했다. 여기저기서 숫자로 표시되는 화학의 데이터, 바로 그것이 변하기 시작한 것이다. 돌턴이 처음에 그의 물리 이론을 뒷받침할 데이터를 찾기 위해서 화학 문헌을 뒤적였을 때, 그 이론에 맞는 몇 가지 반응 기록을 발견했지만 이에 맞지 않는 다른 기록들을 발견하는 것도 피할 수는 없었다. 예컨대 구리의 두

---

25) A. N. Meldrum, "The Development of the Atomic Theory: (6) The Reception Accorded to the Theory Advocated by Dalton", *Manchester Memoirs*, LV (1911), 1−10.

가지 신화물에 대한 프루스트 자신의 측정은 원자론에 의해서 정해지는 2 : 1이 아니라, 1.47 : 1이라는 산소 무게비를 얻었다. 프루스트는 충분히 돌턴의 비율을 얻을 수 있었을 만한 인물이었다.[26] 말하자면 그는 훌륭한 실험학자였으며, 혼합물과 화합물의 관계에 대한 그의 견해는 돌턴의 것에 상당히 가까웠다. 그러나 자연을 하나의 패러다임에 맞추기는 어려운 일이다. 이것이 바로 정상과학의 퍼즐들이 왜 그렇게 도전적이며, 패러다임 없이 수행된 측정이 왜 그렇게 결론에 이르는 경우가 드문가를 말해주는 이유이다. 그러므로 화학자들은 증거를 바탕으로 간단히 돌턴의 이론을 수용할 수는 없었는데, 그 이유는 그 증거의 많은 부분이 여전히 부정적이었기 때문이다. 오히려 그들은 그 이론을 받아들인 이후에도, 결국 거의 한 세대에 걸쳐서 자연을 두들겨서 줄을 맞추는 과정을 밟아야 했다. 이 작업이 이루어졌을 때에는 잘 알려진 화합물들의 백분율 조성비까지도 달라졌으며, 데이터 자체도 변화되었다. 이것이 혁명 이후 과학자들이 상이한 세계에서 일하게 된다고 말하고 싶어할 수도 있는 마지막 의미이다.

---

26) 프루스트에 대해서는 "Berthollet's Doctrine of Variable Proportions", *Manchester Memoirs*, LIV (1910), 8 참조. 화학적 조성과 원자량 측정에서의 점진적 변화에 대한 상세한 역사는 아직 쓰여야 하지만, 거기에 이르는 데에 도움이 되는 것은 Partington, 앞의 책에 실려 있다.

11

혁명의 비가시성

우리는 아직도 과학혁명이 어떻게 끝을 맺는가를 묻고 대답해야 한다. 그러나 그러기 전에 혁명의 존재와 성격에 관한 확신을 강화하는 마지막 시도가 필요할 것 같다. 나는 이제까지 예증을 통해서 혁명을 드러내 보이려고 노력해왔으며, 그 실례들은 지루할 정도까지 늘릴 수 있었다. 그러나 분명히, 실례들의 대부분은 친숙하다는 이유 때문에 의도적으로 선정된 것들인데, 이것들은 통상적으로 혁명으로서가 아니라 과학적 지식을 더해주는 부가물로서 간주되어 왔다. 어떤 예증들을 추가하든 간에 그런 똑같은 생각에 이르게 될 것이므로, 예증들을 추가해보았자 달라질 것이 없었을 것이다. 나는 어째서 혁명이 거의 보이지 않는 것으로 드러났는가에 대해서 훌륭한 이유들이 있다고 본다. 과학자나 일반인 양쪽 모두 창조적인 과학 활동의 이미지를 대부분 과학혁명의 존재와 의미를 체계적으로 위장시키는 권위 있는 원천으로부터 얻는데, 이들 중 일부는 중요한 기능적인 이유를 가지기도 한다. 이런 권위의 성격이 인식되고 분석될 때에 한해서 역사적 사례들이 충분히 효과적인 것이 되리라고 기대할 수 있다. 나아가서 이 점은 나의 주장에 대한 결론을 맺는 마지막 장에 가서야 충분히 전개될 수 있겠지만, 여기서 요구되는 분석은 아마도 신학(神學)을 제외한 모든 다른 창의적인 지적 추구로부터 과학 활동을 가장 분명하게 구분시켜주는 성격 가운데 하나를 제시하기 시작할 것이다.

권위의 원천으로서, 나는 교과서와 함께 교과서를 모델로 한 대중 과학 서적들과 철학적 저작들을 생각하게 된다. 물론 최근까지만 해도 연구 수행을 통하지 않고서는 과학에 대한 정보를 얻을 수 있는 유의미한 원천이 달리 없었다. 이 세 가지 범주들 모두가 하나의 공통점을 가지고 있다. 이들은 이미 명료화된 일단의 문제들, 데이터, 이론 그리고 가장 빈번한 경우로는 그것들이 쓰인 시기의 과학자 공동체에 공약되어 있는 일련의 특정 패러다임에 관해서 논의하게 된다. 교과서 자체는 당대의 과학적 언어의 어휘와 구문을 전달하는 것을 목표로 삼는다. 대중 과학 서적들은 일상생활에 보다 가까운 언어를 써서 이 동일한 응용들을 서술하려고 시도한다. 그리고 과학철학은, 특히 영어 사용권의 경우, 바로 그 과학 지식이 완결된 체계의 논리 구조를 분석한다. 보다 완전한 고찰을 한다면 이들 세 장르의 실제적 차이점들을 반드시 다루어야겠지만, 여기서 우리의 가장 큰 관심을 끄는 것은 그들의 유사성이다. 이들 세 종류는 모두 과거의 과학혁명의 안정화된 **결과**를 기록하고, 그렇게 함으로써 당대의 정상과학 전통의 기반을 드러낸다. 각각의 기능을 수행하기 위해서 이 저술들은 그런 정상과학의 기반이 전문 분야에 의해서 우선 어떻게 인식되고 다음에 어떻게 받아들여졌는가에 대해서 신뢰할 만한 정보를 제공해야 할 필요는 없다. 이러한 문제와 관련해서 적어도 교과서의 경우에는, 그것이 체계적으로 오해를 불러일으키게 저술된 데에 타당한 이유가 있다.

우리는 제2장에서 교과서나 이에 해당되는 저작들에 크게 의존하는 것은 과학의 어느 분야에서나 첫 패러다임의 출현에 예외 없이 수반되는 상황임을 보았다. 이 책의 마지막 장에서는 그런 교과서들에 의한 성숙한 과학(mature science)의 지배가 그 발달 양식을 다른 분야의 경우와는 현저히 차이가 나게 만든다는 점에 관해서 논의할 것이다. 지금으로서는, 다른 분야에서 유례가 없을 정도로, 일반인과 전문가들의 과학 지식은 둘 다 교과서 및 교과서로부터 유도된 몇몇 다른 종류의 문헌에 근거하게 된다는 것을 당연한 것으로 일단 받아들이자. 그러나 정상과학의 영속을 위한 교육적 수단으로서 교과서는, 정상과학의 언어, 문제의 구조, 또는 기준 등이 바뀔 때마다 그에 따라서 전체적으로든 부분적으로든 다시 쓰여야 한다. 요컨대 교과서들은 매 과학혁명을 거칠 때마다 바뀌는 것이며, 이렇게 새롭게 쓰인 교과서들은 필연적으로 그것들을 생산했던 혁명의 역할뿐만 아니라 혁명의 존재 자체까지도 가려버리고 만다. 그 자신의 생애에서 직접 과학혁명을 겪었던 당사자가 아닌 이상, 연구를 수행하는 과학자나 교과서를 읽는 일반인 어느 쪽이든 간에 그 역사적 감각은 그 분야의 가장 최근에 있었던 혁명의 결과까지만 한정된다.

따라서 교과서는 자신의 분야의 역사에 대한 과학자의 감각을 절단하는 것으로부터 시작하여, 다음 단계로 그것들이 제거해버렸던 것을 대체하기 위해서 전진한다. 특징적으로 과학 교과서들은 서론에서나 또는 더 흔하게는 이전 시대의 거장들에 대한 산발적인 인용에서, 역사에 대한 편린만을 다룰 뿐이다. 그러한 인용들로부터 학생들과 전문가들은 양쪽 다 오랜 세월의 역사적 전통에 대한 참여자인 것처럼 느끼게 된다. 그러나 과학자들이 그들의 역할을 느끼는 교과서의 전통은 사실상 결코 존재한 적이 없다. 명백하며 고도로 기능적인 이유 때문에, 과학 교과서들(그리고 너무나 많은 구식 과학사들)은 교과서의 모범적인 문제들의 서술과 해결에 기여했다고 쉽게 평가될 수 있는 과거 과학자들의 연구만을 인용한다. 더러는 선택과 왜곡에 의해서, 이전 시대의 과학자들은 고정된 일련의 문제들에 대해서 고정된 전형을 좇으면서 연구를 수행했던 것으로 넌지시 묘사되는데, 이런 문제들과 전형은 과학 이론과 방법에서의 가장 최근의 혁명에 의해서 과학적인 것으로 보이게 된 바로 그런 것들이다. 교과서와 그것이 함축하는 역사적 전통이 매 과학혁명 이후에 다시 쓰여야 했다는 사실은 놀라울 것이 없다. 그리고 그것들이 다시 쓰이면서 과학이 다시금 대체로 매우 누적적인 것처럼 보이게 된다는 것도 이상할 바가 없다.

물론 자신들의 분야의 과거가 현재의 유리한 지위를 향해서 직선으로 발전하고 있다고 보는 경향이 과학자 그룹에만 있는 것은 아니다. 역사를 과거 지향적으로 쓰려는 유혹은 어디에나 존재하며 항상 그러했다. 그러나 과학자들은 역사를 다시 쓰려는 유혹을 보다 강렬하게 느끼는데, 그 까닭은 더러는 과학 연구의 결과가 역사적 맥락에의 의존성을 뚜렷이 보여주지 않기 때문이며, 더러는 위기와 혁명기를 제외하고는 과학자의 지위가 매우 안전한 것으로 보이기 때문이다. 과학의 현재에 대해서든 과거에 대해서든 간에, 더 많은 역사적 세부 사항 또는 제시된 역사적 세부 사항에 대한 더 많은 책임감은 인간의 특이성, 과오, 혼돈에 작위적인 지위만을 부여할 것이다. 과학의 가장 훌륭하고 가장 지속적인 노력의 결과로 폐기하게 된 것을 왜 존중할 필요가 있을까? 역사적 사실을 경시하는 태도는 다른 종류의 사실적 항목들에 최상의 가치를 부여하는 전문 분야인 과학의 이데올로기에 깊숙하면서도 기능적으로 침투되어 있는 것 같다. 화이트헤드가 "그 분야의 창시자들을 잊기를 주저하는 과학은 패배한 것이다"라고 적었을 때, 그는 과학자 공동체의 비역사적 기질을 간파했던 것이다. 그러나 그가 완전히 옳은 것은 아니었는데, 왜냐하면 과학은 다른 전문적 활동과 마찬가지로 그들의 영웅을 필요로 하며 영웅들의 이름을 보존하기 때문이다. 그 영웅들을 잊는 대신에, 다행스럽게도 과학자들은 그들의 연구를 잊거나 수정할 수 있었다.

그 결과는 과학사를 직선적이거나 누적적으로 보도록 만든 끈질긴 경향인데, 그것은 심지어 과학자로 하여금 그 자신의 연구에 대해서 돌아보는 것에까지 영향을 미친다. 예를 들면, 돌턴의 화학적 원자론의 발전에 대한 세 가지 양립할 수 없는 설명은 모두 훗날 그를 유명하게 만든 결합비(combining proportions)와 같은 화학적 문제들에 그가 일찍부터 관심을 가지고 있었던 것처럼 보이게 만든다. 그러나 사실상 그러한 문제들은 거의 그것의 해결과 더불어 비로소 그에게 떠올랐던 것 같고, 그것도 그의 창의적 연구가 거의 다 완성될 무렵이었다.[1] 돌턴의 설명 전체가 빠뜨렸던 것은 이전에는 물리학과 기상학에 국한되었던 일련의 질문과 개념을 화학에 적용시킨 것의 혁명적 영향들이었다. 이것이 바로 돌턴이 이루었던 일이며, 그 결과는 그 분야의 연구 방향의 재배치였다. 이 재배치는 화학자들에게 옛 데이터에 대해서 새로운 질문을 제기하고 옛 데이터로부터 새로운 결론을 이끌어내는 것을 가르쳤다.

또 한편으로 뉴턴은, 지속적으로 작용하는 중력이라는 힘이 시간의 제곱에 비례하는 운동을 일으킨다는 사실을 갈릴레오가 발견했

---

1) L. K. Nash, "The Origins of Dalton's Chemical Atomic Theory", *Isis*, XLVII (1956), 101–116.

다고 적었다. 사실상 갈릴레오의 운동학 법칙(kinematic theorem)은 뉴턴 자신의 역학적 개념의 매트릭스에 포함시켜볼 때, 그런 형태를 취하게 된다. 그러나 갈릴레오는 그 비슷한 어떤 말도 하지 않았다. 낙하 물체에 대한 그의 논의는 물체를 떨어지게 하는 원인이 되는 균일한 중력은커녕 힘 자체에 관해서도 거의 언급하지 않았다.[2] 갈릴레오의 패러다임 아래에서는 제기될 수도 없었던 질문에 대한 대답을 갈릴레오의 공로로 돌림으로써, 뉴턴의 설명은 과학자들이 받아들일 수 있다고 느꼈던 해답에서뿐 아니라 운동에 대해서 제기되었던 질문들에서 발생했던 작지만 혁명적인 재정식화의 영향을 숨기고 있다. 그러나 새로운 경험적 발견 이상으로, 아리스토텔레스로부터 갈릴레오로 그리고 갈릴레오로부터 뉴턴 역학으로의 전이에 관해서 훨씬 더 잘 설명해주는 것은 바로 질문과 해답의 정식화에서 일어나는 이런 종류의 변화이다. 그러한 변화들을 감추어버림으로써 과학의 발전을 일직선적인 것으로 만드는 교과서의 경향은 과학적 발전의 가장 의미 깊은 일화들의 핵심에서 일어나는 과정을 보이지 않게 숨겨버린다.

앞의 예들은 각각 단일한 혁명의 맥락에서, 혁명 이후에 과학 교과서에 의해서 정규적으로 완결되는 역사적 재구성의 시작을 드러내 보인다. 그러나 그 완결에는 앞에서 예증된 역사적 왜곡의 반복 이상의 것이 수반된다. 그 잘못된 해석들은 혁명들을 눈에 보이지 않는 것으로 가려버린다. 지금도 볼 수 있는 과학 교과서에 실린 자

---

2) 뉴턴의 견해에 대해서는 Florian Cajori (편), *Sir Isaac Newton's Mathematical Principles of Natural Philosophy and His System of the World* (Berkeley, Calif., 1946), p. 21 참조. 이 문구는 다음 참고 문헌에 실린 갈릴레오 자신의 논의와 비교되어야 한다. *Dialogues concerning Two New Sciences*, H. Crew and A. de Salvio 역 (Evanston, III., 1946), pp. 154–176.

료의 배열은 특정한 과정을 함축하는데, 그 과정의 존재는 혁명의 기능을 부정하는 역할을 한다. 왜냐하면 교과서란 학생들로 하여금 당대의 과학자 공동체가 알고 있다고 생각하는 것을 빨리 익히는 것을 목적으로 하므로, 여기에서는 현행 정상과학의 다양한 실험, 개념, 법칙, 이론들을 개별적으로 그리고 가능한 한 지속적으로 다루게 된다. 교수법으로서의 이런 제시기법은 나무랄 데가 없다. 그러나 일반적으로 비역사적인 과학적 저작의 성향과 앞에 거론되었던 수시로 발생하는 체계적 왜곡을 생각해보면, 다음과 같은 강렬한 인상이 압도적으로 따르게 마련이다. 과학은 한데 통합되어 현대의 전문적 지식의 총체를 구성하게 된 일련의 개별적 발견과 발명에 의해서 현재의 상태에 이르렀다. 교과서가 시사하는 바에 따르면, 과학자들은 과학 활동의 시초로부터 출발하여 오늘날의 패러다임들 속에 구현된 특정 목표들을 향해서 진력해온 것이 된다. 흔히 건축에서 벽돌을 쌓아올리는 것에 비유되듯이, 과학자들은 당대의 과학 교과서 속에 제공된 정보 더미에 또다른 사실, 개념, 법칙, 또는 이론들을 하나씩 하나씩 추가해왔다는 것이다.

그러나 그것은 과학이 발전되어온 방식이 아니다. 현대의 정상과학에서의 퍼즐들은 대부분 가장 최근의 과학혁명이 완결되기까지는 존재하지 않았던 것들이다. 그중 과학의 역사적 시초까지 거슬러오를 수 있는 문제들은 거의 없다. 보다 앞선 세대들은 그들 나름의 도구와 해결의 규범을 가지고 그들 고유의 문제들을 연구했다. 변화를 거쳤던 것은 단순히 문제들만이 아니다. 그보다는 교과서의 패러다임이 자연에 일치시키는 사실과 이론의 전체 조직망 구조가 변동을 겪은 것이다. 예컨대 화학적 조성이 일정하다는 사실은 화학자가 활동했던 어느 한 세계 속에서 실험을 통해서 발견할 수 있었던 단순한 경험적 사실에 불과한 것인가? 아니면 그것은 돌턴이 그 과정에서 경험을 변화시키면서 전반적으로 이전의 화학적 경험에 일치시켰던 관련 사실과 이론의 새로운 체계의 하나의 요소, 그것도 의심의 여지가 없는 불가결의 요소인 것인가? 또는 마찬가지 논리로서, 일정한 힘에 의해서 발생하는 일정한 가속은 역학을 다루는 연구자들이 항상 추구해왔던 단순한 사실에 불과한 것인가, 또는 그것은 뉴턴 이론의 맥락에서 비로소 처음으로 제기되었던 질문에 대한 해답이었고 또 뉴턴의 이론만이 그 질문이 제기되기 이전에 주어졌던 전체 정보를 사용해서 대답할 수 있었던 것인가?

여기서 제기한 질문들은 교과서에 실린 단편적 사실들로 보이는 것들에 대한 것이다. 그러나 분명히 이 질문들은 교과서가 이론으로서 제시하는 것들에 대해서도 암묵적인 의미를 가진다. 물론 그 이론들은 "사실들에 일치되지만", 이전부터 접할 수 있었던 정보를 이전의 패러다임 아래에서는 전혀 존재하지 않았던 사실들로 변형시킴으로써만 그렇게 된다. 그리고 이는 이론들 역시 항상 존재해왔던 사실에 부합되도록 조금씩 진화하는 것은 아님을 의미한다. 오히려 이론들은 이전의 과학 전통의 혁명적 재정식화에 의해서 일치된 사실들과 더불어 출현하게 되는데, 이전의 전통 속에서는 과학자와 자연 사이의 지식−매개 관계가 새로운 전통에서의 그것과 결코 동일하지 않았다.

마지막 한 가지 예를 들면, 교과서의 서술이 과학적 발전에 대한 우리의 인상에 어떤 영향을 미치는가에 대한 이러한 설명이 분명히 밝혀질 것이다. 초보적인 화학 교과서는 어느 것이나 화학 원소의 개념을 다루어야 한다. 이런 개념이 도입될 때면 거의 언제나 그 기원은 17세기 화학자 로버트 보일에게로 돌려지고 있는데, 주의 깊은 독자라면 그의 저서 『회의적 화학자(*Sceptical Chymist*)』에서 요즘 사용되는 것과 매우 유사한 '원소(element)'의 정의를 발견할 것이다. 초보자는 보일의 공헌에 대한 이런 언급을 보고, 화학은 예컨대 설파제(sulfa drug)에서 비롯된 것이 아니었다고 깨닫는다. 덧붙여 그것은 과학자의 전통적 임무들 가운데 하나가 보일이 했던 것 같은 종류의 개념들을 창안하는 것임을 일러준다. 과학자를 양성하는 교육적 병기고의 일부로서 보일의 공헌은 굉장한 성공이었다. 그럼에도 불구하고 그것은 과학적 활동의 성격에 대해서 학생과 일반인 모두를 오해로 이끄는 역사적 과오의 양상을 다시 한번 보여준다.

확실히 옳았던 보일에 따르면, 그의 원소에 대한 "정의"는 전통적인 화학적 개념의 부연 설명에 불과했다. 보일은 다만 화학 원소 따위는 존재하지 않는다는 것을 주장하기 위해서 이 정의를 내놓은 것이었다. 역사적으로 볼 때, 보일의 공헌에 대한 교과서의 해석은 상당히 잘못된 것이다.[3] 다른 데이터에 대한 잘못된 재현만큼 사소한 것은 아니지만, 물론 그런 잘못은 사소한 것이다. 그러나 결코 사소하지 않은 것은 이런 종류의 오류가 복합되어 다음 단계로 교과서의 서술적 구조 속에 자리잡을 때에 끼치게 되는 과학에 대한 인상의 문제이다. '시간', '에너지', '힘', 또는 '입자'와 마찬가지로 원소의 개념은 전혀 창안되거나 발견되지도 않는 그런 종류의 교과서의 구성요소이다. 특히 보일의 정의는 적어도 그 이전으로는 아리스토텔레스까지로 거슬러올라가는 것이며, 그 이후로는 라부아지에를 거쳐서 현대의 교과서에까지 연결될 수 있다. 그러나 그렇

---

3) T. S. Kuhn, "Robert Boyle and Structural Chemistry in the Seventeenth Century", *Isis*, XLII (1952), 26-29.

다고 해서 태곳적부터 현대적 원소 개념이 존재했다고 말하는 것은 아니다. 그 자체만을 고려할 때, 보일의 경우와 같은 언어상의 정의에는 과학적 내용이 별로 들어 있지 않다. 그것은 의미가 논리적으로 충분히 설명된 것(만일 그런 것이 존재한다면)이 아니며, 그보다는 교육상의 보조물에 가깝다. 그것들이 지시하는 과학적 개념은 교과서나 다른 체계적 저술 내에서 여타의 과학적 개념들, 조작 과정 그리고 패러다임 응용 사례 등과 연관될 때에만 완전한 의미를 획득하게 된다. 원소의 개념과 같은 개념은 그 맥락과 분리해서는 거의 창안될 수 없다. 더욱이 일단 맥락이 주어지면, 그 개념들은 이미 손안에 들어온 것이므로 창안이 필요한 것도 드물어진다. 보일과 라부아지에는 둘 다 중요한 방식으로 '원소'의 화학적 의미를 변화시켰다. 그러나 그들은 개념을 새로 창안한 것이 아니었고, 그 정의로서 사용되는 언어의 공식을 바꾼 것도 아니었다. 우리가 앞에서 보았듯이, 아인슈타인 역시, 그의 연구 주제의 맥락 내에서 그것들에 새로운 의미를 부여하기 위해서 '공간'과 '시간'을 창안하거나 명료하게 재정의할 필요는 없었다.

그렇다면 그 유명한 "정의"를 포함한 보일의 연구에서 그의 역사적 역할은 무엇이었는가? 그는 '원소'와 화학적 조작 및 화학적 이론 사이의 관계를 변화시킴으로써 그 개념을 이전과는 매우 다른 도구로 변형시켰고, 그 과정에서 화학과 화학자의 세계를 아울러 변화시킨 과학혁명의 지도자였다.[4] 다른 혁명들, 예컨대 라부아지에를 중심으로 한 화학혁명 등은 보일의 개념에 현대적인 형태와

---

4) Marie Boas, *Robert Boyle and Seventeenth-Century Chemistry* (Cambridge, 1958)는 여러 군데에서 화학 원소라는 개념의 출현에서 보일이 어떤 긍정적인 기여를 했는가를 다루고 있다.

기능을 부여했다. 그러나 보일은 이들 각 단계에 수반되는 과정과 기존 지식이 교과서에서 체현될 때에 나타나는 변화라는 두 가지 경우에 대한 전형적인 실례를 제공하고 있다. 이러한 교육 형태는 과학의 다른 어떤 측면보다도 강하게 과학의 성격과 과학의 발전에서 발견과 발명의 역할에 대한 우리의 이미지를 결정지어왔다.

12

혁명의 완결

우리가 방금 논의했던 교과서는 과학혁명이 일어난 후에야 만들어진 것이다. 교과서는 정상과학의 새로운 전통에 대한 기반이다. 교과서의 구조에 관한 질문을 제기하면서, 우리는 분명히 한 단계를 빠뜨렸다. 새로운 후보 패러다임이 그 이전의 것을 대체하는 과정은 무엇인가? 발견으로든 이론으로든 간에, 자연에 대한 새로운 해석은 우선 개인이나 소수의 마음에서 나타난다. 과학과 세계를 다르게 보는 방식을 처음 익히는 것은 바로 그들이며, 전이를 일으키게 하는 그들의 능력은 전문 분야의 대다수의 다른 구성원들에게 공유되지 않은 두 가지 상황에 의해서 성숙된다. 언제나 그들의 관심은 위기를 조장하는 문제들에 강력하게 집중되어왔다. 더욱이 통상적으로 그들은 위기가 닥친 분야에 대해서 극히 생소한 젊은 학자들인 까닭에, 대다수 당대 학자들에 비해서 옛 패러다임에 의해서 결정된 세계관과 법칙들에 다소 약하게 얽매여왔다. 그 전문 분야의 전체 혹은 관련된 소그룹을 과학과 세계를 보는 자신들의 방식으로 전환시키기 위해서, 이 소수는 무엇을, 어떻게 할 수 있는가? 무엇이 이 그룹으로 하여금 정상연구에서의 전통을 버리고 다른 전통을 택하도록 만드는 것인가?

이런 질문들의 시급성을 이해하기 위해서는, 바로 이것들이 이미 정립된 과학 이론의 검증(testing), 입증(verification) 또는 반증(falsification) 등에 대한 철학자의 탐구에 과학사학자가 제공할 수 있는 유일한 재해서의 방법임을 기억할 필요가 있다. 정상과학에 종사하고 있는 한, 연구자는 퍼즐 풀이자일 뿐, 패러다임의 검증가는 아니다. 어느 특정 문제의 풀이를 찾는 동안 과학자는 원하는 결과를 내놓지 못하는 접근법을 피해서 수많은 대안적 접근을 시도하게 되지만, 그렇게 한다고 해서 그가 **패러다임**을 검증하는 것은 아니다. 그 과학자는 오히려 마치 주어진 문제와 실제상의 또는 상상의 체스판을 자기 앞에 놓고 해결책을 찾아 이리저리 말을 움직여보는 체스 두는 사람과 흡사하다. 이러한 시도를 꾀하는 것은 체스를 두는 사람에게든 과학자에게든 그 자체로 그저 시도일 뿐이지, 게임의 규칙에 대한 검증은 아니다. 그것은 패러다임 자체가 당연하게 받아들여지는 한에서만 가능하다. 따라서 패러다임의 검증은 주목할 만한 퍼즐들을 풀기 위해서 끊임없이 거듭된 실패가 위기를 초래한 뒤에야 비로소 일어나게 된다. 그리고 그때조차도 위기 의식은 패러다임의 대안적 후보를 출현시킨 다음에야 일어나게 된다. 퍼즐들에서 그러하듯이, 과학에서도 검증 상황은 단순히 단일 패러다임과 자연과의 대비 속에 존재하는 것이 아니다. 오히려 검증은 과학자 공동체에 충실하려는 두 개의 경쟁적 패러다임 사이에서의 경합의 일부로서 일어난다.

자세히 살펴보면, 이런 정식화는 입증에 대해서 가장 잘 알려진 현대의 두 가지 철학적 이론에서 예상 밖의 중요한 유사관계를 드러낸다. 지금은 과학 이론의 입증에 관한 절대적 기준을 추구하는 과학철학자가 거의 없다. 어떤 이론도 관련되는 시험에 모두 접해볼 수는 없다는 사실에 유의하면서, 그들은 이론이 입증되었는가의 여부를 묻는 것이 아니라, 오히려 실제로 존재하는 증거에 비추어 볼 때, 그 이론이 입증될 확률성(probability)을 묻게 된다. 그리고 그런 질문에 대답하기 위해서 한 유력한 학파는 서로 다른 이론들이 손안에 있는 증거를 설명하는 능력을 비교한다. 이렇게 이론들 사이의 비교를 고집하는 것은 새로운 이론이 수용되는 역사적 상황을 특징짓는 것이기도 하다. 아마도 그것은 틀림없이 입증에 대한 미래의 논의가 지향하게 될 하나의 방향을 가리킬 것이다.

그러나 가장 통상적인 형태로서, 확률론적 입증 이론들은 모두가 제10장에서 논의된 순수한 또는 중립적 관찰언어들에 의존한다. 한 가지 확률론은, 과학 이론을 같은 관찰 자료 더미에 일치하게 만들기 위해서 상상할 수 있는 다른 모든 이론과 비교할 것을 요구한다. 또다른 이론은 주어진 과학 이론이 통과해야 할 것으로 간주되는 모든 시험을 상상 속에서 구성해볼 것을 요구한다.[1] 분명히 그러한 구성의 몇 가지는 특정한 절대적, 상대적 확률의 계산에 반드시 요구되는 것이지만, 이러한 구성이 어떻게 이루어질 수 있는가를 알기는 어려운 일이다. 이미 강조했듯이, 과학적으로나 경험적으로 중립적 언어나 개념의 체계가 있을 수 없다면, 반복적인 검증과 이론의 구성은 이런저런 패러다임에 기초한 전통으로부터 나와야만 한다. 이렇게 제한됨으로써, 가능한 경험이나 가능한 이론 모두에 접근하는 것은 불가능해진다. 결과적으로, 확률 이론은 입증 상황을 설명하는 것에 못지않게 그것을 숨겨버린다. 이런 이론은 입증

---

[1] 확률 입증 이론에 이르는 주요 경로에 관해서 간명하게 추린 것이 다음에 실려 있다. *International Encyclopedia of Unified Science*의 1권 6번, Ernest Nagel, *Principles of the Theory of Probability*, pp. 60–75.

상황이 이론들과 널리 알려진 증거들을 비교하는 것에 의존한다고 말하지만, 문제가 되는 이론이나 관찰은 언제나 이미 존재하고 있는 이론이나 관찰과 밀접하게 연결되어 있다. 입증은 마치 자연선택과도 같다. 그것은 특정한 역사적 상황에서 존재하는 실제적 대안들 중에서 가장 적합한 것을 뽑아낸다. 여타의 대안들이 남아 있을 수 있고 다른 종류의 데이터가 있을 수 있었다면, 이 선택이 과연 최선의 것이었을까라는 질문은 유용한 질문이 되지 못한다. 그것에 대한 대답들을 찾는 데에 쓸 도구들을 우리는 가지고 있지 않기 때문이다.

입증 과정의 존재를 전면적으로 부정한 칼 포퍼는 이런 문제들의 연결망 전체에 대한 전혀 다른 접근을 전개했다.[2] 그는 반증, 즉 부정적인 결과 때문에 정립된 이론의 폐기를 불가피하도록 만드는 시험의 중요성을 강조한다. 분명한 것은 반증에 부여된 역할은 이 책에서 나온 변칙현상의 경험, 즉 위기 유발에 의해서 새로운 이론을 위한 길을 마련하는 경험의 역할과 매우 흡사하다. 그럼에도 불구하고 변칙현상의 경험이 반증의 경험과 동일시되는 것은 아니다. 사실상 나는 반증의 경험이 존재하는지도 의심스럽다. 앞에서 되풀이하여 강조했듯이, 어느 주어진 시기에 당면하게 되는 퍼즐들을 모두 풀 수 있는 이론은 없다. 이미 얻은 풀이들 또한 완전하지 못한 경우가 많다. 반면에 어느 시기든 정상과학을 특징짓는 퍼즐들의 대부분을 정의하는 것은 기존의 데이터와 이론의 일치가 충분히 결정되지 않았고 완전하지 않다는 사실이다. 만일 그런 일치가 실패했다는 것이 이론을 거부하는 근거가 된다면, 모든 이론들은 어느 때에나 거부되어야 할 것이다. 한편 단 한 번의 심각한 실패가 이론

---

2) K. R. Popper, *The Logic of Scientific Discovery* (New York, 1959), 특히 i–iv장.

의 폐기를 정당화한다면, 포퍼 학파는 "불가능한 정도(improbabi-lity)"나 "반증의 정도(degree of falsification)"에 대한 어떤 규준을 필요로 할 것이다. 이런 규준을 발전시키는 과정에서 그들은 다양한 확률 입증 이론의 지지자들을 괴롭혔던 그런 어려움의 연결망에 당면할 것이 거의 확실하다.

이러한 난관은 과학적 탐구의 기초 논리에 대한 상반된 주요 견해를 가진 양 진영이 모두 크게 대변되는 두 과정을 하나로 묶으려고 시도했음을 인식함으로써 대개 피할 수 있다. 포퍼가 말한 변칙현상의 경험은 그것이 기존 패러다임에 대한 경쟁 후보들의 출현을 유발한다는 점에서 과학에 중요하다. 그러나 반증은 분명히 일어나는 것이기는 하지만, 변칙현상이나 반증 사례의 출현과 더불어서나 단순히 그것 때문에 일어나지는 않는다. 오히려 그것은 입증이라고 부르는 편이 옳을지도 모르는 과정의 결과적이고 개별적인 과정인데, 그이유는 그것이 옛 패러다임에 대한 새 패러다임의 승리 속에 존재하는 것이기 때문이다. 더욱이 확률론자의 이론 비교가 핵심 역할을 하게 되는 것은 이러한 입증과 반증의 결합된 과정에서이다. 나는 그러한 두 단계 공식화는 진실과 가까운 것(verisimilitude)이라는 장점이 있다고 생각하며, 그것은 입증 과정에서 사실과 이론의 일치(또는 불일치)의 역할을 설명할 수 있는 길을 터줄 수도 있을 것이다. 그러나 적어도 과학사학자들에게는 입증이 사실과 이론의 일치를 확립시킨다고 주장하는 것은 별로 설득력이 없다. 역사적으로 의미 있는 이론들은 모두 사실과 일치되었지만, 그러나 대체로 그러했을 따름이다. 어느 개별적 이론이 사실과 부합되는가 또는 얼마나 잘 부합되는가에 대한 질문에 대해서 더 이상의 정확한 대답은 없다. 그러나 이와 유사한 질문들은 이론이 여럿이 같이, 또는 적어도 쌍으로 다루어질 때에는 제기될 수 있다. 두 가지의 실제적이며 경쟁적인 이론 가운데 어느 것이 사실과 더 잘 부합되는가를 묻는 것은 매우 타당성이 있다. 예컨대 프리스틀리의 이론이나 라부아지에의 이론 중 어느 것도 기존의 관찰 사실들과 엄밀히 일치하지는 않았음에도 불구하고, 라부아지에의 이론이 보다 합당하다는 결론을 내는 데에 10년 이상을 망설였던 당대의 학자들은 소수에 불과했다.

그러나 이러한 정식화는 패러다임을 선택하는 일이 실제 이상으로 쉽고 친숙해 보이게 한다. 만일 과학적 문제들이 하나의 집합으로만 존재하고, 그것들이 해결되는 세계도 하나만 존재하고, 또 그 해법을 위한 기준도 하나만 존재한다면, 패러다임 사이의 경쟁은 각 패러다임이 해결할 수 있는 문제들의 수를 헤아리는 것과 같은 방식으로 어느 정도 관례적으로 해결될지도 모른다. 그러나 사실상 이런 조건들을 완전히 충족하는 경우는 없다. 경쟁적인 패러다임의 주창자들은 언제나 적어도 조금씩은 서로 엇갈리게 마련이기 때문이다. 어느 쪽도 다른 한쪽이 그 입장을 확고히 하는 데에 필요한 모든 비경험적 가정을 시인하려고 하지 않을 것이다. 화합물의 조성에 대해서 논쟁을 벌였던 프루스트와 베르톨레처럼, 그들은 부분적으로 각자의 입장을 통해서 논의하게 마련이다. 각각은 과학과 과학의 문제들을 보는 방식과 관련해서 상대방을 자기 쪽으로 끌어들이기를 원하지만, 자신의 입장을 증명하는 것을 기대할 수는 없다. 패러다임 사이의 경쟁은 증명에 의해서 해결될 수 있는 종류의 싸움이 아니다.

우리는 이미 경쟁하는 패러다임의 추종자들이 어째서 상대방의 관점을 완전히 받아들일 수 없는가에 대한 몇 가지 이유들을 살펴보았다. 그 이유들은 총괄적으로 혁명 이전과 이후의 정상과학 전통에서의 공약불가능성(incommensurability)이라고 표현되었으며, 우리는 여기서 그것들을 간단히 요약하기만 하면 된다. 일차적으로 경쟁하는 패러다임의 추종자들은 흔히 패러다임 후보들이 해결해야 하는 문제들의 목록을 놓고 의견이 상치될 것이다. 과학에 대한 그들의 기준이나 정의도 동일하지 않다. 운동 이론은 물질 입자들 사이에 작용하는 인력의 원인을 설명할 수 있어야 하는가, 아니면 단순히 그러한 힘들이 존재한다는 사실을 밝히는 것으로 충분한가? 뉴턴의 동역학은 아리스토텔레스와 데카르트의 이론과는 달리, 그 질문에 대한 후자의 대답을 암시하는 입장이었기 때문에 널리 거부되었다. 그리고 뉴턴의 이론이 받아들여졌을 때, 그에 따라서 하나의 질문이 과학에서 사라져버렸다. 그러나 그 질문은 일반 상대성 이론이 해결했다고 자부해도 좋을 만한 질문이었다. 또한 19세기에 널리 받아들여진 라부아지에의 화학 이론은 화학자들로 하여금 금속은 어째서 그렇게 서로 비슷한가라는 질문, 즉 플로지스톤 화학이 의문을 제기하고 대답까지 해놓았던 하나의 질문을 제기하는 것을 방해했다. 라부아지에 패러다임으로의 전이는 뉴턴 패러다임으로의 전이와 마찬가지로, 허용되는 질문뿐만 아니라 완성된 풀이까지의 소멸을 의미하는 것이었다. 그러나 그러한 소멸은 영구적인 것은 아니었다. 20세기에 들어와서 화학 물질의 성질에 대한 질문들은 그것에 관한 몇 가지 해답과 더불어서 다시 과학에 등장하게 되었기 때문이다.

그러나 여기에는 표준의 공약불가능성 이상의 것이 개재되어 있다. 새로운 패러다임들이 옛 것들로부터 탄생된 것이므로, 그것들은 보통 전통적 패러다임이 이전에 사용해왔던 개념적이며 조작적인 용어와 장치의 많은 부분을 포함한다. 그러나 새로운 패러다임은 차용한 이 요소들을 전통적 방식으로 사용하지는 않는다. 새로운 패러다임 속에서 옛 용어, 개념, 실험은 서로서로 새로운 관계를 맺게 된다. 표현이 적절할지 모르겠으나, 그 필연적인 결과는 두 경쟁하는 학파들 간의 오해라고 불러야 할 것이다. 공간이 "휘어져 있을(curved)" 리가 없기 때문에(공간은 그럴 수 있는 종류가 아니었다), 아인슈타인의 일반 상대성 이론을 비웃어 넘겼던 보통 사람을 보고 단순히 틀렸다거나 잘못 생각했다고 할 수는 없다. 아인슈타인 이론을 유클리드식으로 전개하려고 들었던 수학자, 물리학자, 철학자들도 틀렸던 것은 아니었다.[3] 이전에 공간이 의미했던 것은 반드시 평평하고 동질적이고 균등하며, 물질의 존재에 의한 영향을 받지 않았다. 만일 그렇지 않았더라면, 뉴턴 물리학은 성립되지 않았을 것이다. 아인슈타인의 우주로의 이행을 위해서는, 그 요소를 공간, 시간, 물질, 힘 등으로 하는 전반적 개념상의 그물망이 변형되어야 했고, 다시 전체로서 자연에 놓여야만 했다. 그러한 변형을 함께 경험했거나 경험하는 데에 실패한 사람들만이 자신들이 무엇에 대해서 동의했고 또 동의하지 않았는지를 정확히 발견할 수 있을 것이었다. 혁명이라는 분수령을 가로지를 수 있는 의사소통이란 부분적인 것일 수밖에 없다. 또다른 예로서, 코페르니쿠스가 지구가 회전한다고 주장했다는 이유로 그를 돌았다고 한 사람들을 생각해보자. 그들은 단순히 틀린 것도 아니었고, 완전히 틀린 것도 아니었다. 그들이 '지구'라는 것으로 의미했던 것에는 이미 고정된 위치라

---

3) 휘어진 공간의 개념에 대한 비전문적인 반응에 대해서는 Philipp Frank, *Einstein, His Life and Times*, G. Rosen and S. Kusaka 편역 (New York, 1947), pp. 142−146 참조. 유클리드 공간 내에서의 일반 상대성의 이점을 보존하려는 시도 가운데 몇 가지는 다음에 실려 있다. C. Nordmann, *Einstein and the Universe*, J. McCabe 역 (New York, 1922), ix장.

는 개념도 포함되어 있었다. 적어도 그들의 지구는 움직일 수 없었다. 따라서 코페르니쿠스가 일으킨 혁신은 단순히 지구를 움직이게한 것만이 아니었다. 그것은 물리학과 천문학의 문제들에 접근하는완전히 새로운 방식이었고, 필연적으로 '지구'와 '운동'의 의미를 모두 바꾸었다.[4] 그런 변화 없이는 회전하는 지구라는 개념은 미친소리였다. 그러나 한편으로는 그러한 변화들이 이루어지고 이해되기에 이르자, 데카르트와 하위헌스는 둘 다 지구의 운동이 과학으로서 핵심이 없는 질문이었음을 깨달을 수 있었다.[5]

이 실례들은 경쟁적 패러다임 사이의 공약불가능에 대한 세 번째의, 그리고 가장 기본적인 측면을 지적하고 있다. 내가 더 이상 잘설명하기 힘든 의미에서, 경쟁적 패러다임의 제안자들은 서로 다른세계에서 그들의 연구를 수행한다. 하나는 서서히 낙하하는 속박된물체들을 다루고, 다른 하나는 계속해서 운동을 반복하는 진자를다룬다. 한쪽에서는 용액이 화합물이고, 다른 한쪽에서는 혼합물이다. 한쪽은 평평한 형태에, 다른 한쪽은 곡면 형태의 공간에 포함된다. 서로 다른 세계에서 작업하기 때문에, 두 그룹의 과학자들은 같은 방향과 같은 관점에서 보면서도 서로 다른 것을 보게 된다. 그러나 그들이 기분 내키는 대로 어느 것을 본다는 뜻은 아니다. 양쪽이모두 세계를 바라보고 있으며, 그들이 바라보는 대상은 변화하지않았다. 그러나 어떤 영역에서는 그들은 서로 다른 것들을 보며, 대상들이 서로 맺는 다른 관계 속에서 그것들을 본다. 한 그룹의 과학자들에게는 증명될 수 없는 법칙이 다른 그룹에는 직관적으로 명백

---

4) T. S. Kuhn, *The Copernican Revolution* (Cambridge, Mass., 1957), iii, iv, vii장. 태양중심설이 얼마나 엄격한 천문학적 주제 이상이었는가라는 문제가 이 책의 전반적인 주제이다.

5) Max Jammer, *Concepts of Space* (Cambridge, Mass., 1954), pp. 118-124.

해 보이는 경우가 생기는 까닭이 바로 여기에 있다. 마찬가지로, 그들 사이에서 충분히 의사소통이 이루어지기를 바라려면, 한 그룹 또는 다른 그룹이 우리가 패러다임 전환이라고 불러온 개종(conversion)을 거쳐야만 하는 이유가 바로 이것이다. 경쟁적인 패러다임 사이의 이행은 공약불가능한 것들 사이의 이행이기 때문에, 논리나 가치중립적 경험에 의해서 추동되어서 한 번에 한 걸음씩 진행되는 것이 아니다. 게슈탈트 전환에서와 같이, 그것은 일시에(반드시 한 순간은 아니라고 하더라도) 일어나거나 또는 전혀 일어나지 않아야 한다.

그렇다면, 과학자들은 어떻게 이러한 이행을 일으키는 데에 도달하는 것일까? 그 대답의 일부는 이런 경우가 많지 않다는 것이다. 코페르니쿠스 이론은 그가 죽은 지 거의 한 세기가 지나도록 소수의 전향자밖에 얻지 못했다. 뉴턴의 연구는 『프린키피아』의 출간 이후 반세기가 넘도록, 특히 대륙에서는 일반적으로 수용되지 못했다.[6] 프리스틀리는 산소 이론을 전혀 받아들이지 않았고, 켈빈 경 역시 전자기 이론을 인정하지 않았다. 이 밖에도 이런 예는 계속된다. 개종의 어려움은 과학자들 자신에 의해서도 자주 지적되었다. 다윈은 『종의 기원』의 마지막 부분에서, 특히 유난히 깊은 통찰력이 드러나는 구절에서 이렇게 적었다. "나는 이 책에서 제시된 견해들이 진리임을 확신하지만,……오랜 세월 동안 나의 견해와 정반대의 관점에서 보아왔던 다수의 사실들로 머릿속이 꽉 채워진 노련한 자연사학자들이 이것을 믿으리라고는 전혀 기대하지 않는다.……그러나 나

6) I. B. Cohen, *Franklin and Newton: An Inquiry into Speculative Newtonian Experimental Science and Franklin's Work in Electricity as an Example Thereof* (Philadelphia, 1956), pp. 93-94.

는 확신을 가지고 미래를 바라보는데, 편견 없이 이 문제의 양면을 모두 볼 수 있을 젊은 신진 자연사학자들에게 기대를 건다."[7] 그리고 플랑크는 그의 『과학적 자서전(*Scientific Autobiography*)』에서 자신의 생애를 돌아보면서, 서글프게 다음과 같이 술회한다. "새로운 과학적 진리는 그 반대자들을 납득시키고 그들을 이해시킴으로써 승리를 거두기보다는, 오히려 그 반대자들이 결국에 가서 죽고 그것에 익숙한 새로운 세대가 성장하기 때문에 승리하게 되는 것이다."[8]

이런 사실과 그 비슷한 여러 사실들은 너무 널리 알려져 있어서 더 이상 강조할 필요도 없다. 그러나 그것들은 재평가를 필요로 한다. 과거에는 그런 사실들이, 과학자들은 단지 인간에 불과할 따름인지라 엄정한 증거가 있음에도 불구하고 그들의 잘못을 인정하지 않음을 보여주는 것으로 흔히 간주되었다. 나는 이런 문제들에서는 증명이나 착오가 문제가 되는 것이 아니라고 주장하려고 한다. 한 패러다임으로부터 다른 패러다임으로의 이행은 강제될 수 없는 개종 경험이다. 특히 정상과학의 옛 전통을 신봉하는 이들이 일생에 걸쳐서 벌이는 저항은 과학적 기준의 위반이 아니라 과학적 연구의 성격 자체에 대한 지표가 된다. 저항의 근원은 결국 옛 패러다임이 모든 문제를 풀어주리라는 확신, 즉 자연이 패러다임에 의해서 제공되는 틀 속으로 맞춰진다는 확신에 있다. 필연적으로, 혁명기에는 그런 확신은 고집스럽고 완고하게 여겨질 수밖에 없고, 실제로 그렇다. 그러나 그 확신은 그 이상의 것이다. 그 확신은 바로 정상과학, 즉 퍼즐 풀이의 과학을 가능하게 하는 것이다. 그리고 과학자들

---

7) Chales Darwin, *On the Origin of Species* ……(영국 제6판으로부터의 허가판, New York, 1889), II, 295-296.

8) Max Planck, *Scientific Autobiography and Other Papers*, F. Gaynor 역 (New York, 1949), pp. 33-34.

의 전문가 공동체는 오직 정상과학을 통해서만 두 가지 일에 성공할 수 있다. 첫 번째는 옛 패러다임의 잠재적 전망과 정확성을 활용하는 데에 성공하는 것이고, 두 번째로는 잘 풀리지 않는 어려운 문제를 고립시키는 데에 성공을 거두는 일인데, 이런 문제에 대한 탐구는 새로운 패러다임을 출현시킬 수도 있는 성격의 것이다.

그러나 그러한 저항이 불가피하고 정당하며 패러다임 변화가 증명에 의해서 정당화될 수 없다고 말하는 것이, 어떤 논증도 무관하다거나 과학자들이 그들의 마음을 바꾸도록 설득당하지 않는다는 것을 의미하지는 않는다. 때로는 변화를 일으키는 데에 한 세대가 걸리기도 하지만, 과학자 공동체는 계속해서 새로운 패러다임들로 개종해왔다. 더욱이 이 개종은 과학자들이 인간이라는 사실에도 불구하고 일어나는 것이 아니라, 그들이 인간이기 때문에 일어나는 것이다. 어떤 과학자들, 특히 나이가 많고 보다 노련한 과학자들은 무작정 거부할지도 모르지만, 대부분의 과학자들은 이런저런 방식으로 견해를 움직이는 쪽으로 접근할 수 있다. 개종은 한 번에 몇 명씩 진행될 것인데, 이는 최후의 저항이 사라지고 전문가 사회 전체가 다시금 단일한, 그렇지만 과거와는 다른 패러다임 아래에서 연구를 수행하기까지 계속될 것이다. 그러므로 우리는 이제 개종이 어떻게 유발되며, 어떤 저항을 받는지를 물어야 한다.

이 물음에 대해서 우리는 어떤 종류의 대답을 기대할 수 있는가? 이 물음은 설득의 기술에 대한 것이거나, 혹은 증거가 있을 수 없는 상황에서의 논증과 반대 논증에 대한 물음인 까닭에, 우리의 물음은 이전에는 이루어진 적이 없었던 유형의 연구를 요구하게 된다. 우리는 대단히 부분적이고 인상적인 성격의 개괄로 만족해야 할 것이다. 게다가 이미 언급했던 내용은 그 개괄의 결과와 결합해서, 증명보다 오히려 설득력에 관해서 물을 때에는 과학적 논증의 성격에 관한 질문에 대해서 단일하고 획일적인 대답이 없다는 점을 시사한다. 과학자들은 각각 온갖 종류의 이유로 새로운 패러다임을 수용하게 되는데, 보통 한 번에 여러 가지 이유가 이에 관여한다. 예를 들어 케플러를 코페르니쿠스주의자로 전향시킨 태양 숭배 사상처럼, 이런 이유들 가운데 일부는 전적으로 확실한 과학 영역의 밖에 속하는 것이다.[9) 그 밖의 다른 이유들은 과학자의 생애와 성격의 특성에 따라서 결정되는 것임에 틀림없다. 심지어 국적이나, 혁신가와 그 스승들의 기존의 명성이 상당한 역할을 한다.[10) 그러므로 우리는 결국 이 질문들을 달리 물을 줄 알아야 한다. 우리는 실제로 이 사람 저 사람을 개종시키는 논거에 관심을 둘 것이 아니라, 오히려 언제나 단일 그룹으로서 조만간에 재형성될 과학자 공동체의 성격에 관심을 두어야 할 것이다. 그러나 이 문제는 마지막 장으로 미루고, 여기서는 패러다임 변화를 둘러싼 싸움에서 특히 효과적이라고 입증된 논증의 몇몇 유형을 살펴보기로 한다.

아마도 새로운 패러다임의 지지자들이 내세우는 가장 유력했던 유일한 주장은 그들이 옛 패러다임을 위기로 이끌고 간 문제들을 해결할 수 있다는 내용일 것이다. 그것이 합리화될 수 있는 경우에

---

9) 케플러의 사고(思考)에서 태양 숭배 사상이 어떤 구실을 했는가는 다음 책에 실려 있다. E. A. Burtt, *The Metaphysical Foundations of Modern Physical Science* (개정판, New York, 1932), pp. 44-49.

10) 명성(名聲)의 역할에 대해서는 다음을 고려해보라. 레일리 경은 그의 명성이 확고해진 시기에 전기역학의 몇몇 패러독스에 관한 논문을 영국학술협회(British Association)에 제출했다. 논문이 처음 제출되었을 때, 실수로 그의 이름이 빠져버렸고, 그 논문은 처음에는 어떤 "역설가(paradoxer)"의 연구라고 하며 거부되었다. 그 후 얼마 지나지 않아 저자의 이름이 삽입되자, 그 논문은 톡톡히 사과를 받으면서 기꺼이 수락되었다(R. J. Strutt, 4th Baron Rayleigh, *John William Strutt, Third Baron Rayleigh* [New York, 1924], p. 228).

는, 흔히 이 주장은 있을 수 있는 가장 효과적인 것이 된다. 그러한 주장이 진전된 영역에서 그 패러다임은 난관에 처한 것으로 알려지게 된다. 그 난관은 거듭 조사되었으며, 그것을 제거하려는 시도들은 되풀이되이 허시로 드러났다. 특히 날카롭게 두 가지 패러다임의 우열을 가를 수 있는 "결정적 실험들(crucial experiments)"이 새로운 패러다임이 미처 창안되기도 전부터 인식되고 시험되어왔다. 그렇게 하여 코페르니쿠스는 오랜 세월 동안 말썽거리였던 1년의 길이라는 문제를 해결했노라고 주장했고, 뉴턴은 지상계의 역학과 천상계의 역학을 조화시켰노라고 주장했으며, 라부아지에는 기체의 정체와 중량 관계의 문제들을 해결했노라고 주장했고, 아인슈타인은 수정된 운동의 이론과 부합되는 전기역학을 탄생시켰노라고 주장하게 되었던 것이다.

이런 종류의 주장들은 새로운 패러다임이 옛 경쟁 상대보다 훨씬 더 우월한 양적인 정확성을 나타내는 경우에 특히 성공할 확률이 크다. 프톨레마이오스 이론으로부터 얻은 모든 계산에 대한 케플러의 루돌핀 천문도표(Rudolphine table)의 수리적 우월성은 천문학자들을 코페르니쿠스 이론으로 개종시킨 주된 요인이었다. 수리천문학적 관측의 정량적 예측에서 보인 뉴턴의 성공은 그 분야의 보다 합리적인 정성적 경쟁 이론들을 물리치고 그의 이론이 승리를 거두게 된 가장 중요하고도 유일한 이유였을 것이다. 20세기에 들어서서 플랑크의 복사 법칙과 보어의 원자 모형에서 이루어진 획기적인 정량화의 성공은, 물리과학의 전반적 관점에서 볼 때 그것들이 해결한 것 이상으로 많은 문제들을 야기했음에도 불구하고, 그 이론들을 받아들이도록 다수의 물리학자들을 단기간에 납득시켰다.[11)

---

11) 양자론에 의해서 발생된 문제들에 관해서는 F. Reiche, *The Quantum Theory*

그러나 위기를 낳은 문제를 해결했다는 주장은 그 자체로서 충분히 만족스러운 것이 될 수는 없다. 그것은 언제나 떳떳하게 주장될 수 있는 것도 아니다. 사실상 코페르니쿠스의 이론은 프톨레마이오스의 이론에 비해서 더 정확할 것도 없었고, 직접적으로 달력의 개량에 기여하지도 못했다. 또는 빛의 파동 이론은 처음 발표된 이후 여러 해 동안 광학의 위기에서의 주된 원인이었던 편광 효과(polarization effect)의 해결 면에서 그 적수였던 빛의 입자설만큼 성공적이지 못했다. 때로는 비정상연구를 특징짓는 보다 느슨한 연구의 수행은 초기에는 위기를 만든 문제에 전혀 도움이 되지 못하는 후보 패러다임을 생산할 것이다. 이런 일이 일어날 때에는, 흔히 그렇듯이 그 분야의 다른 영역으로부터 증거가 유도되어야 한다. 그리고 이 다른 영역에서는, 만일 새로운 패러다임이 옛 것이 통용되었던 동안에는 전혀 의문시되지 않았던 현상들의 예측을 허용하는 경우, 특히 설득력이 강한 논증이 전개될 수 있다.

예컨대 코페르니쿠스 이론은 행성들이 지구와 유사하고, 금성이 위상(位相 : 달처럼 찼다 기울었다 하는 현상/역주)을 나타내며, 우주는 이전에 생각했던 것보다 훨씬 더 광활한 것이 틀림없다는 점을 시사했다. 그 결과, 그의 죽음 이후 60년이 지나서 돌연 망원경을 통해서 달의 산과 금성의 위상 현상, 그리고 전에는 예측하지도 못했던 무수한 별들이 나타나자, 그러한 관측 사실들은 특히 비천문학자들 중에서 새 이론으로의 많은 전향자들을 끌어들였다.12) 파동 이론의 경우에는 전문가 사회의 개종을 일으킨 주된 근원이 보

(London, 1922), ii, vi–ix장 참조. 이 문단에서의 다른 사례들에 대해서는 이 장의 앞의 언급들 참조.

12) Kuhn, 앞의 책, pp. 219–225.

다 더 극적이었다. 프레넬이 원형 원반의 그림자 중심에 흰 점이 존재한다는 것을 증명했을 때(원형 물체의 그림자 중앙에 밝은 점이 생기는 현상. 프레넬의 파동 이론을 지지하는 결정적 증거로 간주되었다/역주), 프랑스 학자들의 저항은 순식간에 그리고 거의 완전히 붕괴되었다. 이것은 프레넬로서는 예상조차 하지 못했던 결과였으나, 역으로 그의 반대자들 중 한 사람인 푸아송은 프레넬의 이론이 옳다면, 흰 점이 존재할 것인데 이것이 얼마나 바보스러운 결과인가라고 예견했다.13) 그것들의 충격적 영향 때문에, 그리고 처음부터 이 결과가 새 이론에 "끼워맞춰진" 것이 아님이 매우 명백했기 때문에, 이런 논증은 특히 설득력이 큰 것으로 밝혀진다. 그리고 문제로서 다루어지는 현상이 그것을 설명하는 이론이 최초로 도입되기 훨씬 이전에 관찰되었음에도 불구하고 특별한 설득력을 가지는 경우도 있다. 예컨대 아인슈타인은 그의 일반 상대성 이론이 수성의 근일점 운동에서의 잘 알려진 변칙현상을 정확하게 설명해주리라고 기대했던 것 같지는 않았다. 그는 실제로 그런 일이 일어났을 때에 대단한 승리감을 만끽했다.14)

이제까지 논의된 새로운 패러다임에 대한 모든 논증들은 문제를 해결하는 경쟁 패러다임의 상대적 능력에 바탕을 둔 것이었다. 과학자들에게 그러한 논거들은 일반적으로 가장 의미 있고 설득력 있는 것들이다. 앞의 실례들은 그 강력한 호소력의 원천에 관해서는

---

13) E. T. Whittaker, *A History of the Theories of Aether and Elecricity*, I (제2판, London, 1951), 108.

14) 일반 상대성 이론의 전개에 대해서는 같은 책, II (1953), 151–180 참조. 그 이론이 수성의 근일점의 운동에 대한 관찰과 꼭 들어맞았을 때 아인슈타인이 어떤 반응을 보였는가는 다음 참고 문헌에서 인용한 편지에 실려 있다. P. A. Schilpp (편), *Albert Eeinstein, Philosopher-Scientist* (Evanston, III., 1949), p. 101.

아무런 의심의 여지를 남기지 않을 것이다. 그러나 우리가 곧 되돌아가 살펴볼 이유들로 인해서, 그것들은 개별적으로나 총괄적으로나 강제성을 띠지는 못한다. 다행히도 과학자들로 하여금 옛 패러다임을 버리고 새 것을 받아들이도록 유도하는 또다른 종류의 사고 방식이 존재한다. 완전히 명시적으로 이루어지는 경우는 드물지만, 이것은 적절한 혹은 미적(美的)인 것에 대한 개인의 감각에 호소하는 논증들이다. 새로운 이론은 옛 이론에 비해서 "보다 간결하고", "보다 적합하고", "보다 단순하다"고 이야기된다. 아마도 이런 논거들은 수학에서보다 자연과학에서 덜 효과적일 것이다. 대부분의 새 패러다임의 초기 형태는 미숙하다. 그 미적인 호소력이 완전히 갖추어질 수 있을 때에는, 과학자 공동체의 대다수가 다른 방식을 통해서 설득된 상태이다. 그럼에도 불구하고 미적 고찰의 중요성이 때때로 결정적으로 작용하는 수가 있다. 그러한 미적 요소를 통해서 새로운 이론으로 이끌리는 과학자의 수는 소수이기는 하지만, 패러다임의 궁극적 승리는 바로 그 소수에 의존한다. 만일 그들이 후보 패러다임을 지극히 개인적인 이유로 채택하지 않았더라면, 새로운 후보 패러다임은 과학자 공동체 전체를 이끌 만큼 충분히 발전할 수 없었을 것이다.

이처럼 보다 주관적이고 미적인 고찰의 중요성에 대한 이유를 이해하기 위해서는 패러다임 사이의 논쟁이 무엇에 관한 것인가를 기억할 필요가 있다. 새로운 후보 패러다임이 최초로 제안될 때, 그것은 당면한 문제들 가운데 소수만을 풀어낼 수 있을 뿐이며, 그런 풀이들의 대부분도 아직은 매우 미흡한 상태이다. 케플러가 출현하기 전까지, 코페르니쿠스 이론은 프톨레마이오스가 작성한 행성 위치에 대한 예측을 거의 개량시키지 못했다. 라부아지에가 산소를 "공기 자체"로 보았을 때, 그의 새 이론은 새로운 기체들의 종류가 늘어남으로써 제기된 문제들, 즉 프리스틀리가 매우 성공적으로 반격했던 요점에 대해서 전혀 대처하지 못했다. 프레넬의 흰 점과 같은 경우들은 극히 드물다. 통상적으로 명백히 결정적인 논거들이 전개되는 것은 새 패러다임이 발전되고, 수용되고, 활용되고도 한참 지난 뒤의 일이다. 지구의 자전을 입증하는 푸코 진자나, 빛이 물보다 공기 중에서 더 빠르게 운동한다는 것을 보여준 피조의 실험이 모두 그러했다. 그것들을 생산하는 일은 정상과학의 일부이며, 그것들의 역할은 패러다임 사이의 논쟁에서가 아니라 혁명 이후의 교과서에서 나타난다.

그러한 교과서가 집필되기 이전에 논쟁이 계속되는 동안의 상황은 크게 다르다. 보통 새로운 패러다임의 반대자들은 위기에 처한 영역에서조차도 새로운 패러다임이 그 적수인 전통적 패러다임에 비해서 우월한 점이 거의 없다고 당당히 주장할 수 있다. 물론 새로운 패러다임은 어떤 문제들을 더 잘 다루기도 하고 몇몇 새로운 법칙들을 밝히기도 한다. 그러나 옛 패러다임도 이전에 다른 도전들에 대응했듯이, 이런 새로운 도전을 맞아서도 명료화될 수 있으리라고 믿어진다. 부분적으로 수정된 티코 브라헤의 지구중심의 천문학 체계와 플로지스톤 이론의 후기 수정안은 둘 다 새로운 후보 패러다임에 의해서 부과된 도전에 대한 대응이었으며, 둘 다 상당히 성공적인 것이었다.[15] 더욱이 전통적 이론과 과정의 옹호자들은 거

---

15) 기하학적으로 코페르니쿠스의 것과 완전히 동일했던 브라헤의 체계에 대해서는 J. L. E. Dreyer, *A History of Astronomy from Thales to Kepler* (제2판, New York, 1953), pp. 359-371 참조. 플로지스톤 이론의 최종안과 그 성공에 대해서는 J. R. Partington and D. Mckie, "Historical Studies of the Phlogiston Theory", *Annals of Science*, IV (1939), 113-149 참조.

의 어김없이 그 새로운 경쟁 패러다임으로는 풀지 못하지만, 그들의 관점으로는 전혀 무리가 없는 문제들을 선정할 수 있다. 물의 조성이 밝혀지기까지, 수소의 연소반응은 플로지스톤 이론에 유리하고 라부아지에의 이론에 위배되는 강력한 논거가 되었다. 그리고 승리를 거둔 뒤에도 산소 이론은 탄소를 이용한 가연성 기체의 제조를 설명할 수 없었는데, 이것은 플로지스톤 학파가 그들의 견해를 강력히 뒷받침하는 것으로 지적했던 현상이었다.16) 위기에 처한 영역에서조차도, 논증과 반대 논증의 균형은 때로는 참으로 그 우열을 가늠하기가 어렵다. 그리고 그 영역 밖에서는 흔히 균형은 결정적으로 전통 쪽에 기울곤 한다. 코페르니쿠스는 고대로부터 내려온 지상계에서의 운동에 대한 전통적 이론을 대체하지 않은 채로 그것을 파괴해버렸다. 마찬가지로 뉴턴도 중력에 대한 옛 전통적 설명을 파괴했으며, 라부아지에는 금속의 공통성에 대해서 같은 결과를 낳았다. 이 밖에도 많은 사례들이 있다. 요컨대 새로운 후보 패러다임이 처음부터 문제 해결의 상대적인 능력만을 평가했던 완고한 사람들에 의해서 심판을 받아야 한다면, 과학은 극소수의 주요 혁명만을 경험할 수 있었을 것이다. 앞에서 패러다임의 공약불가능성이라고 칭한 것에 의해서 형성된 반대 논증들까지 덧붙인다면, 과학은 혁명이라고는 결코 경험하지 못했을지도 모른다.

그러나 패러다임 사이의 논쟁이 대체로 문제 풀이 능력의 관점에서 서술되는 경향이 있기는 하지만, 이 논쟁이 실제로 상대적인 문제 해결 능력에 관한 것은 아니다. 그보다 논의의 핵심은 어떤 경쟁

---

16) 수소에 의해서 제기된 문제에 대해서는 J. R. Partington, *A Short History of Chemistry* (제2판, London, 1951), p. 134 참조. 일산화탄소에 대해서는 H. Kopp, *Geschichte der Chemie*, III (Braunschweig, 1845), 294-296 참조.

패러다임도 완전히 풀었다고 주장하지 못하는 다수의 문제들에 대해서 과연 어느 패러다임이 장차 연구의 지침이 될 것인가에 있다. 과학을 수행하는 대안적 방식들 사이에서 결정을 내리는 것이 필요하고, 그런 상황에서의 결정은 과거의 업적보다는 미래의 가능성에 근거를 두어야 한다. 초기 단계에서 새로운 패러다임을 받아들이는 사람은 흔히 문제 해결에 의해서 제공되는 증거가 없이 그것을 받아들여야 한다. 즉 그는 옛 패러다임이 소수의 변칙적인 문제들을 다루는 데에 실패했다는 것만을 아는 상태에서, 새 패러다임은 그것이 당면한 다수의 주요 문제들을 푸는 데에 성공할 것이라는 믿음을 가져야 한다. 그런 종류의 결정은 신념을 바탕으로 할 때에만 이루어질 수 있다.

이것이 바로 선행되는 위기가 왜 그토록 중요한가를 보여주는 이유 중의 하나이다. 위기를 경험한 적이 없는 과학자들은, 곧 허상이라고 밝혀지고 또 그렇게 널리 받아들여질 수 있는 것을 따르기 위해서 문제 해결의 확고한 증거를 부인하는 일은 거의 없을 것이기 때문이다. 그러나 위기만으로는 충분치 않다. 선택된 특정 후보 패러다임에 대한 믿음에 대해서, 어떤 근거가 아울러 존재해야 한다. 비록 그 근거가 합리적이거나 궁극적으로 정당한 것이 아니라고 할지라도 말이다. 무엇인가가 적어도 몇 명의 과학자들로 하여금 새로운 제안이 올바른 궤도에 올라 있음을 느끼게 해주어야 하며, 그렇게 할 수 있는 것은 개인적이면서 말로 표현할 수 없는 미적인 고찰뿐일 때가 종종 있다. 사람들은 때로는 대부분의 명확한 전문적인 논증이 반대 성향을 가리키고 있을 때에도 그런 미적 고찰들에 의해서 믿음을 바꾸어왔다. 코페르니쿠스의 천문학 이론이나 드브로이의 물질 이론도 처음 제안되었을 때에는 의미 있는 설득력의 근거를 많이 갖추지 못했다. 오늘날까지도 아인슈타인의 일반 상대성 이론은 주로 미적 근거에서 사람들을 끌어들이고 있으며, 이런 호소력은 수학 분야의 이방인으로서는 느끼기 힘든 것이다.

그렇다고 해서 새로운 패러다임이 궁극적으로 어떤 신비적인 심미주의를 통해서 성공을 거둔다고 주장하는 것은 아니다. 오히려 그런 이유만으로 과학 전통을 폐기하는 과학자는 매우 드물다. 그런 태도를 가진 사람들은 잘못된 판단을 내린 것으로 판명되는 일이 잦다. 그러나 하나의 패러다임이 승리를 거두려면 초기에 우선 몇몇 지지자들이 나타나야 하는데, 이들은 확고한 논증이 이루어지고 증식될 수 있을 정도까지 그 패러다임을 발전시키는 사람들이다. 그런데 그러한 각각의 논증도 그것들이 나타날 때에는 결정적인 것이 되지 못한다. 과학자들은 이성적인 사람들인 까닭에, 이런저런 논증들은 결국 많은 과학자들을 설득시키게 될 것이다. 그러나 그들 모두를 설득할 수 있거나 설득시켜야 하는 단일한 논증은 존재하지 않는다. 실제로 일어나는 일은 단일 그룹의 개종이라기보다는 전문 분야의 신념의 분포에서 점차로 전이가 증대되는 것이다.

패러다임의 새로운 후보는 당초에는 지지자도 거의 없고 지지자의 동기도 의심스러운 경우가 많다. 그럼에도 불구하고, 지지자들이 유능한 경우에는 패러다임을 개량하고, 그 가능성을 탐구하고, 그것에 의해서 인도되는 과학자 공동체에 속하는 것이 어떤 것인지를 보여준다. 그리고 그런 일이 진행됨에 따라서, 만일 패러다임이 투쟁에서 승리를 거둘 운명이라면, 설득력 있는 논증들의 수효와 강도가 증강될 것이다. 그에 따라서 보다 많은 과학자들이 개종할 것이고, 새 패러다임의 탐사 작업이 계속될 것이다. 점차 새 패러다임에 기초한 실험, 기기, 논문, 서적 등의 수효가 불어날 것이다. 계속해서 새로운 관점이 효과적이라는 점에 설득된 더 많은 사람들이 정상과학을 수행하는 새로운 방식을 채택하게 되면서, 결국 소수의 나이 많은 저항자들만이 남을 것이다. 우리는 그들조차도 틀렸다고 말할 수 없다. 과학사학자는 역사 속에서 버틸 수 있는 데까지 버틴 비합리적이었던 프리스틀리 같은 사람들을 항상 만날 수 있지만, 어느 정도까지의 저항을 가리켜서 비논리적이라거나 비과학적이라고 할 수 있을지는 알 수 없다. 기껏해야 과학사학자는 전문 분야가 온통 개종된 후에도 계속 버티는 사람은 사실상 과학자이기를 거부한 사람이라고 말하고 싶을지도 모른다.

13

혁명을 통한 진보

앞 장까지의 내용은 이 책에서 다룰 수 있는 한계 내에서 과학적 발전에 대해서 내 나름대로 도식적으로 기술한 것이다. 그렇지만, 그것은 제대로 결론을 제공하지 못한다. 만일 이러한 설명이 과학의 지속적 발전의 본질적 구조를 담고 있다고 한다면, 그것은 그와 동시에 특이한 문제를 제기할 것이다. 어째서 앞에서 묘사한 과학 활동은, 예컨대 예술, 정치 이론 또는 철학이 변천하는 것과는 다른 방식으로 꾸준히 전진하는가? 어째서 진보는 우리가 과학이라고 부르는 활동들만을 위해서 거의 독점적으로 확보된 특별 조건이란 말인가? 이 물음에 대한 가장 통상적인 대답은 이 책의 내용에서 부인되어왔다. 우리는 대안들이 발견될 수 있는가의 여부를 물음으로써 그 결론을 내려야 한다.

이 물음의 일부는 전적으로 의미론적이라는 사실에 주목할 필요가 있다. 거의 모든 경우 '과학(science)'이라는 용어는 확실한 방식으로 진보가 일어나는 분야에만 쓰인다. 이 성격이 가장 명확하게 드러나는 것은 이런저런 현대의 사회과학들이 참으로 과학인가에 관한 되풀이되는 논쟁에서이다. 이 논쟁은 오늘날에는 서슴없이 과학이라고 분류되는 분야들이 전(前)패러다임 시대에 경험했던 논쟁과 유사하다. 그것을 관통하는 표면적 이슈는 난감한 용어의 정의이다. 어떤 사람들은, 예컨대 심리학은 이러저러한 특성들을 가지고 있는 까닭에 과학이라고 주장한다. 다른 사람들은 그런 특성들은 한 분야를 하나의 과학으로 성립시키는 데에 불필요하거나 충분하지 않다고 반박한다. 이런 싸움에서는 흔히 막중한 노력이 투입되고 뜨거운 열정이 솟아나기도 해서, 바깥에서 보는 사람은 이유를 알지 못해 어리둥절해진다. '과학'의 정의가 그렇게 대단한 것인가? 그 정의가 누군가에게 그가 과학자인가 아닌가를 말해줄 수 있는가? 만일 그렇다고 한다면, 어째서 자연과학자나 예술가들은 그 용어의 정의에 신경을 쓰지 않는가? 이 문제는 보다 근본적인 것이라고 생각할 수밖에 없다. 아마도 다음과 같은 질문들이 실제로 제기되고 있을 것이다. 어째서 나의 분야는, 예컨대 물리학과 같은 방식으로 진전되지 못하는가? 기술이나 방법 또는 이념에서의 어떠한 변화가 그것을 그렇게 진보되도록 만드는 것인가? 그러나 이것들은 정의에 동의한다고 대답할 수 있는 질문들이 아니다. 더욱이 자연과학으로부터의 전례가 적용된다면, 그것들은 정의가 발견될 때가 아니라 현재 그들 자신의 위치를 의심하는 그룹들이 그들의 과거와 현재의 업적에 대해서 합의를 이룰 때에 더 이상 문제의 근원이 되지 않는다. 예를 들면, 경제학자들이 그들 분야가 과학이냐 아니냐에 관해서 사회과학의 다른 여러 분야의 학자들보다 논쟁을 덜 하는 것은 의미가 깊다. 그것은 경제학자들이 과학이 무엇인가를 알기 때문인가? 아니면, 그들이 합의를 이룬 것이 경제학이기 때문인가?

더 이상 단순히 의미론적인 것은 아니지만, 이 관점은 과학과 진보의 관념 사이의 뒤얽힌 관계를 드러내는 데에 도움이 되는 역(逆)을 가질 수 있다. 고대나 근대 초기의 유럽에서 수세기 동안 회화는 확실히 누적적 발전을 하는 분야로 간주되었다. 그 기간 동안 화가의 목표는 묘사에 있는 것으로 생각되었다. 플리니우스와 바사리 같은 비평가이자 역사학자들은 보다 완벽한 자연의 묘사들을 가능하게 했던 명암법을 거쳐서 원근법으로부터 나온 일련의 창안에 경의를 표하며 이를 기록했다.[1] 그러나 과학과 예술 사이의 작은 틈이 느껴진 것 역시 그 시기로서, 특히 르네상스 동안에 그러했다. 레오나르도 다 빈치는 훗날에 이르러서야 범주상 명확히 구별된 분야 사이를 자유자재로 오갔던 여러 사람들 중의 한 명이었다.[2] 더욱이 그런 꾸준한 교류가 중단된 이후까지도, '예술(art)'이라는 용어는 회화나 조각에 대해서와 마찬가지로 역시 진보적이라고 여겨졌던 기술과 공예에 대해서도 계속 적용되었다. 회화와 조각이 묘사라는 목표를 명백히 부인하고 원시적인 모델로부터 다시 배우기 시작했을 때, 지금 우리가 당연시하는 간극이 현재의 깊이만큼 깊어지게 되었던 것이다. 그리고 다시 한번 분야를 바꾸어서, 우리가 오늘날 과학과 기술 사이의 심오한 차이를 보는 데에 어려움을 겪는 이유는 진보가 두 분야 모두의 뚜렷한 속성이라는 사실과 일부 관련되어 있음에 틀림없다.

그러나 진보하고 있는 어떤 분야든지 과학이라고 간주하려는 경향을 인지하는 것은 우리의 현재의 문제점을 부각시킬 뿐이지 해결하지는 못한다. 이제 문제로 남는 것은 어째서 진보가 그처럼 현저한 특징이 되는가를 이해하는 것이다. 이 질문은 하나 속에 여러 가

---

1) E. H. Gombrich, *Art and Illusion: A Study in the Psychology of Pictorial Representation* (New York, 1960), pp. 11-12.

2) 같은 책, p. 97; Giorgio de Santillana, "The Role of Art in the Scientific Renaissance", in *Critical Problems in the History of Science*, M. Clagett 편(Madison, Wis., 1959), pp. 33-65.

지가 내포되어 있으며, 여기서 그 각각을 개별적으로 검토해보아야 할 것이다. 그러나 마지막 것은 제외한 모든 경우에서 그것들의 해결은 과학 활동과 그것을 수행하는 과학자 공동체 사이의 관계를 보는 우리의 표준적인 견해의 빈전(反轉)에 일부 의존할 것이다. 우리는 흔히 결과라고 생각해왔던 것을 원인으로 인식하는 법을 배워야만 한다. 만일 그렇게 할 수 있다면, '과학적 진보(scientific progress)', 심지어 '과학적 객관성(scientific objectivity)'이라는 어구는 부분적으로 불필요한 잉여로 보일 것이다. 사실상 그런 잉여의 한 측면이 방금 제시되었다. 그것이 과학이기 때문에 진보를 이룩하는 것인가, 아니면 진보를 이룩하기 때문에 그것이 과학인 것인가?

이제 정상과학과 같은 활동이 어째서 진보하는가를 묻고, 정상과학의 가장 두드러진 특징 몇 가지를 상기함으로써 논의를 시작해보자. 보통 성숙한 과학자 공동체의 구성원들은 단일 패러다임이나 밀접하게 연관된 패러다임의 집합으로부터 연구를 수행한다. 서로 다른 과학자 공동체가 똑같은 문제들을 고찰하는 경우는 극히 드물다. 그러한 예외적인 경우에는 그 그룹들은 몇 개의 주요 패러다임을 공유하게 된다. 그러나 과학자들이건 비과학자들이건 단일 공동체의 입장에서 볼 때, 성공적인 창의적 작업의 결과는 바로 진보여야 한다. 어떻게 그것이 진보 이외의 다른 것이 되겠는가? 예컨대 우리는 앞에서 예술가들이 그들의 목표로서 재현을 지향했던 기간 동안에, 비평가와 역사학자들은 외형상 통합되어 있는 집단의 진보를 기록했다는 사실을 보았다. 그 밖의 창의적 분야들도 이와 동일한 종류의 진보를 보여준다. 교의를 설파하는 신학자나 칸트의 무상명령(無上命令)에 관해서 논하는 철학자는 그의 전제들을 공유하는 그룹에 한해서만 진보에 기여하게 된다. 창의적인 어느 학파도 그 학파의 총체적인 업적에 더해지지 않는 범주의 창의적인 작업을 알지 못한다. 많은 사람들이 그러하듯이, 우리가 비과학 분야가 진보한다는 것을 의심한다면, 그것은 각 학파가 진보를 이루지 못하기 때문은 아니다. 그보다는 항상 경쟁하는 학파들이 존재하는 까닭에, 각각 서로 다른 학파의 기반에 대해서 끊임없이 의문을 제기하기 때문이다. 예컨대 철학 분야에는 진보가 없었다고 주장하는 사람은 아리스토텔레스주의가 진보하는 데에 실패했다는 것이 아니라, 아리스토텔레스주의자들이 여전히 남아 있다는 사실을 지적하는 것이다.

그러나 진보에 관한 이러한 의구심들은 과학에서도 역시 일어난다. 다수의 경쟁 학파가 존재하는 전패러다임 시대를 통틀어서, 학파 안에서의 진보를 제외하면 진보의 증거는 찾아보기가 매우 힘들다. 이것은 제2장에서 설명한 것처럼 개인이 과학을 수행하는 시기인데, 이 시기에는 우리가 아는 바와 같이 연구 활동의 결과가 과학에 덧붙여지지 않는다. 또한 한 분야의 기초적 교의가 다시 한번 논쟁거리가 되는 혁명의 시기에는, 반대되는 패러다임의 이런저런 것이 채택되는 경우 지속적 발전이 가능할 것인가에 대한 의심이 거듭해서 표출된다. 뉴턴주의를 거부했던 이들은, 뉴턴의 이론이 물질에 내재하는 본유적 힘에 의존함으로써 과학을 중세의 암흑시대로 되돌려놓을 것이라고 주장했다. 라부아지에의 화학에 반대했던 사람들은, 실험실의 원소를 택하기 위해서 화학적 "원소"의 개념을 배격하는 것은 유명론(唯名論)에 도피하려는 사람들이 화학적 설명을 거부하는 것이라고 보았다. 보다 완곡하게 표현되기는 했으나, 이와 비슷한 감정은 또한 양자역학의 유력한 확률적 해석에 대한 아인슈타인, 봄, 그 밖의 여러 학자들의 반대에 깔려 있었던 근거로 보인다. 요컨대 진보가 분명하고 확실해 보이는 것은 정상과학 기간에 한정된다. 그러나 과학자 공동체는 전패러다임과 과학혁명 기간 동안에는 그 연구의 결실을 어떤 방식으로든 볼 수가 없다.

정상과학과 관련해서 진보 문제에 대한 대답의 일부는 단순히 관찰자의 시각에 달려 있다. 과학적 진보가 여러 타 분야에서의 진보와 종류가 다른 것은 아니지만, 정상과학의 대부분의 시기에 서로의 목표와 기준을 묻는 경쟁적인 학파가 없다는 사실은 정상과학 공동체의 진보를 더 쉽게 볼 수 있도록 만든다. 하지만 이것은 단지 대답의 일부일 뿐이지 가장 중요한 부분은 결코 아니다. 예를 들면, 앞에서 우리는 일단 공통된 패러다임의 수용으로 과학자 공동체가 그 최초의 원칙들을 끊임없이 재검토해야 할 필요성으로부터 해방되면, 그 공동체의 구성원들은 관심을 끄는 현상의 가장 미묘하고 가장 비전적(秘傳的)인 부분에 전적으로 집중할 수 있음을 보았다. 필연적으로 그것은 그 그룹이 전반적으로 새로운 문제들을 해결하는 효율성과 능률을 증대시킨다. 또한 과학에서의 전문적 활동의 다른 측면들은 이런 특수한 효율성을 더욱 증진시킨다.

이 성격들 중 일부는 성숙한 과학자 공동체가 일반인과 일상생활의 요구로부터 유례없이 격리된 결과로 나타나는 것이다. 물론 그러한 격리가 완벽했던 적은 없으며, 여기에서는 격리의 정도에 관해서 논하고 있음을 밝혀야겠다. 그럼에도 불구하고 과학만큼 배타적으로 개인의 창의적인 활동이 그 전문 분야의 구성원들에게만 공표되고, 또 그들에 의해서만 평가되는 전문가 공동체는 다시 더 없다. 가장 난해한 시인 또는 가장 추상적인 신학자라고 할지라도 자신의 창조적 작업에 대한 대중의 인정에 대해서는 과학자들보다 훨씬 더 관심이 클 것이다. 비록 그가 인정 자체에는 크게 관심을 두지 않더라도 말이다. 그리고 그러한 차이는 필연적인 것으로 밝혀진다.

과학자는 그 자신의 가치관과 신념을 공유하는 청중인 동료들만을 대상으로 연구하는 까닭에, 단일한 한 벌의 기준들을 당연한 것으로 받아들일 수 있다. 그는 다른 그룹이나 학파가 무엇이라고 생각할 것인가에 대해서 염려할 필요가 없고, 따라서 하나의 문제를 처리한 후에는 보다 이질적인 그룹에서 연구하는 사람들에 비해서 더 빨리 다음 문제로 넘어갈 수가 있다. 이보다 더 중요한 것은 일반 사회로부터의 과학자 공동체의 격리는 과학자 개인으로 하여금 풀릴 수 있다고 믿을 만한 근거가 충분한 문제들에 그의 주의를 집중하도록 허용한다는 것이다. 공학자와 다수의 의사들과 대부분의 신학자들과는 달리, 과학자는 그 해결이 시급히 요청된다는 이유로 문제를 선택할 필요도 없고, 문제를 푸는 데에 필요한 도구에 의존해서 문제를 고를 필요도 없다. 이러한 관점에서, 자연과학자들과 다수의 사회과학자들 사이의 차이 역시 시사점이 큰 것으로 드러난다. 자연과학자들과는 달리 흔히 사회과학자들은 예컨대 인종 차별의 결과라든지 경기 순환의 원인 등의 문제처럼 주로 해결책의 강구가 사회적으로 얼마나 중요한가 하는 견지에서 연구 문제를 선택하는 것을 옹호하는 경향이 있다. 그러면 어느 쪽 그룹이 더 빠른 속도로 문제들을 해결하리라고 예상할 수 있을까?

더 넓은 사회로부터의 격리의 영향은 전문 과학자 공동체의 또 다른 특성, 즉 비결을 전수하는 교육의 성격에 의해서 대폭 강화된다. 음악, 회화, 문학 등에서는 다른 예술가들, 특히 이전의 예술가들의 작품을 접함으로써 배움을 얻는다. 독창적인 창작에 대한 요약이나 편람을 제외하고는, 교과서는 단지 부차적인 역할을 할 뿐이다. 역사, 철학 그리고 사회과학에서는 교과서 문헌이 보다 큰 의미를 가진다. 그러나 이러한 분야들에서도 대학의 기초 과정에서는 원전자료를 병행하여 강독하게 되는데, 그중 일부는 그 분야의 "고전들"이고 나머지는 학자들이 서로를 향해 집필한 당대의 연구 보고들이다. 그 결과, 이들 분야의 학생은 그가 미래에 속하게 될 그룹의 구성원들이 미래에 해결을 시도할 지극히 다양한 문제들을 지속적으로 인식하게 된다. 보다 더 중요한 것은, 그는 이 문제들에 대한 경쟁적이고 공약불가능한 풀이들, 즉 궁극적으로 그 스스로 평가를 내려야만 하는 풀이들에 직면하게 된다는 사실이다.

이 상황을 적어도 현대 자연과학에서의 상황과 대조해보라. 자연계 분야의 학생은 대학원 과정 3–4년에 독자적 연구를 시작하기 전까지는 주로 교과서에 의존한다. 다수의 과학 교과 과정은 대학원 학생들에게까지도 학생을 위해서 쓰이지 않은 저술은 읽지 말라고 요구한다. 연구 논문과 전공 논문을 독서 자료로 부과하는 경우에도 보통 그런 과제는 최상급반에 국한되며, 사용하는 교과서에 없는 부분을 다소 보완하는 자료에 제한된다. 과학자 교육의 최종 단계에 이르면서, 교과서는 교과서를 가능하게 했던 독창적인 과학 문헌으로 체계적으로 대치된다. 이러한 교육 방식을 가능하게 하는 그들의 패러다임을 확신하게 된 상황에서, 그것을 바꾸고 싶어하는 과학자는 거의 없을 것이다. 도대체 그런 연구들에 대해서 알아야 할 것들이 모두 보다 간결하고 정확하고 체계적인 형태로 최근의 교과서에 요약되어 있는데, 무엇 때문에 뉴턴, 패러데이, 아인슈타인, 슈뢰딩거의 연구 저술과 논문을 읽어야 하는가?

이런 형태의 교육이 매우 오랫동안 수행되어온 것을 방어하려고 하지 않더라도, 이 방법이 전반적으로 엄청나게 효과적이었음을 주목하지 않을 수 없다. 물론 이것은 폭이 좁고 엄격한 교육으로서, 아마도 정통 신학을 제외한 다른 어느 분야에서보다도 더 그러할 것이다. 그러나 정상과학적인 연구에 대해서, 즉 교과서가 규정하는 전통 속에서의 퍼즐 풀이에 대해서 과학자들은 거의 완벽하게 대비를 갖추고 있다. 더욱이 이것은 또다른 임무인 정상과학을 통한 의미 있는 위기의 형성에 대해서도 잘 대비되어 있다. 위기가 발생하는 경우, 물론 과학자는 그렇게 잘 대비된 상태가 못 된다. 만연된 위기가 덜 경직된 교육의 실행에 반영될지라도, 과학적 훈련은 쉽사리 새로운 접근법을 발견할 인물을 양성하도록 잘 짜여 있지 못하다. 그러나 누군가가(보통 젊은 학자이거나 그 분야에 신진인 인물이) 패러다임의 새로운 후보를 들고 나오는 한, 경직성으로 인한 손실은 오직 개인에게 일어날 뿐이다. 변화를 경험하는 세대를 놓고 보았을 때, 이런 개인적인 경직성은 상황이 요구하는 대로 패러다임으로부터 패러다임으로 옮겨갈 수 있는 공동체와 병행하고 양립한다. 특히 바로 이런 경직성이 그 과학자 공동체에 무엇인가가 잘못되었음을 알리는 민감한 신호를 보내줄 때 이런 양립이 두드러진다.

그렇게 되면, 정상 상태에서 과학자 공동체는 그 패러다임이 규정하는 문제나 퍼즐들을 푸는 데에 굉장히 효율적인 도구가 된다. 더욱이 그 문제들을 해결한 결과는 필연적으로 진보일 수밖에 없다. 여기에는 문제가 없다. 그러나 이만큼 이해하는 것은 과학의 진보라는 문제에서 두 번째 주요 부분을 부각시킬 뿐이다. 그러므로 이에 방향을 돌려서 비정상과학을 통한 진보에 대해서 묻기로 하자. 어째서 진보는 과학혁명에서도 역시 확실하게 보편적인 부수물이 되어야 하는가? 이는 여기서 다시 과학혁명의 결과가 다른 무엇이 될 수 있겠는가를 물음으로써 명확해질 것이다. 혁명은 대립되는 두 진영의 어느 한쪽이 전적인 승리를 거둠으로써 종식된다. 이긴 그룹이 그 승리의 결과를 진보 이하의 무엇이었다고 말할 수 있을까? 그렇게 하는 것은 그들이 틀렸고 상대편이 옳았다고 인정하는 것이나 마찬가지일 것이다. 적어도 그들에게 혁명의 결과는 진보여야 하며, 그들은 자신들 공동체의 미래 구성원들이 과거 역사를 똑같은 방식으로 볼 것임을 확신시키는 유리한 위치에 서게 된다. 제11장에서는 그것을 성취시키는 기법에 관해서 상세히 설명했고, 우리는 이와 밀접히 관련되는 전문적인 과학적 삶이라는 문제로 되돌아왔다. 과학자 공동체가 과거의 패러다임을 부인하는 경우에는, 전문적 연구에 적합한 주제로서 그 패러다임이 구현되어 있는 대부분의 책과 논문들도 동시에 거부하는 것이다. 과학 교육에서는 예술작품을 소장한 박물관이나 고전을 보관하는 도서실에 상응하는 어떤 것도 이용하지 않으며, 그 결과는 그의 분야의 과거에 대한 과학자의 인식에서 극적인 왜곡으로 나타나기도 한다. 다른 창조적 분야의 종사자들 이상으로, 과학자는 과거가 그의 분야의 현재의 유리한 지위에 곧바로 이어지는 것이라고 보게 된다. 간단히 말해서, 그는 과학을 진보라고 본다. 과학자가 그 분야에 머물러 있는 한, 그에게는 다른 대안이란 있을 수 없다.

이러한 언급은 필연적으로, 성숙한 과학자 공동체의 구성원이 오웰의 『1984년』의 전형적인 인물처럼, 존재하는 권력에 의해서 다시 쓰인 역사의 희생물이 된다는 것을 시사한다. 더욱이 이런 시사는 전적으로 부당한 것은 아니다. 과학혁명에서는 소득 못지않게 손실도 따르며, 과학자들은 손실에 대해서는 유독 맹목적인 경향을 띤다.[3] 그러나 다른 한편으로, 혁명을 통한 진보에 관한 어떠한 설명

---

3) 과학사학자들은 유난히 충격적인 형태로 이런 맹목성에 직면하는 수가 많다. 과학 분야로부터 과학사로 넘어오는 학생 집단은 언제나 그들에게 가장 가르칠 만한 대상이다. 그러나 또한 통상적으로 처음에는 가장 난처한 것도 사실이다. 왜냐하면 과학도들은 "정답을 알고 있기" 때문에, 그들에게 옛날 과학을 그 당시의 맥락에서

도 이 대목에서 멈추지는 않는다. 여기서 멈춘다면, 과학에서 힘은 곧 정의(正義)라는 명제를 제시하게 되는 셈인데, 사실 이 명제는 패러다임 사이의 선택을 결정하는 과정과 권위의 성격을 억누르지만 않는다면 전혀 틀린 것은 아닌 명제이다. 권위만이, 특히 비전문적 권위만이 패러다임 사이의 논쟁에서 결정권자의 역할을 한다면, 이 논쟁의 결과는 혁명이기는 하겠지만 과학혁명은 아닐 것이다. 과학의 존재 의미는 어느 특별한 유형의 공동체 구성원들에게 패러다임 사이에서 선택할 수 있는 능력을 부여하는 것에 달려 있다. 과학이 존속되고 성장하기 위해서 그 공동체가 얼마나 특별해야 하는가는 과학 활동에 대해서 인류가 보인 이해력이 얼마나 미약했던가를 통해서 알 수 있다. 기록이 남아 있는 모든 문명은 기술, 예술, 종교, 정치체제, 법률 등을 소유하고 있었다. 이러한 영역들은 옛 문명에서도 지금만큼이나 발달되어 있었다. 그러나 그리스로부터 전승되었던 문명만이 가장 원초적인 과학 이상의 것을 가지고 있었다. 과학 지식의 대부분은 지난 4세기 동안 유럽이 낳은 산물이었다. 그 밖의 다른 지역이나 다른 시대는 과학적 생산 활동이 나타나는 그런 특별한 과학자 공동체를 뒷받침하지 못했다.

이런 과학자 공동체의 본질적 특성들은 무엇인가? 분명히 이는 엄청나게 많은 연구를 필요로 하는 주제이다. 이 영역에서는 지극히 가설적인 일반화만이 가능하다. 그럼에도 불구하고 전문 과학 그룹의 구성원이 되기 위한 다수의 필수 요건은 이미 뚜렷하게 확실히 드러나 있다. 예컨대 과학자는 자연계의 거동에 대한 문제를 해결하는 데에 관심을 쏟아야 한다. 덧붙여서 자연에 대한 그들의 관심이 그 범위상 전반적인 것임에도 불구하고, 다루는 문제들은

분석하게 하는 일이 각별히 어렵기 때문이다.

세부적인 문제들이 된다. 더욱 중요한 것은 그를 만족시키는 해답은 단순히 개인적인 것이 아니라 많은 사람들에게 풀이로서 수용되어야 한다는 점이다. 그러나 그것들을 공유하는 그룹은 넓은 사회로부터 무작위로 끌어낸 것이 아니라, 오히려 잘 정의된 과학자의 전문 동아리 공동체가 된다. 과학적 삶에서의 가장 강력한 규칙들 중 하나는(아직 글로 명문화되지는 않았지만) 과학적인 주제들을 놓고 국가 원수나 일반 대중을 향해서 호소하지 말 것을 들 수 있다. 특출하게 유능한 전문가 그룹의 존재를 인정하는 것과 이 그룹만이 전문적 업적에 대한 전폭적 조정자로서 역할을 한다는 것은 더 많은 것을 시사한다. 개인적으로, 그리고 모두가 공유하는 훈련과 경험에 의해서, 그룹의 구성원은 게임의 규칙, 즉 명료한 판단을 위해서 상응하는 기초를 갖춘 유일한 소유자로 보여야 할 것이다. 그들이 평가에 필요한 어떤 기본 바탕을 공유하고 있음을 의심하는 것은 과학적 성취를 평가하기 위해서 양립 불가능한 다른 기준들의 존재를 인정하는 셈이 될 것이다. 그런 인정은 필연적으로 과학에서의 진리가 하나일 수 있는가 하는 의문을 제기할 것이다.

과학자 공동체의 공통적인 특징에 대한 이런 목록은 전적으로 정상과학의 실행으로부터 끌어냈던 것이며, 또 그랬어야만 한다. 그것은 보통 과학자를 훈련시키는 목표가 되는 실행이다. 그러나 이 목록의 크기가 작음에도 불구하고, 그런 목록은 그러한 사회를 다른 모든 전문가 그룹으로부터 구별 짓기에 충분하다. 게다가 그 원천이 정상과학에 있음에도 불구하고, 그런 성격들은 혁명이 진행되는 동안, 특히 패러다임 사이의 논쟁 기간 동안 과학자 그룹이 보이는 반응의 여러 가지 특이한 성질들을 설명해준다. 우리는 이미 이러한 유형의 그룹이 패러다임의 변화를 진보라고 간주해야 한다는 것을 보았다. 이제 우리는 그런 인식이 중요한 측면에서 자기 충족적인 것임을 알 수 있을 것이다. 과학자 공동체는 패러다임의 변화를 통해서 해결되는 문제의 개수와 정확도를 극대화하는 고도의 효율적인 장치라고 할 수 있다.

과학적 성취의 단위는 해결된 문제로 이루어지고 과학자 그룹은 어느 문제들이 이미 해결되었는가를 잘 알고 있기 때문에, 이전에 이미 풀렸던 많은 문제들에 대해서 다시 의문을 제기하는 관점을 채택하려는 과학자는 거의 없다. 자연 그 자체가 우선 이전의 업적들의 문제를 드러냄으로써 전문 분야의 안정 상태를 깨뜨려야 한다. 더욱이 그런 상황이 되어서 패러다임의 새로운 대안이 부상했을 때라고 할지라도, 과학자들은 두 종류의 매우 중요한 조건들이 합치되지 않는 한 그것을 수용하기를 꺼릴 것이다. 첫째, 새로운 패러다임 대안은 여타의 방법으로는 해결될 수 없는 두드러지고 일반적으로 인지된 문제를 해결하는 듯이 보여야 한다. 둘째, 새로운 패러다임은 그 선행 패러다임들을 통해서 과학에 조성되었던 구체적인 문제 해결 능력의 상당히 큰 부분을 보전하리라고 기약되어야 한다. 다수의 다른 창조적 분야와는 달리, 과학 분야에서는 그 자체를 위한 새로움은 꼭 필요한 것이 아니다. 결과적으로, 새로운 패러다임들은 선행 패러다임의 능력 모두를 소유하고 있지 못함에도 불구하고, 그것들은 보통 과거 업적의 가장 구체적인 부분들을 많이 보전하며, 항상 부가적인 구체적 문제 풀이들의 출현을 허용한다.

여기까지의 논의가 문제 해결 능력이 패러다임 선택에서의 독특하거나 명료한 근거라는 것을 의미하지는 않는다. 우리는 이미 앞에서 어째서 그런 종류의 기준이 있을 수 없는가에 대한 여러 이유들을 보아왔다. 그러나 그것은 과학의 전문가 공동체가 정확하고 상세하게 다룰 수 있는 수집 자료를 지속적으로 늘릴 수 있는 일이라면 무엇이라도 하리라는 것을 시사한다. 그 과정에서 과학자 공동체는 손실을 감수할 것이다. 흔히 몇몇 구식 문제들은 제거된다. 더욱이 혁명은 자주 과학자 공동체의 전문적 관심의 영역을 좁히고, 그 전문성의 정도를 높이며, 일반인과 과학자 그룹을 포함한 다른 그룹과의 의사소통을 저해한다. 과학의 깊이는 확실히 깊어지겠지만, 그 폭은 그렇게 넓어지지 못할 것이다. 폭이 확장된다면, 그 폭은 어느 독자적인 단일 전문 분야의 범위에서가 아니라 주로 과학의 전문 분야들의 다변화에서 현저하게 넓어진다. 그러나 개별적인 과학자 공동체가 받는 영향이나 기타 손실들에도 불구하고, 그러한 과학자 공동체의 성격은 과학에 의해서 해결되는 문제들의 목록과 각각의 문제 해결의 정확도가 둘 다 계속해서 증가하리라는 실질적인 보장을 제공한다. 적어도 그것이 주어질 수 있는 어떤 길만 있다면, 전문가 공동체의 성격은 그러한 보장을 제공한다. 과학자 집단의 결정보다 더 상위인 기준이 다른 무엇이 있을 수 있겠는가?

이 바로 앞의 문단들에서는 과학에서의 진보라는 문제에 대한 보다 세련된 해결의 모색에서 추구되어야 할 방향들을 제시했다. 아마 이 방향은 과학적 진보라는 것이 우리가 일반적으로 생각해온 것과는 다르다는 점을 시사할 것이다. 그러나 그것들은 한 유형의 진보가 그러한 활동이 존속하는 한 필연적으로 과학 활동을 특징지을 것임도 동시에 보여준다. 과학에는 다른 유형의 진보가 있을 필요가 없다. 보다 정확히 표현한다면, 우리는 명시적이든 묵시적이든 간에 패러다임의 변화가 과학자와 과학도들을 점점 더 진리에 가깝게 인도하고 있다는 관념을 버려야 할지도 모른다.

이제 마지막 몇 페이지를 남겨놓을 때까지 이 책에서의 '진리

(truth)'라는 용어가 베이컨으로부터 인용된 의미로서만 언급되었음을 주목할 차례가 되었다. 그리고 그렇게 사용되었던 경우조차도, 그것은 단지 과학 활동에서 양립될 수 없는 규칙들이 혁명기를 제외하고는 공존할 수 없다는 과학자의 확신의 원천으로서만 쓰였는데, 혁명기의 경우 전문 분야의 주된 임무는 오직 한 가지만을 남겨두고 모든 규칙 계통을 제거하는 일이 된다. 이 책에서 묘사된 발전 과정은 원초적인 초기 단계로부터의 진화의 과정이었는데, 이는 연달아 계속되는 단계들이 자연을 점점 더 상세하고도 세련되게 이해할 수 있게 한다는 특징을 가진 것이었다. 그러나 지금까지 논의했던 것이나 앞으로 더 이야기할 내용의 어느 것도 과학의 발전이 무엇인가를 향한 진화의 과정이 되게 하는 것은 아니다. 불가피하게도 이 공백이 많은 독자들을 혼란스럽게 만들 것이다. 우리 모두는 과학을 자연에 의해서 미리 설정된 어떤 목표를 향해서 부단히 다가가는 활동으로 간주하는 것에 매우 익숙해져 있기 때문이다.

그러나 과학에 그런 목표가 반드시 있어야 하는 것인가? 과학의 존재와 그 성공 모두를, 어느 한 시점에서 과학자 공동체의 지식 상태로부터의 진화의 관점에서 모두 설명할 수는 없는가? 과학에는 자연을 완벽하게 객관적으로 진리에 부합되게 하는 하나의 설명이 있으며, 과학적 성취에 대한 합당한 측정이란 우리를 그 궁극적 목표에 얼마나 근접시켰는가를 나타내는 정도라고 생각하는 것이 정말로 도움이 되는가? 만일 우리가 알고 싶어하는 것을 향한 진화를 알고 있는 것으로부터의 진화로 대치할 수 있다면, 다수의 혼동스런 문제들이 사라져버릴 수도 있을 것이다. 이를테면 귀납의 문제가 이 미로의 어딘가에 놓여 있을 것임에 틀림없다.

나는 과학적 진보에 대한 이런 대안적 견해가 불러일으킬 결과에 대해서 아직 세부적으로 상술할 수가 없다. 그러나 그것은 여기서 제안된 개념상의 전환이 바로 한 세기 전에 서양에서 발생했던 현상과 아주 비슷하다는 것을 깨닫는 데에 도움을 준다. 특히 두 경우 모두에 전환에 대한 주요 저해 요인이 동일하기 때문에 더 그렇다. 다윈이 1859년에 자연선택에 의한 그의 진화 이론을 처음 출판했을 때, 많은 전문가들을 가장 괴롭혔던 것은 종(種)의 변화의 개념도 아니었고, 인간이 원숭이로부터 진화되었으리라는 가능성도 아니었다. 인간의 진화를 비롯하여 진화를 가리키는 증거는 수십 년 동안 누적되어왔으며, 진화의 개념은 이전에도 제안되었고 널리 퍼져 있었다. 진화의 개념 자체는 특히 종교 집단들로부터의 저항에 부딪쳤지만, 그것은 다윈주의자들이 직면했던 가장 큰 난관은 결코 아니었다. 어려움은 다윈 자신의 발상과 매우 가까운 견해로부터 비롯된 것이었다. 다윈 이전 시대에 라마르크, 체임버스, 스펜서 그리고 독일의 자연철학자들(Naturphilosophen)이 제창한 유명한 진화 이론들은 모두 진화를 목표 지향적 과정으로 간주했다. 인간에 대한 그리고 당시의 식물군, 동물군에 대한 "개념"은 최초 생명의 창생으로부터, 어쩌면 신의 정신 속에 존재했을 것이라고 믿어졌다. 그러한 개념이나 계획은 전체적 진화 과정에 방향을 설정했고 길잡이가 되었다. 진화적 발전에서의 각각의 새로운 단계는 출발에서부터 존재했던 계획의 보다 완전한 구현이었던 것이다.[4]

많은 사람들에게 그런 목적론적 성격의 진화론의 붕괴는 다윈의 제안에서 가장 의미 깊고 수용하기 곤란한 문제였다.[5] 『종의 기원』

---

[4] Loren Eiseley, *Darwin's Century: Evolution and the Men Who Discovered It* (New York, 1958), ii, iv-v장.

[5] 다윈 학파가 이 문제와 투쟁한 유명한 이야기를 특히 예리하게 파헤친 것이 A. Hunter Dupree, *Asa Gray, 1810-1888* (Cambridge, Mass., 1959), pp. 295-306, 355-

은 신이나 자연에 의해서 설정된 목표를 어느 것도 인정하지 않았다. 대신에 자연선택이라는 메커니즘이 보다 정교하고 복잡하며 훨씬 더 분화된 유기체들이 점진적이지만 꾸준히 출현할 수 있는 원인으로 설정되었는데, 이 자연선택은 주어진 환경에서 실제 살았던 유기체들과 함께 작동하는 것이었다. 사람의 눈이나 손처럼 놀랄 만큼 잘 적응된 기관들도 원시적인 태초로부터 출발해서 어떤 목표도 향하지 않고 꾸준히 진행된 과정의 산물이었다. 이런 기관들은 다윈 이전에는 지고의 조물주와 예정된 계획의 존재에 대한 강력한 논거가 되었다. 다윈의 이론에서 생존을 위한 유기체들 간의 단순한 경쟁의 결과인 자연선택이 고등 동식물과 더불어 인간을 만들 수 있었다는 믿음은 가장 난해하고 혼란스러운 측면이었다. 특정한 목표가 없는데 '진화', '발전', '진보'가 무슨 의미가 있겠는가? 많은 사람들에게 이러한 용어들은 갑자기 자기 모순적인 것으로 비쳐졌다.

유기체의 진화를 과학적 개념의 진화에 관련시키는 유비(類比)는 너무 지나치게 비약하기가 쉽다. 그러나 이 마지막 장의 주제들에 관한 한 그것은 거의 완벽하게 들어맞는다. 제12장에서 혁명의 완결이라고 묘사되었던 과정은 과학자 공동체 내에서 미래의 과학을 수행하는 가장 적합한 길을 찾으려는 갈등에서 빚어지는 선택의 과정이다. 정상연구의 시기에 의해서 분리된 그러한 일련의 혁명적 선택들의 알짜 결과가 우리가 현대의 과학 지식이라고 부르는 놀랄 만큼 잘 적응된 기관들이다. 그 발전 과정에서 연속되는 단계들은 명료성과 전문성의 증대라는 특징을 띠게 된다. 그리고 우리가 현재 생물학적 진화가 그러했으리라고 상상하는 바와 같이, 과학 발전의 전 과정은 설정된 목표, 영구적으로 고착화한 과학적 진리의

383에 실려 있다.

혜택이 없이 일어났을지도 모르는데, 이에 대해서는 과학 지식의 발전에서의 각 단계가 보다 훌륭한 모범 사례가 된다.

그럼에도 불구하고 여기까지의 논의를 따라온 독자는 누구나, 왜 진화 과정이 들어맞는 것인가라는 질문을 하게 될 것이다. 도대체 과학이 가능하려면 인간을 포함한 자연은 어떤 것이어야 하는가? 왜 과학자 공동체는 다른 분야가 다다르지 못하는 확고한 합의를 이룰 수 있어야 하는가? 어째서 이런 합의는 패러다임의 변화를 계속적으로 거쳐가면서도 지속되는가? 어째서 패러다임 변화는 항상 이전에 알려졌던 것들보다 어떤 의미에서든 더 완벽한 도구를 만들어야 하는가? 하나의 관점에서 보면 그 질문들에 대해서는, 첫 번째 것을 제외하고는, 이미 답변이 이루어졌다. 그러나 또다른 관점에서 보면 이 책을 시작했을 때와 마찬가지로 미해결 상태이다. 특별해야 하는 것은 비단 과학자 공동체만이 아니다. 과학자 공동체가 그 일부를 이루는 전체 세계 역시 상당히 특별한 성질을 가지고 있어야 하는데, 이 특질들이 무엇이어야 하는가에 대해서는 우리는 처음보다 더 알게 된 바가 없다. 그러나 인간이 그것을 알 수 있으려면 세계는 어떤 것이어야 하는가라는 문제는 이 책에서 새삼스럽게 발생한 것이 아니다. 오히려 그것은 과학 그 자체만큼이나 오래되었으며, 아직 대답하지 못하고 남아 있다. 그러나 그것이 여기에서 대답되어야 할 필요는 없다고 본다. 증거에 의한 과학의 성장과 양립할 수 있는 자연에 관한 어떤 개념도 여기서 전개되었던 과학의 진화적 관점과 양립할 수 있다. 진화적 관점은 또한 과학적 삶(scientific life)에 대한 자세한 관찰과도 양립할 수 있는 것인 만큼, 아직도 미결인 수많은 문제들을 해결하기 위한 시도로서 그것을 적용할 만한 강력한 논거가 존재한다.

후기—1969

이 책이 처음 출간된 지도 어느덧 7년이 지났다.[1] 그동안 나는 비판자들의 반응과 나 자신의 더 깊은 연구로, 이 책이 제기하는 여러 문제들에 대한 이해를 넓히게 되었다. 나의 견해가 근본적으로 달라진 것은 거의 없지만, 처음에 제시한 정식화 중 어떤 측면들이 쓸데없는 어려움과 오해를 낳았다는 것을 이제는 인식하고 있다. 그러한 오해들 중 일부는 나 자신의 것이었으므로, 그것들을 제거함으로써 나는 궁극적으로 개정판의 기초가 될 만한 근거를 얻게 되었다.[2] 그리고 동시에 나는 필요한 수정사항을 스케치하고, 몇 가지 되풀이되는 비판에 대해서 논평하며, 현재 나 자신의 견해가 발전해나가고 있는 방향에 대해서 말할 수 있는 기회를 기꺼이 환영한다.[3]

---

1) 이 "후기"를 처음 준비하게 된 것은 한때 내 학생이자 오랜 친구인 도쿄 대학교의 나카야마 시게루 박사가 이 책의 일본어 번역판에 "후기"를 넣자고 제안한 덕분이었다. 나는 그의 아이디어와 아울러 그것의 결실을 기다려준 인내에 감사하며, 또한 이 "후기"를 영어판에 싣게 해준 것에 감사한다.

2) 이번 판에서 나는 체계적인 재집필을 시도하지는 않았고, 몇 개의 오자를 고친 것 이외에 골라낼 수 있는 잘못을 범한 두 문구만 수정하는 데에 그쳤다. 그것들 중 하나는 99-104쪽에 나온 18세기 역학의 발달에서 뉴턴의 『프린키피아』의 역할을 설명한 부분이다. 또 하나는 175쪽의 위기에 대한 반응에 관한 고찰이다.

3) 내가 최근에 쓴 논문 두 편에는 또다른 증거가 나타날 것이다. "Reflection on My Critics", in Imre Lakatos and Alan Musgrave 편, *Criticism and the Growth of Know-*

초판에서 제기된 몇 가지 주요 난제들은 패러다임의 개념에 집중되어 있으므로, 그 난제들로부터 논의를 시작하겠다.4) 곧 이어지는 절에서, 나는 패러다임이라는 개념을 과학자 공동체라는 개념과 분리하는 것이 바람직하다고 제안하고, 어떻게 그것들이 분리될 수 있는지를 보여주며, 그 결과 나타나는 분석적 분리가 가지는 중요한 함의에 관해서 논의하려고 한다. 그 다음에는, 이미 결정된 과학자 공동체의 구성원들의 행동을 조사함으로써, 그들이 패러다임을 추구할 때 발생하는 일을 고려하려고 한다. 이런 과정은 곧 책의 많은 부분에서 '패러다임'이라는 용어가 두 가지 다른 의미로 쓰이고 있음을 드러낸다. 한편으로, 패러다임은 어떤 주어진 과학자 공동체의 구성원들이 공유하는 믿음, 가치, 테크닉 등을 망라한 총체적 집합을 말한다. 다른 한편으로 그것은 그 집합의 한 가지 요소인 구체적인 문제 풀이를 가리키는데, 이것이 모형이나 예제로서 사용될 때 명시적인 규칙을 대신해서 정상과학의 남은 퍼즐을 푸는 기초가 된다. 패러다임의 첫 번째 의미는 사회학적이라고 부를 수 있는데, 아래 제2절의 주제가 될 것이다. 제3절은 본보기가 되는 과거의 성취로서의 패러다임을 다룰 것이다.

적어도 철학적으로는, 이 두 번째 의미의 '패러다임'이 둘 중에서 보다 심오한 것이다. 내가 그 이름으로 주장했던 것들은 이 책이 불

---

ledge (Cambridge, 1970); "Second Thoughts on Paradigms", in Frederick Suppe 편, *The Structure of Scientific Theories* (Urbana, Ill., 1970 또는 1971), 다음부터는 첫 번째 논문을 "Reflection"이라고 약칭하고, 그것이 실린 책은 *Growth of Knowledge* 라고 표시하고, 두 번째 논문은 "Second Thoughts"라고 부르기로 한다.

4) 내가 패러다임을 최초로 제안한 것에 대해서 특히 수긍이 가도록 비판한 내용에 대해서는 다음을 참조하라. Margaret Masterman, "The Nature of a Paradigm", in *Growth of Knowledge*; Dudley Shapere, "The Structure of Scientific Revolutions", *Philosophical Review*, LXXIII (1964), 383–394.

러 일으킨 논쟁과 오해의 주된 원천이 되었는데, 특히 내가 과학을 주관적이고 비합리적인 활동으로 만들었다는 비난이 그것이다. 이런 문제들은 제4-5절에서 다룰 것이다. 제4절에서는 '주관적'이나 '직관적'과 같은 용어들을, 공유된 예제들(shared examples)에 암묵적으로 내포된 지식의 요소에 적용하는 것은 적절하지 않음을 주장할 것이다. 그런 지식은 그것을 근본적으로 변화시키지 않고서는 규칙이나 기준이라는 측면에서 바뀔 수 없지만, 그럼에도 불구하고 체계적이고, 오랫동안 시험된 것이며, 어떤 면에서는 바꿀 수 있는 것이다. 제5절에서는 양립 불가능한 두 이론 사이의 선택 문제를 다루는데, 공약불가능한 관점들을 가진 사람들은 서로 다른 언어 공동체의 구성원으로 간주되고, 그들 사이의 의사소통 문제는 번역의 문제로 분석될 수 있다는 것이 결론이다. 결론을 맺는 제6-7절에서는 나머지 세 가지 문제가 논의될 것이다. 제6절에서는 이 책에서 전개된 과학관이 철저하게 상대주의적이라는 비난을 살펴본다. 제7절에서는 비판자들의 주장처럼 나의 논증이 서술적 양식과 규범적 양식의 혼동을 겪고 있는지를 검토하는 것으로 시작해서, 별개의 책이 될 만한 주제, 즉 이 책의 주된 논제들이 과학 이외의 분야들에 어느 정도로 적절히 적용될 수 있는지에 대해서 간단히 논평하는 것으로 이 글을 끝맺을 것이다.

1. 패러다임과 과학자 공동체의 구조

"패러다임"이라는 용어는 이 책의 앞부분에서부터 등장하는데, 그것이 도입되는 방식은 본질적으로 순환적이다. 하나의 패러다임은 한 과학자 공동체의 구성원들이 공유하는 것이고, 또한 역으로,

하나의 과학자 공동체는 하나의 패러다임을 공유하는 사람들로 이루어진 것이다. 모든 순환성이 나쁜 것은 아니지만(나는 이 "후기"의 뒷부분에서 비슷한 구조의 논변을 옹호할 것이다), 여기서의 순환성은 참으로 어려움의 원천이다. 과학자 공동체는 사전에 패러다임에 의존하지 않고도 분리될 수 있고 또 분리되어야 한다. 그러고 나면 패러다임은 주어진 공동체 구성원들의 행동을 면밀히 조사함으로써 발견될 수 있다. 따라서 만일 이 책을 다시 쓰게 된다면, 먼저 과학자 공동체의 구조에 관한 논의에서 시작했을 것이다. 이 주제는 최근 들어 사회학적 연구의 중요한 주제로 등장했고, 과학사학자들 역시 중요하게 다루기 시작했다. 그중 대부분이 아직 출간되지 않았으나 예비적인 결과가 시사하는 바는 분명하다. 그것은 공동체 구조를 조사하는 데에 필요한 경험적 기법들이 결코 사소하지 않지만, 일부는 이미 학자들이 가지고 있고, 나머지도 확실히 발전되리라는 것이다.[5] 현역 과학자들은 대부분 어떤 공동체에 속하는지를 묻는 질문에 즉각적으로 반응한다. 그들은 현재 다양한 전문 분야에 대한 책임이 대략 정해진 멤버십을 가진 그룹에 분포되어 있다는 것을 당연시한다. 그러므로 나는 여기서 공동체를 확인하는 보다 체계적인 수단이 발견되리라고 가정할 것이다. 예비적인 연구 결과를 소개하는 대신에, 나는 이 책의 앞부분에 다분히 깔려

5) W. O. Hagstrom, *The Scientific Community* (New York, 1965), iv장과 v장; D. J. Price and D. de B. Beaver, "Collaboration in an Invisible College", *American Psychologist*, XXI (1966), 1011–1018; Diana Crane, "Social Structure in a Group of Scientists: A Test of the 'Invisible College' Hypothesis", *American Sociological Review*, XXXIV (1969), 335–352; N. C. Mullins, *Social Networks among Biological Scientists* (Ph. D. diss., Harvard University, 1966)와 "The Micro-Structure of an Invisible College: The Phage Group" (1968년 보스턴에서 열린 American Sociological Association 연례 회의에서 발표된 논문).

있는 과학자 공동체에 대한 직관적 개념을 간단히 밝혀보려고 한다. 그것은 요즘 과학자, 사회학회자, 그리고 많은 과학사학자들 사이에서 널리 공유되는 개념이다.

이 관점에 의하면, 하나의 과학자 공동체는 한 과학 전공 분야의 종사자들로 구성된다. 다른 대부분의 영역과는 견줄 수 없을 정도로, 그들은 유사한 교육과 전문적인 지도를 받고, 그 과정에서 동일한 기술적 문헌을 흡수하며, 그것으로부터 다수의 동일한 교훈을 얻어낸다. 그런 표준적인 문헌의 범위는 대개 과학적인 주제의 한계를 긋게 되며, 흔히 각 공동체는 자신의 고유한 주제를 가진다. 과학에도 학파들, 즉 양립 불가능한 관점에서 같은 주제에 접근하는 공동체들이 존재한다. 그러나 다른 영역에 비하면 훨씬 더 드물다. 학파들이 있더라도 그들은 항상 경쟁을 벌이며, 대개 경쟁은 곧 끝난다. 따라서 한 과학자 공동체의 구성원들은 스스로 보기에, 그리고 남들이 보기에도, 후계자 양성을 비롯한 공유하는 일련의 목표를 추구해야 하는 고유한 책임을 짊어진 사람들이다. 그런 집단 내에서 의사소통은 비교적 완전하며, 전문적 판단은 비교적 잘 일치된다. 그런가 하면, 상이한 과학자 공동체는 상이한 주제에 주의를 기울이기 때문에 집단 간의 전문적 의사소통은 때로 고된 일이 되고, 종종 오해를 낳으며, 계속되는 경우 예기치 못했던 상당한 의견 차이를 빚어내기도 한다.

물론 이런 의미에서 과학자 공동체는 다양한 수준으로 존재한다. 가장 포괄적인 것은 모든 자연과학자들의 공동체이다. 이보다 약간 낮은 수준에는 주요 과학 전문가 집단들이 존재한다. 바로 물리학자, 화학자, 천문학자, 동물학자 등의 과학자 공동체이다. 이렇게 몇 갈래로 크게 묶으면, 공동체의 소속 여부는 주변부를 제외하고는 쉽게 확립된다. 최종 학위의 주제, 전문 학회의 회원 여부, 그리고 읽는 잡지는 보통 매우 충분한 기준이 된다. 유사한 방법으로 주요 하위집단들을 나눌 수도 있다. 유기화학자, 그리고 그중에서도 단백질 화학자, 그 외에 고체 물리학자, 고에너지 물리학자, 전파 천문학자 등으로 나뉠 것이다. 그 다음으로 낮은 수준에 와서야 경험적인 문제들이 발생한다. 요즘의 실례를 든다면, 공식적으로 인정받기 이전의 파지 그룹(phage group : 1940년대 박테리오파지를 연구한 초기 분자생물학 집단/역주)은 어떻게 분리할 수 있을까? 이를 위해서는 전문 학회 모임에 참석했는지, 출간에 앞서 서고 또는 교정쇄가 유통되었는지, 그리고 무엇보다 서신 왕래와 인용 문헌의 연결 등에서 발견되는 것들을 포함해서 공식적, 비공식적 의견 교환이 있었는지에 크게 의존하게 된다.6) 적어도 현재 상황과 최근의 역사에 관해서는, 그러한 작업이 이루어질 수 있고 또 이루어질 것이라고 생각한다. 전형적으로 아마도 100명, 경우에 따라서는 그보다 훨씬 더 적은 수의 구성원을 가진 공동체들이 드러날 것이다. 대개 개별 과학자들, 특히 가장 유능한 학자들은 동시에 또는 잇달아서 여러 집단에 속할 것이다.

이런 유형의 공동체는 이 책에서 과학 지식의 생산자이자 승인자로서 묘사되는 기본 단위이다. 패러다임이란 그런 집단의 구성원들이 공유하는 그 무엇을 말한다. 그 공유하는 요소의 본성이 무엇인지 언급하지 않고서는, 앞에서 언급한 과학의 여러 측면들을 거의

---

6) Eugene Garfield, *The Use of Citation Data in Writing the History of Science* (Philadelphia: Institute of Scientific Information, 1964); M. M. Kessler, "Comparison of the Results of Bibliographic Coupling and Analytic Subject Indexing", *American Documentation*, XVI (1965), 223–233; D. J. Price, "Networks of Scientific Papers", *Science*, CIL (1965), 510–515.

이해할 수 없을 것이다. 그러나 어떤 측면들은, 초판에서 그것들이 독립적인 방식으로 제시된 것은 아니지만, 여전히 이해될 수 있다. 그러므로 곧장 패러다임으로 화제를 돌리기 전에, 공동체의 구조만을 언급할 필요가 있는 일련의 주제를 살펴볼 필요가 있다.

아마도 가장 인상적인 것은 한 과학 분야의 발달에서, 내가 앞서 전(前)패러다임 시기에서 패러다임 이후 시기로의 이행이라고 불렀던 것이다. 그러한 전환은 책의 제2장에서 간략히 그려졌다. 그런 이행이 일어나기 전에, 여러 학파들은 주어진 분야의 지배권을 놓고 경쟁한다. 나중에, 어떤 주목할 만한 과학적인 성취가 나타나고 뒤이어 학파의 수는 대폭 줄어들어 보통 하나로 수렴되며, 보다 효율적인 하나의 과학 활동 양식이 시작된다. 그러면 과학은 일반적으로 난해해지며 퍼즐 풀이를 지향하게 되는데, 이는 구성원들이 자기 분야의 토대를 당연시할 때에만 가능해지는 집단 연구를 뜻한다.

성숙을 향해가는 그러한 이행의 본성에 대해서는 이 책에서 다룬 것보다 더 완전히 논의해야 하고, 특히 현대 사회과학의 발달에 관심을 두는 사람에게는 더욱 그렇다. 이를 위해서 그런 이행이 패러다임의 최초 획득과 관련될 필요는 없다는(지금 내 생각으로는, 관련되면 안 된다는) 점을 지적하는 것이 유익할 것 같다. "전패러다임" 시기의 학파들을 비롯해서 모든 과학자 공동체의 구성원들은 내가 통칭하여 '하나의 패러다임'이라고 불렀던 여러 요소들을 공유한다. 성숙으로의 이행과 더불어 변하는 것은 하나의 패러다임의 존재가 아니라 오히려 패러다임의 성격이다. 그런 변화를 거친 뒤에야 정상적인 퍼즐 풀이 연구가 가능해진다. 책에서 한 패러다임의 획득과 연관 지었던 발전된 과학의 여러 특성들을 이제 나는 특정한 종류의 패러다임을 획득한 결과로서 논의할 것인데, 이때 특정한 종류란 도전적인 퍼즐을 확인하고, 그 풀이에 대한 실마리를 제공하며, 참으로 총명한 전문가라면 성공할 것을 보장해주는 패러다임이다. 자신의 분야(또는 학파)가 패러다임들을 가지고 있음을 보고 용기를 얻은 사람들만이 변화에 의해서 중요한 무엇인가가 희생된다는 것을 느낄 수 있을 것이다.

두 번째 문제는, 적어도 역사가들에게는 보다 중요한 것인데, 이 책에서 암묵적으로 과학의 주제와 과학자 공동체를 일대일로 동일시한 것과 관련된다. 즉 나는 여러 차례 '물리광학', '전기', '열' 등이 연구의 주제를 명명하기 때문에 그런 이유로 이것들이 과학 공동체도 명명해야 하는 것처럼 행동했다. 본문에서 허용된 듯한 유일한 대안은 그 모든 주제들이 물리학 공동체에 속한다는 것이었다. 그러나 동료 역사학자들이 여러 번 지적했듯이, 그러한 동일시는 대개 시험을 견뎌내지 못할 것이다. 예를 들어, 물리학 공동체는 19세기 중엽 이전에는 존재하지 않았으며, 이전에 분리되어 있던 수학과 실험자연학(physique expérimentale)이라는 두 집단이 나중에 합병됨으로써 비로소 형성되었다. 오늘날 하나의 광역적인 과학자 공동체의 연구 주제는 과거에는 다양한 공동체들에 다양하게 분산되어 있었다. 반면, 열이나 물질 이론과 같은 보다 좁은 주제들은 오랜 세월 동안 어느 단일 과학자 공동체의 특별 구역이 되지 않은 채로 존재했다. 그러나 정상과학과 혁명은 둘 다 과학자 공동체에 기초한 활동이다. 그것들을 발견하고 분석하려면, 먼저 시간에 따라서 변화하는 과학자 공동체의 구조를 해명해야 한다. 무엇보다, 패러다임이 좌우하는 것은 연구 주제가 아니라 전문가들의 집단이다. 패러다임에 의해서 인도된 연구나 패러다임을 파괴하는 연구에 관한 모든 고찰은 그 연구를 수행하는 집단(들)을 찾는 것에서 시작해야 한다.

그런 방식으로 과학적 발전에 접근하게 되면, 비판자들의 관심의 초점이 되어왔던 여러 난점들은 사라질 것 같다. 예컨대 여러 논평자들은 물질 이론을 언급하면서, 과학자들이 한결같이 하나의 패러다임에 충성하는 것처럼 내가 지나치게 과장했다고 불평했다. 이들은 물질 이론들이 비교적 최근까지도 지속적인 불일치와 논쟁을 낳은 주제였음을 지적한다. 나는 그런 서술에는 동의하지만, 그것이 반례라고 생각하지 않는다. 물질 이론들은 적어도 1920년경까지는 어떤 과학자 공동체의 주제나 특별한 영역이 아니었다. 오히려 그것들은 다수의 전문가 집단들을 위한 도구였다. 상이한 과학자 공동체의 구성원들은 때로는 서로 다른 수단을 택했고 다른 집단의 선택을 비판했다. 보다 중요한 것은, 물질 이론은 어느 단일 공동체에 속하는 구성원끼리도 꼭 동의해야 하는 주제가 아니라는 점이다. 동의해야 할 필요성은 그 공동체가 수행하는 일이 무엇인가에 달려 있다. 19세기 전반기에 화학은 그런 점에 대한 하나의 사례를 제공한다. 일정비례, 배수비례, 기체 반응의 법칙 등 공동체의 여러 기본적 도구들은 돌턴의 원자론의 결과로서 화학자들의 공유 재산이 되었지만, 이들은 그 이후에 이런 도구들에 근거해서 자신의 연구를 수행하면서도 때로는 격렬하게 원자의 존재에 대해서 견해를 달리할 수 있었다.

나는 그 밖의 다른 난점과 오해도 마찬가지 방식으로 풀릴 것이라고 믿는다. 더러는 내가 선택한 사례들 때문에, 그리고 더러는 유관 공동체의 성격과 크기에 대한 모호함 때문에, 일부 독자들은 나의 관심이 코페르니쿠스, 뉴턴, 다윈 또는 아인슈타인과 관련된 주요 혁명들에 우선적으로나 전적으로 집중되어 있다고 결론지었다. 그러나 내가 주려고 했던 인상은 상당히 다른데, 공동체 구조에 관한 보다 명확한 묘사는 그러한 인상을 강화하는 데에 도움이 될 것이다. 나에게 혁명이란 집단 공약에서의 모종의 재구성을 포함하는 특별한 종류의 변화이다. 그러나 그것이 대규모의 변화일 필요는 없고, 가령 25명 이하로 구성된 어느 단일 공동체 외부의 사람들에게는 혁명적으로 보이지 않을 수도 있다. 과학철학 문헌에서 거의 인식되지 않거나 논의되지 않은 이런 유형의 변화들이 이런 작은 규모로 규칙적으로 발생하는 까닭에, 누적적 변화와 대조되는 혁명적인 변화야말로 반드시 이해될 필요가 있다.

마지막 한 가지 수정은 앞의 것과 밀접하게 관련되는 것으로 그것을 이해하는 데에 도움이 될 것이다. 많은 비판자들은 위기가, 즉 무엇인가 잘못되었다는 공통의 인식이, 내가 초판에서 내비쳤던 것처럼 그렇게 한결같이 혁명에 선행하는지 의문을 제기했다. 그러나 나의 주장에서 어떤 중요한 부분도 위기가 혁명의 절대적 전제조건이라는 것에 의존하지는 않는다. 위기는 단지 통상적인 서막으로서, 정상과학의 경직성이 도전을 받지 않은 채로 영원히 계속되지 않음을 보증하는 자체 교정 메커니즘을 제공한다. 혁명은 다른 방식으로 유도되기도 하지만, 나의 견해로는 그런 일은 드문 것 같다. 덧붙여서 나는 여기서 과학자 공동체의 구조에 관한 적절한 논의의 부재가 모호하게 감추었던 점을 지적할 것이다. 위기라는 것이 위기를 경험하고 때로는 그 결과로서 혁명을 겪게 되는 그 공동체의 연구에 의해서 발생해야 하는 것은 아니라는 점이다. 전자현미경 같은 새로운 기기 또는 맥스웰의 법칙 같은 새로운 법칙이 하나의 전문 분야에서 생겨나, 그것의 동화가 다른 분야에서 위기를 낳기도 한다.

2. 집단 공약의 집합체로서의 패러다임

이제 패러다임으로 이야기를 돌려서 패러다임이 무엇일 수 있는지 문도록 하자. 초판에서 이보다 더 이해하기 어려웠거나 중요한 질문은 없다. "패러다임"이 이 책의 핵심적인 철학적 요소들을 명명한다는 나의 확신에 공감하는 한 독자는 부분적 분석 색인을 마련하고, 그 용어가 적어도 22가지 다른 방식들로 사용되고 있다고 결론을 내렸다.[7] 지금 내 생각에, 그런 차이들 중 대부분은 문체상의 비일관성 때문이고(예컨대, 뉴턴의 법칙들은 때로는 패러다임이고, 때로는 패러다임의 부분들이며, 때로는 패러다임적이다), 비교적 수월하게 제거될 수 있다. 그러나 그런 편집 작업을 마치고 나서도, 그 용어의 매우 다른 두 가지 용법이 남게 되는데, 그 둘은 분리할 필요가 있다. 보다 광범위한 용법은 이 절의 주제이고, 다른 용법은 다음 절에서 다룬다.

방금 논의했던 기법으로 특정한 전문가 공동체를 구분한 다음에는, 다음과 같은 실질적인 질문을 던질 수 있다. 구성원들이 공유하고 있는 그 어떤 것이 전문적 의사소통의 상대적 완전성과 전문적 판단의 상대적 의견 일치를 설명해줄 수 있을까? 이 물음에 대한 초판의 답변은 하나의 혹은 한 벌의 패러다임이다. 그러나 아래에서 논의하게 될 다른 용법과는 달리, 이러한 용법에 대해서는 패러다임이라는 용어가 적절하지 않다. 과학자들은 스스로 하나 혹은 한 벌의 이론을 공유한다고 말할 것이며, 그 용어가 궁극적으로 이런 용도를 되찾을 수 있다면 정말 기쁠 것이다. 그러나 과학철학에서 요즘 쓰이고 있는 '이론(theory)'은 여기에서 요구되는 것보다 그

---

7) Masterman, 앞의 책.

후기—1969   303

성격과 범위가 훨씬 더 제한적인 구조를 뜻한다. 따라서 이론이라는 용어가 현재의 함의에서 자유로워질 때까지, 다른 용어를 채택하는 편이 혼동을 피할 수 있을 것이다. 이런 목적으로 나는 '전문 분야 매트릭스(disciplinary matrix)'를 제안한다. '전문 분야'라고 붙인 것은 특정 전문 분야 종사자들이 공통적으로 가지고 있는 것을 가리키기 때문이고, '매트릭스'라고 붙인 것은 그것이 다양한 종류의 요소들로 질서 있게 이루어져 있기 때문이다(수학에서 매트릭스, 즉 행렬을 생각해볼 것/역주). 물론 각 요소들은 추가적인 명세가 필요하다. 내가 초판에서 패러다임들, 패러다임의 부분들 또는 패러다임적인 것이라고 했던 집단 공약의 대상들은 대부분이나 그 전부가 전문 분야 매트릭스의 구성요소들이며, 그럼으로써 그 요소들은 하나의 전체를 이루고 함께 작용한다. 그것들은 더 이상 마치 모두 똑같은 것처럼 다루어지지는 않을 것이다. 나는 여기서 철저한 목록을 만들려고 하지는 않겠지만, 전문 분야 매트릭스의 주된 구성요소들을 언급하는 것이 현재 내가 취하는 접근의 성격을 분명히 하고, 동시에 다음 번 요점에 대한 준비도 될 것이다.

나는 이것의 한 가지 중요한 유형의 요소를 '기호적 일반화(symbolic generalization)'라고 부를 것인데, 집단 구성원들 사이에서 의문이나 이견 없이 활용되는 표현식으로, $(x)(y)(z)\phi(x,y,z)$와 같은 논리적 형태로 손쉽게 표현될 수 있는 것들을 염두에 둔 것이다. 그것들은 전문 분야 매트릭스에서 형식적인 요소이거나 쉽게 형식화할 수 있는 요소들이다. 때로는 그것들은 이미 $f = ma$ 또는 $I = V/R$와 같이 기호적 형태로 존재한다. 어떤 것들은 보통 단어로 표현된다. "원소들은 일정한 무게비로 결합한다" 또는 "작용은 반작용과 같다" 등이 이런 경우이다. 만일 이런 표현들이 일반적으로 수용되지 않앉더라면, 집단 구성원들은 자신들의 퍼즐 풀이 활동에서 그러한 강력한 논리적, 수학적 조작 기법을 적용할 수 없었을 것이다. 분류학의 사례는 그런 표현을 거의 가지지 않고도 정상과학이 진행될 수 있음을 시사하지만, 과학의 위력이 그 종사자들이 마음대로 쓸 수 있는 기호적 일반화를 더 많이 가질수록 증강된다는 것은 상당히 일반적으로 보인다.

기호적 일반화는 자연 법칙과 비슷해 보이지만, 집단 구성원들에게 그것의 기능은 흔히 그뿐만이 아니다. 물론, 때로는 자연 법칙처럼 기능한다. 예컨대 줄-렌츠(Joule-Lenz) 법칙, 즉 $H = RI^2$의 경우가 그렇다. 이 법칙이 발견되었을 당시, 공동체의 구성원들은 이미 H, R, 그리고 I가 각각 무엇을 나타내는지 알고 있었고, 이러한 일반화는 단지 그들이 미처 알지 못했던 열, 전류, 저항의 작용에 대한 무엇인가를 알려준 것이었다. 그러나 이 책의 앞부분에서 논의되었듯이, 기호적 일반화는 동시에 두 번째 기능을 수행하는 일이 더 빈번한데, 이런 기능은 과학철학자에 의한 분석에서 대개 예리하게 분리되는 것이다. $f = ma$나 $I = V/R$처럼, 기호적 일반화는 부분적으로 법칙들로서 작용하지만, 부분적으로 법칙에 포함된 어떤 기호들에 대한 정의로서 작용하기도 한다. 더욱이 법칙으로서의 힘과 정의적(definitional) 힘은 분리가 불가능하며, 그들 사이의 균형은 시간에 따라서 변하기도 한다. 다른 맥락에서 이런 점들은 다시 상세하게 분석될 것인데, 이는 법칙에 대한 공약과 정의에 대한 공약은 그 성격이 전혀 다르기 때문이다. 법칙들은 흔히 단편적으로 교정할 수 있지만, 항진명제인 정의는 그렇지 않다. 예컨대 옴(Ohm)의 법칙이 수용되기 위한 조건 중 일부는 '전류'와 '저항'을 모두 재정의하는 일이었다. 만일 그 용어들이 이전과 같은 것을 의미했더라면, 옴의 법칙은 옳은 것이 되지 못했을 것이다. 이것은 옴의 법칙이, 줄–렌츠의 법칙과는 달리, 그리도 격렬한 반대에 부딪히게 된 이유이다.8) 아마도 이런 상황은 전형적인 것 같다. 요즘 나는 모든 혁명이, 다른 무엇보다도, 어떤 일반화를 포기하는 것을 포함한다고 생각하고 있는데, 여기에서 포기되는 일반화의 효력은 이전에는 일부 항진명제의 효력이었다. 아인슈타인은 동시성이 상대적임을 보여준 것인가, 아니면 동시성의 개념 그 자체를 바꾼 것인가? "동시성의 상대성"이라는 구절에서 역설을 느끼는 사람들은 단순히 틀린 것이었는가?

다음은 전문 분야 매트릭스의 요소 중 두 번째 유형을 고찰할 것인데, 이는 초판에서 '형이상학적 패러다임' 또는 '패러다임의 형이상학적 부분'이라는 표현으로 많이 이야기했던 바이다. 나는 다음과 같은 믿음들에 대한 공유된 공약을 염두에 두고 있다. 열은 물체를 구성하는 부분들의 운동 에너지이다. 지각할 수 있는 모든 현상은 질적으로 중성인 원자들이 진공 속에서, 혹은 물질과 힘에 대해서, 아니면 장(field)과 상호작용함으로써 일어난다. 지금 책을 다시 쓴다면, 나는 그러한 공약을 특정 모델에 대한 믿음이라고 서술할 것이고, 상당히 발견적인(heuristic) 모델까지도 포함하도록 범주를 확장할 것이다. 예컨대, 전기회로는 정지 상태의 유체 역학계로 간주될 수도 있고, 기체 분자는 미소한 탄성의 당구공이 무작위 운동을 하는 것처럼 행동한다. 집단 공약의 강도는 발견적인 모델에서 존재론적 모델까지 이르는 스펙트럼에서 어디쯤 위치하느냐에 따라

---

8) 이 에피소드의 중요한 부분에 대해서는 T. M. Brown, "The Electric Current in Early Nineteenth-Century French Physics", *Historical Studies in the Physical Sciences*, I (1969), 61–103과 Morton Schagrin, "Resistance to Ohm's Law", *American Journal of Physics*, XXI (1963), 536–547.

서 사소하지 않게 변화하지만, 모든 모델은 유사한 기능을 가진다. 무엇보다 모델은 집단에게 바람직하거나 허용되는 유추와 비유를 제공한다. 그렇게 함으로써, 그것은 무엇이 설명으로서, 그리고 퍼즐의 풀이로서 받아들여질 수 있는지를 결정하는 데에 도움을 준다. 반대로, 모델은 미해결 퍼즐의 목록을 결정하고 각 퍼즐의 중요성을 평가하는 것도 돕는다. 그러나 과학자 공동체의 구성원들이 발견적인 모델조차도 공유하지 않아도 된다는 것을(보통 공유하기는 하지만) 주목할 필요가 있다. 이미 지적했듯이, 19세기 전반기에 화학자 공동체의 일원이 되기 위해서 원자를 꼭 믿어야 할 필요는 없었다.

전문 분야 매트릭스의 세 번째 요소는 내가 여기서 가치들이라고 말하는 것이다. 보통 그것들은 기호적 일반화나 모델보다도 상이한 과학 공동체 사이에서 광범위하게 공유되고, 자연과학자 전체에 공동체라는 의미를 부여하는 데에 크게 기여한다. 그것들은 항상 작용하고 있지만, 특히 그 중요성이 두드러지는 시기는 특정 공동체의 구성원들이 위기를 확인하거나, 또는 후에 그들의 분야에서 연구를 수행하는 양립 불가능한 방식들 사이에서 선택해야 할 때이다. 아마도 가장 뿌리 깊게 수용된 가치는 예측에 관한 것이 아닌가 한다. 즉 예측들은 정확해야 하며, 정량적 예측이 정성적 예측보다 바람직하고, 허용되는 오차의 한계가 무엇이든 간에 그것은 주어진 분야에서 한결같이 만족되어야 한다 등등이다. 그러나 전체 이론을 평가하는 데에 사용되는 가치들도 존재한다. 무엇보다 먼저, 이론은 퍼즐의 정식화와 해결을 가능하게 해야 한다. 이론은 가능하면 단순해야 하고, 자기 일관적이며, 그럴듯하고, 당대의 다른 이론들과 양립 가능해야 한다(지금 나는 위기의 원천과 이론 선택의 요인을 고려하면서 내적 일관성과 외적 일관성 같은 가치들에 거의 주의를 기울이지 않았던 점이 초판의 약점이었다고 생각한다). 그 외에도, 이를테면 과학은 사회적으로 유용해야 한다(또는 그럴 필요가 없다)는 것 같은 다른 종류의 가치도 존재하지만, 앞의 설명이 내 생각을 나타내준다.

그러나 공유된 가치의 한 가지 측면은 각별히 언급할 필요가 있다. 전문 분야 매트릭스에서의 다른 어느 요소보다 더 큰 정도로, 가치들은 그것을 달리 응용하는 사람들에게 공유될 수 있다. 정확성의 판단은 시대에 따라서, 그리고 특정한 집단의 구성원에 따라서 전적으로는 아니지만 적어도 비교적 안정적이다. 그러나 단순성, 일관성, 그럴듯함 같은 판단은 흔히 개인에 따라서 크게 달라진다. 아인슈타인에게 고전 양자론은 정상과학의 추구를 불가능하게 만든, 견딜 수 없는 비일관성을 가진 것이었는데, 보어와 동료들에게는 이런 비일관성이 정상적인 방법으로 해결되리라고 기대할 수 있었던 난점이었다. 이보다 더 중요한 것은, 가치가 적용되는 상황에서 가치는, 그것만을 보게 된다면, 흔히 서로 다른 선택을 하도록 지시한다는 점이다. 한 이론은 다른 것에 비해서 더 정확하지만, 일관성이나 개연성이 떨어질 수도 있다. 여기서도 고전 양자론이 예를 제공한다. 말하자면, 가치들은 과학자들에게 폭넓게 공유되고, 그것들에 대한 공약은 깊고 또 과학을 구성하는 것이지만, 가치들의 적용은 집단 구성원들이 저마다 가진 개인적인 개성과 이력의 특성에 상당한 영향을 받기도 한다.

이 책의 앞부분을 읽은 여러 독자들에게, 공유된 가치가 작동하는 이런 독특한 방식은 내 입장의 주요 취약점으로 보였다. 나는 과학자들이 공유하는 것이 경쟁하는 이론 사이의 선택 문제나, 혹은 통상적인 변칙현상과 위기를 야기하는 변칙현상을 구별하는 문제에 관해서 어떤 획일적인 동의를 이끌어내기에는 불충분하다고 주장하고 있기 때문에, 주관성과 비합리성까지도 찬양하는 것으로 종종 비난받았다.9) 그러나 그런 반응은 어느 분야에서건 가치 판단이 보여주는 두 가지 특성을 무시한다. 첫째로, 한 집단의 구성원들이 공유된 가치들을 동일한 방식으로 응용하는 것은 아닐지라도, 공유된 가치는 그룹의 행동에서 중대한 결정요소일 수 있다(만일 그렇지 않았더라면, 가치론이나 미학에 관해서 어떤 **특별한** 철학적 문제도 제기되지 않았을 것이다). 대상을 있는 그대로 표현하는 재현 (representation)이 일차적인 가치였던 시기에 모든 사람들이 비슷하게 그림을 그린 것은 아니었지만, 그 가치가 포기되었을 때 조형 예술의 발달 양식은 극적으로 변했다.10) 일관성이 더 이상 일차적인 가치가 되지 않는다면, 과학에서 과연 어떤 일이 벌어질지 상상해 보라. 둘째로, 공유된 가치들을 응용하는 데에서 개인 간의 가변성은 과학에 필수적인 기능을 수행할 수도 있다. 가치들이 응용되어야 하는 지점들은 또한 예외 없이 위험을 무릅써야만 하는 곳이기도 하다. 변칙현상들은 대부분 정상적인 방법으로 해결되고, 새로운 이론에 대한 제안은 대부분 잘못된 것으로 밝혀진다. 만일 공동체의 구성원 모두가 매번 변칙현상을 위기의 원천으로 간주하거나, 또는 어느 동료가 개진한 새로운 이론을 항상 기꺼이 받아들인다면,

---

9) 특히 다음을 참조하라. Dudley Shapere, "Meaning and Scientific Change", in *Mind and Cosmos: Essays in Contemporary Science and Philosophy*, The University of Pittsburgh Series in the Philosophy of Science, III (Pittsburgh, 1966), 41–85; Israel Scheffler, *Science and Subjectivity* (New York, 1967); 그리고 *Growth of Knowledge* 에서 Sir Karl Popper와 Imre Lakatos가 쓴 에세이.

10) 제13장 첫머리의 논의 참조.

과학은 중단되고 말 것이다. 그러나 다른 한편으로, 어느 누구도 변칙현상이나 위험 부담이 큰 새로운 이론에 반응하지 않는다면, 혁명은 거의 일어나지 않거나 혹은 전혀 일어나지 않을 것이다. 이런 문제에서 개인의 선택을 좌우하는 공유된 규칙보다는 공유된 가치에 의존하는 편이 공동체가 위험을 분산시키고 연구 활동의 장기적 성공을 보장하는 길이 될 것이다.

이제는 전문 분야 매트릭스의 네 번째 요소로 방향을 돌리고자 하는데, 이는 유일하게 남은 요소는 아니지만 내가 여기서 논의할 마지막 요소이다. 왜냐하면 이 요소에 대해서 문헌학상으로나 자전적으로나 '패러다임'이라는 용어가 꼭 들어맞을 것이기 때문이다. 이 것은 당초 내가 그 단어를 선택하게 된, 한 집단의 공유된 공약의 요소이다. 그러나 패러다임이라는 용어는 이제 그 자체의 삶을 가지게 되었으므로, 여기서 나는 '범례(exemplar)'라는 말로 대체할 것이다. 범례가 의미하는 바는 실험실에서든, 시험에서든, 또는 과학 교과서의 각 장 말미에서든 간에, 학생들이 과학 교육을 받기 시작하면서부터 마주치게 되는 구체적인 문제 풀이이다. 그러나 이들 공유된 예제에다가 교육을 마친 과학자들이 연구하는 동안 마주치게 되는 정기 간행물에 실린 몇몇 전문적인 문제 풀이의 일부도 포함시켜야 하는데, 이것들은 과학자들에게 그들의 연구가 어떻게 수행되어야 하는지를 실례를 통해서 보여준다. 전문 분야 매트릭스의 다른 어떠한 요소보다도, 범례 집합에서의 차이는 과학자 공동체의 미시구조를 보여준다. 예컨대 물리학자는 모두 동일한 범례를 배우는 것에서 출발한다. 경사면, 원추형의 추, 그리고 케플러의 궤도 같은 문제들, 계산자, 열량계(calorimeter), 그리고 휘트스톤 브리지(Wheatstone bridge : 저항을 재는 기구/역주) 같은 기기들이 그것이다. 그러나 그들의 훈련 과정이 진전됨에 따라서, 그들이 공유하는 기호적 일반화는 점차로 서로 다른 범례들에 의해서 예시된다. 고체 물리학자들과 장 이론 물리학자들은 모두 슈뢰딩거 방정식을 공유하지만, 그것의 보다 기초적인 응용만이 양쪽 그룹에 공통될 뿐이다.

3. 공유된 예제로서의 패러다임

공유된 예제로서의 패러다임은 이제 내가 이 책에서 가장 새롭고 사람들이 가장 이해하지 못한 부분이라고 생각하는 핵심 요소이다. 따라서 범례는 전문 분야 매트릭스의 다른 요소들보다 더 주의를 기울여야 한다. 대개 과학철학자들은 실험실이나 과학 교과서에서 학생이 맞닥뜨리는 문제들을 논의하지 않았는데, 이는 학생들이 그 문제들을 통해서 이미 알고 있는 것을 적용해보는 실습을 할 뿐이라고 생각했기 때문이다. 학생이 우선 이론을 배우고, 그것을 응용하는 몇몇 규칙을 배우지 않으면 문제를 전혀 풀 수 없다고 흔히 말한다. 이때 과학 지식은 이론과 규칙 속에 내장되어 있고, 문제는 그것을 응용하는 능력을 길러주는 것이다. 그러나 나는 과학의 인지적 내용을 이런 방식으로 국소화하는 것이 잘못되었다고 주장해 왔다. 물론 학생들이 문제를 많이 풀고 난 뒤라면, 문제를 더 푸는 것은 단지 응용 능력만을 더 키워줄 것이다. 그러나 처음에, 그리고 그 뒤 얼마 동안은, 문제를 푸는 것은 자연에 관해서 필연적인 것들을 배우는 것이다. 그런 범례들 없이는, 학생들이 이미 배운 법칙과 이론은 경험적인 내용을 거의 가지지 못할 것이다.

내가 뜻하는 바를 말하기 위해서 기호적 일반화로 잠깐 되돌아가 보자. 널리 알려진 사례들 중의 하나는 뉴턴의 운동 제2법칙인데,

이는 일반적으로 $f = ma$로 표시된다. 어떤 주어진 공동체의 구성원들이 그에 대응하는 표현식을 문제없이 말하고 받아들인다는 것을 사회학자나 언어학자가 발견했다고 할 때, 그들이 추가적인 조사를 많이 하시 않는다면, 그 표현식이나 그 속의 각 항들이 무엇을 의미하는지, 그리고 그 공동체의 과학자들이 그 표현식을 어떻게 자연에 관련시키는지에 관해서 많은 것을 알아내지 못할 것이다. 실제로, 그들이 의심 없이 그것을 인정하고 논리적, 수학적 조작을 도입하기 위한 열쇠로 사용한다고 해서, 그들이 표현식의 의미와 응용 같은 문제들에 관해서 동의한다는 뜻은 아니다. 물론 그들은 상당한 정도로 동의하며, 그렇지 않으면 그 사실은 이후의 대화에서 곧 나타날 것이다. 그러나 혹자는 어느 시점에서 그리고 무슨 방법으로 그들이 동의하게 되었는지 물을 것이다. 주어진 실험 상황에 직면하여, 그들은 어떻게 관련되는 힘, 질량, 그리고 가속도를 골라낼 줄 알게 되었는가?

그 상황의 이러한 측면에 관해서 알려진 것은 거의 없거나 또는 전혀 없지만, 실제로 학생들이 배워야 하는 것은 이보다도 훨씬 더 복잡하다. 논리적, 수학적 조작이 $f = ma$에 직접 적용된다는 것도 완전히 들어맞는 말은 아니다. 그 표현식을 검토해보면, 그것은 하나의 법칙—개요(law-sketch) 또는 법칙—도식(law-schema)임이 드러난다. 학생이나 현행 과학자가 한 문제 상황에서 다음 문제 상황으로 이동하면, 조작해야 하는 기호적 일반화가 달라진다. 자유낙하의 경우에는, $f = ma$는 $mg = m(d^2s/dt^2)$가 되고, 단진자에 대해서는 $mg\sin\theta = -ml(d^2\theta/dt^2)$로 변형되며, 상호작용하는 조화진동자 한 쌍에 대해서는, 두 개의 방정식으로 쓰이는데, 그중에서 첫 번째 식은 $m_1(d^2s_1/dt^2) + k_1s_1 = k_2(s_2 - s_1 + d)$가 된다. 그리고 자이로스코프(gyroscope)처럼 복잡한 경우에서는 또다시 다른 형태가 되어서, $f = ma$ 와의 가족 유사성조차 알아차리기가 힘들어진다. 그렇지만, 학생은 이전에 당면하지 않았던 다양한 물리적 상황에서 힘, 질량, 가속도 를 확인하는 법을 배우면서, 그 관계식들을 상호 관련짓는 $f = ma$의 적절한 변형식을 세울 줄도 알게 되는데, 보통 이런 변형식은 그것 과 글자 그대로 동등한 것을 이전에 경험해본 적이 없는 것이다. 어 떻게 학생은 그렇게 하는 법을 배웠을까?

과학도와 과학사학자 양쪽 모두에게 친숙한 한 가지 현상이 실마 리를 제공한다. 과학도는 으레 교과서의 한 장을 독파했고 그것을 완벽히 이해했지만, 그럼에도 그 장의 끝에 실린 여러 문제들을 푸 는 데에 어려움을 겪었다고 말한다. 대개 그런 어려움은 동일한 방 식으로 해결된다. 학생은, 교수자의 도움을 받든지 받지 않든지 간 에, 자신의 문제를 이미 부닥쳤던 문제와 유사한 것으로 보는 법을 발견하게 된다. 유사성을 발견하고 서로 다른 둘 이상의 문제들 사 이의 유비관계를 파악하게 되면, 학생은 이전에 효과적이라고 증명 된 방식으로 기호들을 관계 짓고 그것을 자연에 적용할 수 있게 된 다. 예컨대 $f = ma$와 같은 법칙−개요는 하나의 도구로 작용함으로 써 학생에게 어떤 유사성을 찾아내야 하는지를 알려주고, 그 상황 을 보는 게슈탈트(gestalt : 통일적 형태/역주)를 알려준다. 내 생각으 로는, $f = ma$ 또는 그 밖의 기호적 일반화에 관한 주제처럼, 다양한 상황들을 서로 닮은 것으로 보는 능력은, 학생이 연필과 종이를 쓰 든 설비가 잘된 실험실에서든 간에, 모범적 문제들을 풀어냄으로써 얻게 되는 주요 성과이다. 학생에 따라서 그 수가 크게 달라질 수도 있지만, 일정한 수의 문제 풀이를 완결하고 나면, 그는 한 사람의 과학자로서 그에게 닥치는 상황을 그 전문가 집단의 다른 구성원들과 같은 게슈탈트로 보게 된다. 그에게 그런 상황들은 그가 훈련을 시작했을 때에 직면했던 것과는 더 이상 동일하지 않다. 그 기간 동안 그는 사물을 보는, 오랫동안 시험되고 집단이 승인한 방식을 소화해낸 것이다.

습득한 유사성 관계의 역할은 과학사에서도 뚜렷하게 나타난다. 과학자들은 이전의 퍼즐 풀이를 모델 삼아서 퍼즐들을 해결하는데, 흔히 기호적 일반화에 의존하는 정도는 미미하다. 갈릴레오는 경사면에서 굴러내리는 공은 임의의 기울기를 가진 두 번째 경사면에서 똑같은 수직 높이까지 공을 되돌릴 만큼의 속도를 얻는다는 것을 발견하고, 그 실험적 상황을 점−질량을 가지는 진자와 유사한 것으로 보는 법을 발견했다. 그 다음 하위헌스는 물리적 진자의 진동에서의 중심에 관한 문제를 풀었는데, 그것은 진자의 연장된 모양이 갈릴레오의 점−진자들로 구성되고, 흔들리는 임의의 점에서 점−진자 사이의 결합이 순간적으로 끊긴다고 상상함으로써 가능했던 일이다. 결합이 끊긴 뒤에는 각각의 점−진자들은 자유롭게 흔들릴 것이지만, 각각 그 최고점에 이르렀을 때에 그것들의 전체적인 무게중심은, 갈릴레오 진자의 경우처럼, 연장된 진자의 무게중심이 낙하하기 시작했던 높이까지만 올라갈 것이다. 마지막으로, 다니엘 베르누이는 구멍으로부터의 물의 흐름을 하위헌스의 진자와 유사하게 만들 수 있는 방법을 찾아냈다. 무한히 작은 시간 간격 동안 탱크와 분출구에서의 물의 무게중심의 하강을 결정해보라. 다음에는 뒤이어 물의 각 입자가 그 시간 간격 동안 얻은 속도로 가능한 최고 높이까지 따로따로 상승한다고 가정하라. 그러면 각 입자의 중심의 상승은 탱크와 분출구에서의 물의 중심의 하강과 같아야 한다. 이런 관점으로 문제를 보니, 오랫동안 탐구되었던 유출 속도

(speed of efflux)가 즉각 도출되었던 것이다.[11]

　동일한 과학 법칙이나 법칙–개요의 응용에 대한 주제에서처럼, 이 사례는 문제들로부터 여러 상황들을 서로 유사한 것으로 보는 법을 배운다고 말할 때, 내가 의미하는 바를 밝히는 시작점이 된다. 동시에 그것은 왜 내가 자연에 대한 필연적인 지식을 언급하는지 보여줄 것인데, 이 지식은 유사성 관계를 배우는 과정에서 획득되며 또한 그럼으로써 규칙이나 법칙보다는 물리적 상황들을 바라보는 방식에 내장되어 있는 것들이다. 이 사례의 세 가지 문제는 모두 18세기 역학 연구자들에게 범례가 된 것들인데, 오직 하나의 자연 법칙만을 활용했다. 그것은 "생기력의 원리(principle of vis viva)"로 알려져 있는데, 보통 "실제적 하강은 잠재적 상승과 동일하다"라는 명제로 표현된다. 이 법칙에 대한 베르누이의 응용은 이것이 얼마나 중대한 것이었는지를 시사한다. 그러나 그 법칙의 언어적 진술은 사실 그 자체만으로는 무력하다. 그 단어들을 알고 또 그런 문제들을 모두 풀 수는 있지만 현재 다른 방법을 채택하고 있는 물리학 전공 학생에게 그 법칙을 주어보라. 그러고 나서, 모두 잘 알려진 단어들이기는 하지만, 문제조차 알지 못했던 사람에게 그런 단어들이 무엇을 말해줄 수 있었는지를 상상해보라. 그 사람에게 이 일반화는 그가 "실제적 하강"과 "잠재적 상승"을 자연의 요소로서 인식하는 법을 알게 되었을 때에만 제 기능을 할 수 있을 것이고, 그것은 자연이 나타내

---

11) 이 예에 대해서는 다음을 참조하라. René Dugas, *A History of Mechanics*, J. R. Maddox 역 (Neuchatel, 1955), pp. 135–136, 186–193; Daniel Bernoulli, *Hydrodynamica, sive de viribus et motibus fluidorum, commentarii opus academicum* (Strasbourg, 1738), iii절. 18세기 전반에 걸쳐 문제 풀이를 다른 것에 본뜸으로써 역학이 발달된 정도에 대해서는 Clifford Truesdell, "Reactions of Late Baroque Mechanics to Success, Conjecture, Error, and Failure in Newton's *Principia*", *Texas Quarterly*, X (1967), 238–258 참조.

거나 나타내지 않는 상황들에 관해서 무엇인가를, 법칙보다 앞서, 알게 되었다는 뜻이다. 이런 종류의 학습은 순전히 언어적으로만 얻을 수 있는 것이 아니다. 오히려 그것은 단어들과 더불어 그 단어들이 실제 사용에서 어떻게 기능하는지에 관한 구체적인 사례들이 함께 주어질 때 얻게 되는 것이다. 자연과 단어는 함께 학습된다. 다시 한번 마이클 폴라니의 적절한 표현을 빌리면, 그런 학습 과정에서 얻게 되는 것은 "암묵적 지식"으로, 이는 과학을 하기 위한 규칙을 습득함으로써가 아니라 과학을 함으로써 알게 되는 것이다.

4. 암묵적 지식과 직관

암묵적 지식을 인용하고 동시에 규칙을 거부함으로써, 많은 비판자들을 당황하게 하고 주관과 비합리성이라는 비난의 근거가 된 또 다른 문제가 야기되었다. 어떤 독자들은 내가 과학의 기초를 논리와 법칙보다는 분석할 수 없는 개인의 직관에서 찾으려고 한다고 느낀 모양이다. 그러나 그런 해석은 두 가지 본질적인 측면에서 방향을 잘못 잡았다. 첫째로, 만일 내가 직관에 관해서 무엇인가 말하고 있다면, 그것은 개인의 직관이 아니다. 그것은 성공적인 집단의 구성원들 사이에서 시험을 거쳐 공유된 것이며, 그래서 초보자는 구성원이 되기 위한 준비 과정의 일부로서 훈련을 통해서 그런 직관들을 얻게 된다. 둘째로, 그런 직관은 원칙적으로 분석될 수 없는 것이 아니다. 오히려, 나는 현재 초보적인 수준에서 직관의 성질들을 탐구하도록 고안된 컴퓨터 프로그램을 가지고 실험 중에 있다.

그 프로그램에 관해서는 지금 논의할 만한 것이 없으나,[12] 그것

---

12) 이 주제에 대한 자료는 "Second Thoughts"에 실려 있다.

을 언급하는 것만으로도 나의 가장 핵심적인 요점을 보여줄 것이다. 내가 공유된 범례에 내장된 지식에 관해서 말할 때, 그것은 규칙, 법칙 또는 식별 기준에 내장된 지식보다 덜 체계적이거나 분석이 덜 용이한 앎의 양식에 대해서 말하고 있는 것이 아니다. 내가 생각하고 있는 것은 어떤 앎의 양식인데, 그것은 범례로부터 추상화된 후에 범례 대신 그 기능을 담당하는 어떤 규칙들로 재구성되는 것과는 거리가 먼(그렇게 된다면 결국 잘못 해석하게 되는) 그런 앎의 양식이다. 또는 달리 표현하면, 내가 주어진 상황을 이전에 보았던 어떤 것과 비슷하게 인식하고, 또 어떤 것과는 다르게 인식하는 능력을 범례로부터 획득한다고 말할 때, 나는 잠재적으로 신경−대뇌 메커니즘으로 완전히 해명될 수 없는 어떤 과정을 제안하는 것이 아니다. 그 대신 나는 그러한 해명이 그 본성상 "어떤 면에서 유사한가?"라는 물음에 답하지 못할 것이라고 주장하는 것이다. 그 물음은 규칙을 요청하는 것이며, 이 경우에는 특정한 상황들을 유사성 집합으로 분류하는 기준을 요청하는 것이다. 그리고 나는 이 경우에 기준(또는 적어도 온전한 한 벌의 기준)을 찾으려는 유혹에 저항해야 한다고 주장하는 바이다. 그러나 내가 반대하는 것은 체계가 아니라 어떤 특정한 유형의 체계이다.

이런 점을 구체적으로 밝히기 위해서, 여기서 잠깐 본론을 벗어나기로 한다. 이제 다룰 내용은 지금 나에게는 명백해 보이지만, 초판에서 "세계가 변화한다"와 같은 문구에 꾸준히 의존했던 것을 보면 항상 명백하지는 않았던 것 같다. 만일 두 사람이 같은 장소에 서서 같은 방향을 바라본다면, 유아론(唯我論)을 각오한 이상에는 우리는 그들이 거의 비슷한 자극을 받는다고 결론지어야 한다(만일 둘 다 똑같은 곳을 응시한다고 가정하면, 자극은 똑같을 것이다).

그러나 사람들은 자극을 보는 것이 아니다. 그에 대한 우리의 지식은 지극히 이론적이며 추상적이다. 대신 사람들은 감각(sensation)을 가지며, 결코 앞의 두 사람이 똑같은 감각을 가진다고 생각해야 할 필요는 없다(회의론자들은 아마도 1794년에 돌턴이 색맹을 서술하기 전까지는 아무도 색맹을 알아차리지 못했음을 기억할 것이다). 반대로 대부분의 신경 과정은 자극의 수용과 감각의 인식 사이에서 일어난다. 이에 관해서 확실하게 알려진 몇 가지 사항들 가운데 이런 것들이 있다. 전혀 다른 자극들이 동일한 감각을 일으킬 수 있고, 똑같은 자극이 전혀 다른 감각을 일으킬 수도 있으며, 끝으로 자극에서 감각으로 가는 경로는 부분적으로 교육에 의해서 조건화된다. 서로 다른 공동체에서 길러진 개인들은 때로는 마치 다른 사물을 본 것처럼 행동하기도 한다. 그러므로 만일 우리가 자극을 감각과 일대일로 동일시하려고 들지 않는다면, 우리는 실제로 자극과 감각 사이에 간격이 있다는 것을 깨닫게 될 것이다.

이제 여기서 주목할 것은 두 집단, 즉 그 구성원들이 동일한 자극을 수용하면서도 체계적으로 상이한 감각을 가지는 두 집단이 어떤 의미에서는 서로 다른 세계에 살고 있다는 점이다. 우리는 세계에 대한 우리의 지각을 설명하기 위해서 자극의 존재를 가정하며, 개인적 혹은 사회적 유아론을 피하기 위해서 자극의 불변성을 가정한다. 이러한 두 가지 가정에 대해서 나는 조금도 망설임이 없다. 그러나 우리의 세계는 무엇보다 자극으로 채워진 것이 아니라 우리 감각의 대상들로 채워지며, 이런 것들이 각 개인마다 또는 각 집단마다 똑같아야 하는 것은 아니다. 물론 개인들이 같은 집단에 속하고, 그에 따라서 교육, 언어, 경험, 문화를 공유하고 있는 만큼, 그들의 감각이 같다고 생각할 만한 좋은 이유가 존재한다. 그렇지 않다면 어떻게 해서 그들의 의사소통이 완전하고 그들의 환경에 대한 행동 상의 반응이 공통적이라는 것을 이해할 수 있겠는가? 그들은 거의 같은 방식으로 사물을 보고 자극을 처리함에 틀림없다. 그러나 집단의 분화와 전문화가 시작될 때, 감각의 불변성을 입증할 만한 유사한 증거는 없다. 내가 보기에는 단순한 편협함이 우리로 하여금 자극으로부터 감각까지의 경로가 모든 집단의 구성원들에게 동일하다고 생각하도록 만드는 것 같다.

이제 범례와 규칙으로 되돌아가면, 내가 제안하려고 노력해온 것은, 그것이 얼마나 예비적인 양식이든 간에, 다음과 같다. 하나의 총체적인 문화든지 아니면 그에 속한 하나의 전문가 하위 공동체든지 간에, 한 집단의 구성원들이 동일한 자극에 직면하여 동일한 것을 보도록 배우는 근본적인 기법 중 하나는 이미 그 집단의 앞선 세대가 보는 법을 배웠던 여러 상황들의 사례를 제시하는 것인데, 앞선 세대는 어떤 것들은 서로 유사한 상황들로 보고 다른 것들은 여타 상황들과는 다른 것으로 보곤 했을 것이다. 이런 유사한 상황들은 동일한 개인에 대한 연속적인 감각적 표상일 수도 있다. 예컨대 그것이 어머니라면, 그녀는 결국 어머니로서, 그리고 아버지나 자매가 아닌 사람으로서 시각적으로 인식될 것이다. 그 상황들은 자연적 일가들(natural families)의 구성원들에 대한 표상일 수도 있다. 예컨대 한편으로는 백조의 구성원들과, 다른 한편으로는 거위의 구성원들에 대한 것일 수 있다. 또는 보다 전문화된 집단의 구성원들에게는 뉴턴적 상황들의 사례들, 즉 기호식 $f = ma$의 변형으로 다룰 수 있다는 점에서 비슷한 상황이면서, 광학의 법칙-개요가 적용되는 상황들과는 다른 상황들의 사례일 수 있다.

일단 이와 같은 것들이 실제로 일어난다고 해보자. 우리는 범례로부터 습득한 것이 규칙과 규칙을 적용하는 능력이라고 말해야 할까? 이런 표현 방식은 솔깃한데, 그 이유는 우리가 어떤 상황을 이전에 겪었던 상황들과 유사하게 보는 것은 신경 과정의 결과일 것이고, 신경 과정은 물리적, 화학적 법칙에 의해서 완전한 지배를 받을 것이기 때문이다. 이런 의미에서, 일단 우리가 유사하게 보는 법을 배우면, 유사성의 인식은 우리의 심장박동과 마찬가지로 완전히 체계적이어야 한다. 그러나 바로 그런 비교는, 유사성의 인식 역시도 우리가 통제할 수 없는 자발적 과정일 수 있음을 시사한다. 만일 그렇다면, 그것을 규칙과 기준을 적용함으로써 우리가 다룰 수 있는 것처럼 생각하는 것은 적절하지 않을 것이다. 그렇게 말한다는 것은 우리가 규칙을 위배하거나, 기준을 잘못 적용하거나, 아니면 다르게 보는 방식을 시험해보는 등 대안적인 가능성들에 접근할 수 있음을 함축한다.13) 내 견해로는, 그런 것들은 도저히 우리가 할 수 없는 유형의 일들이다.

아니, 보다 정확히 말하면, 그런 것들은 우리가 무엇인가를 지각하고 감각을 가지기 전까지는 할 수 없는 것들이다. 일단 감각하고 나면, 우리는 흔히 기준을 찾고 그것을 활용하게 된다. 그 다음에는 해석에 들어가게 되는데, 해석이란 우리가 지각 과정 그 자체에서는 하지 않는, 여러 가지 대안들 가운데서 선택하게 되는 숙고 과정이다. 이를테면 우리는 무엇인가를 보고 이상하게 느낄지도 모른다 (앞에서 서술한 변칙적인 카드 놀이를 기억해보라). 모퉁이를 돌면

---

13) 만일 모든 법칙이 뉴턴의 법칙과 같고 모든 규칙이 십계명과 같았더라면, 이런 점은 밝혀야 할 필요가 없었을 것이다. 그런 경우라면 '법칙을 깨뜨린다'는 말은 난센스일 것이며, 규칙의 거부는 법칙에 의해서 다스려지지 않는 과정을 의미하는 것으로 보이지는 않을 것이다. 불행하게도 교통 법규와 그 비슷한 여러 법칙은 깨질 수 있어서 이 문제는 쉽게 혼동을 일으킨다.

서, 집에 계시리라고 생각했던 시간에 시내의 가게로 들어가는 어머니를 본다고 하자. 우리는 본 것을 곰곰이 생각해보고 갑자기 외칠 것이다. "그 사람은 어머니가 아니었어. 어머니는 붉은 머리니까 말이야!" 그 가게로 들어서면서 우리는 그 여인을 다시 한번 보고는, 어째서 그녀를 어머니로 생각할 수 있었는지 이해할 수 없게 된다. 아니면, 가령 얕은 시냇물 바닥에서 무엇인가를 잡아먹고 있는 물새의 꼬리 깃털을 본다고 하자. 저것은 백조일까, 아니면 거위일까? 우리는 본 것을 곰곰이 생각하면서, 머리에서 예전에 보았던 백조와 거위의 깃털과 그 꼬리 깃털을 비교할 것이다. 또는, 어쩌면 최초의 과학자가 되어, 우리는 이미 쉽게 감식할 수 있는 자연적 일가의 구성원들이 가지고 있는 어떤 일반적 특징들(이를테면 백조의 흰 빛깔)을 알고 싶을 수도 있다. 다시 우리는 이전에 이미 지각했던 것을 곰곰이 생각하면서, 주어진 자연적 일가의 구성원들이 공통으로 가지는 성질을 찾을 것이다.

이런 것들은 모두 숙고하는 과정이며, 그 속에서 우리는 기준과 규칙을 찾아내고 활용한다. 다시 말해서, 우리는 이미 가지고 있는 감각을 해석하려고 하고, 우리에게 주어진 것을 분석하려고 한다. 어떤 방식으로 그렇게 하든 간에, 그와 관련된 과정들은 결국 신경적인 것이며, 따라서 한편으로 지각을 지배하고 다른 한편으로 우리의 심장박동을 지배하는 동일한 **물리화학적** 법칙에 따라서 좌우된다. 그러나 그 체계가 세 가지 경우 모두에서 동일 법칙을 따른다고 해서, 우리의 신경 장치가 해석할 때 작동하는 방식이 그것이 지각할 때나 심장이 박동할 때 작동하는 방식과 동일하도록 프로그램되어 있다고 생각할 이유는 없다. 그러므로 내가 이 책에서 반대하고 있는 것은 지각을 하나의 해석적 과정, 즉 지각한 이후에 우리가 하는 행동의 무의식적 버전(version)으로 분석하려는 시도인데, 이런 시도는 데카르트 이래로(그 전에는 아니었지만) 전통으로 굳어진 것이다.

물론 지각의 온전성을 강조할 만한 가치가 있는 이유는 수많은 과거 경험들이 자극을 감각으로 변형시키는 신경 장치에 체화되어 있기 때문이다. 적절하게 프로그램된 지각의 메커니즘은 생존의 가치가 있다. 서로 다른 집단의 구성원들이 동일한 자극에 대해서 서로 다른 지각을 가질 수 있다고 해서, 그들이 아무 지각이든지 가질 수 있음을 의미하는 것은 아니다. 이런저런 환경에서 늑대와 개를 구별할 수 없는 집단은 존속할 수 없을 것이다. 만일 오늘날 핵물리학자 집단이 알파 입자와 전자의 궤적을 식별하지 못한다면, 과학자로서 살아남지 못할 것이다. 극히 적은 수의 관점만이 쓸모가 있기 때문에, 집단이 사용하는 시험을 견뎌낸 것들이 대를 이어서 전승할 만한 가치가 있다. 마찬가지로, 우리가 자극에서 감각에 이르는 경로에 내장된 자연에 관한 경험과 지식에 대해서 말해야 하는 이유는 그것들이 역사적 시간에 걸쳐 성공적이었다는 이유로 선택되었기 때문이다.

어쩌면 '지식'은 부적절한 단어일지도 모르지만, 그것을 사용한 데에는 이유가 있다. 자극을 감각으로 변형시키는 신경 과정 속에 내장된 것은 다음과 같은 특징이 있다. 즉 그것은 교육을 통해서 전수되어왔고, 시험을 통해서 한 집단의 현재 환경에서 그것의 역사적 경쟁자들보다 더 효과적인 것으로 밝혀진 것이며, 그리고 마지막으로 그것은 앞으로의 교육을 통해서, 또한 환경에 적합하지 않음을 발견하게 되면서 변화를 겪게 될 것이다. 그런 것들은 지식의 특징이며, 내가 왜 지식이라는 용어를 사용하는지를 설명해준다.

322

그러나 이것은 이상한 용법이기도 한데, 그 이유는 한 가지 특징이 빠져 있기 때문이다. 우리는 우리가 안다는 것에 직접 접근할 수 없고, 그런 지식을 표현하기 위한 규칙이나 일반화도 가지고 있지 않다. 우리의 지식에 접근할 수 있도록 해주는 규칙은 감각이 아니라 자극과 관련될 것인데, 자극에 대해서 우리는 정교한 이론을 통해서만 알 수 있다. 그것이 없는 한, 자극에서 감각에 이르는 경로에 내장된 지식은 암묵적인 채로 남게 된다.

이것은 분명히 하나의 서론이며 모든 세부 사항에서 올바를 필요는 없지만, 감각에 대해서 방금 논의한 것은 글자 그대로의 의미를 가진다. 적어도 그것은, 아마도 직접 조사는 아니더라도, 실험적으로 조사되어야 할 시각에 대한 하나의 가설이다. 그러나 보는 것과 감각에 관한 이 같은 논의는 책의 본문에서 그랬던 것처럼, 비유적인 기능을 담당한다. 우리는 전자(電子)를 보는 것이 아니라 그 자취 또는 구름 상자 안의 증기의 기포를 본다. 우리는 결코 전류를 보지 못하며, 그 대신 전류계나 검류계의 바늘을 본다. 그러나 앞에서, 특히 제10장에서, 나는 마치 우리가 전류, 전자, 장과 같은 이론적인 존재자를 지각하는 것처럼, 그리고 마치 범례들을 검토함으로써 그것들을 지각하는 법을 배우는 것처럼, 그리고 이러한 경우에도 보는 것에 대한 논의를 기준과 해석의 논의로 대체하는 것이 잘못인 것처럼 말해왔다. "보기"를 그와 같은 맥락으로 옮겨 비유하는 것만으로는 그런 주장에 대한 충분한 근거가 되기 어렵다. 장기적으로, 그 비유는 보다 엄밀한 논의 양식으로 대체되고 제거되어야 할 것이다.

위에서 언급한 컴퓨터 프로그램은 그것이 이루어질 수 있는 방안들을 제시하는 출발점이 되지만, 지면도 제한되어 있고 현재로서는 나의 이해도 충분하지 못해서 여기서 비유를 제거할 수는 없다.[14] 그 대신 나는 간단히 그 비유를 옹호해보겠다. 증기 방울이나 눈금을 가리키는 바늘을 보는 것은 구름 상자와 전류계에 생소한 사람에게는 원초적인 지각 경험이다. 그래서 전자나 전류에 관해서 어떤 결론에 도달하기 위해서는, 숙고와 분석, 그리고 해석이 (또는 그 밖에 외부적 권위의 개입이) 요구된다. 그러나 이런 기기들에 대해서 배운, 그리고 그것들을 통해서 많은 예증적 경험을 쌓은 사람은 그 입장이 전혀 다르며, 그가 기기들로부터 받은 자극을 처리하는 방식에서 그에 상응하는 차이가 나타나게 된다. 추운 겨울 오후에 자기가 내뿜은 숨의 증기에 대한 그의 감각은 일반인의 것과 똑같을 수 있지만, 구름 상자를 볼 때 그는 (문자 그대로) 방울을 보는 것이 아니라 전자, 알파 입자 등의 궤적을 본다. 그런 궤적들은 그에 대응하는 입자들의 존재에 대한 지표로서 해석되는 기준이라고 말할 수 있겠지만, 그러나 그의 경로는 방울을 해석해야 하는 사람의 경로와는 다르며 더 짧을 것이다.

---

14) "Second Thoughts"의 독자를 위해서, 다음의 숨은 이야기가 도움이 될 것이다. 자연적 일가들의 구성요소들을 곧바로 알아맞추는 가능성은 신경처리 과정 뒤에, 구별하려고 하는 일가들 사이에 비어 있는 지각력의 공간이 있느냐에 달려 있다. 예를 들면 거위로부터 백조에 이르는 범위의 물새에 대해서 감지되는 연속성이 있다고 한다면, 우리는 그것들을 구별하기 위해서 특수한 기준을 도입해야만 할 것이다. 관찰할 수 없는 실체에 대해서도 이와 비슷한 요지가 성립된다. 만일 어느 물리적 이론이 전류 이외의 다른 것의 존재를 인정하지 않는다면, 그 다음에는 경우에 따라서 상당히 달라질 몇 가지 안 되는 기준으로 전류를 확인하기에 충분한데, 거기에는 확인을 위한 필요충분 조건을 명시하는 한 벌의 규칙이 없더라도 그러할 것이다. 그런 요점은 더 중요할지도 모르는 개인성의 명제를 제시한다. 이론적 실체를 확인하는 데에 필요하고 충분한 조건들의 한 벌이 주어지면, 그 실체는 치환에 의해서 어느 이론의 존재론으로부터 제거될 수 있다. 그러나 그런 규칙들이 없게 되면, 이런 실체들은 제거할 수 없다. 그렇다면 그 이론은 그런 실체들의 존재를 요구한다.

혹은 과학자가 바늘이 가리키는 눈금을 읽기 위해서 전류계를 들여다본다고 생각해보자. 아마 그의 감각은 일반인의 것과 같을 것인데, 그 일반인이 이전에 다른 형태의 계량기 눈금을 읽은 적이 있다면 특히 그럴 것이다. 그러나 과학자는 전체 회로의 맥락에서 (여기서도 흔히 글자 그대로) 전류계를 본 것이며, 그는 기기의 내부 구조에 관해서도 무엇인가를 알고 있다. 그에게 바늘의 위치는 하나의 기준이지만, 전류의 값에 대해서만 기준이 된다. 그것을 해석하기 위해서, 과학자는 어떤 스케일로 전류계를 읽어야 하는지만 결정하면 된다. 반면에 일반인에게 바늘의 위치는 그 자체를 제외하고는 다른 어떤 것의 기준이 되지 못한다. 그것을 해석하기 위해서, 그는 안과 밖으로 배선의 전체 배치를 점검하고, 전지와 자석으로 실험하는 등의 여러 가지의 일들을 해야 한다. "보기"의 문자적인 용법과 그에 못지않게 비유적인 용법에서도, 지각이 끝나는 곳에서 해석이 시작된다. 이 두 과정은 동일하지 않으며, 해석이 마무리하도록 지각이 무엇을 남겨놓을지는 근본적으로 이전의 경험과 훈련의 성격 및 양에 달려 있다.

5. 범례, 공약불가능성, 그리고 혁명

방금 논의한 내용은 이 책의 한 가지 측면을 분명히 하기 위한 기초가 된다. 그 측면이란 연이은 이론들 사이의 선택에 대해서 논쟁하는 과학자들에게 공약불가능성과 그것의 함축에 대해서 내가 논의한 바이다.[15] 책의 제10장과 제12장에서, 나는 그런 논쟁의 당사자들은 양쪽이 의존하고 있는 어떤 실험적 혹은 관찰적 상황들을

15) 이에 수반되는 주안점은 "Reflections"의 v절과 vi절 참조.

다르게 보는 것이 불가피하다고 주장했다. 그러나 그들이 그런 상황들을 논의하는 어휘들은 대부분 동일한 용어들로 이루어지기 때문에, 그들은 일부 용어들을 다른 방식으로 자연에 연관시키고 있음에 틀림없고, 그들의 의사소통은 불가피하게 부분적일 수밖에 없다. 그 결과, 한 이론이 다른 것보다 우월하다는 것은 그 논쟁에서 증명될 수 없다. 그 대신 나는 각 분파가 설득을 통해서 다른 편을 전향시키도록 애써야 한다고 주장했다. 오직 철학자들만이 내 주장들 중 이 부분의 취지를 심각하게 잘못 해석했다. 상당히 많은 철학자들은 내가 다음과 같이 믿고 있다고 보았다.16) 즉 공약불가능한 이론들의 옹호자들은 서로 간에 의사소통을 전혀 할 수가 없고, 그 결과 이론 선택을 둘러싼 논쟁에서 의지할 만한 어떤 **좋은** 이성적 근거도 없으며, 그 대신 이론 선택은 궁극적으로 개인적이고 주관적인 이유들에 의해서 이루어짐이 틀림없고, 실제로 이루어진 결정은 어떤 신비한 통각(統覺)과 같은 것의 결과라는 것이다. 책의 이런 왜곡된 해석을 낳은 문장들 때문에 나는 비합리적이라는 비난을 받게 되었다.

먼저, 증명에 대해서 내가 언급한 것을 살펴보자. 내가 주장해온 요점은 간단하며, 과학철학에서 오랫동안 친숙했던 것이다. 이론 선택을 둘러싼 논쟁은 논리적이거나 수학적인 증명과 완전히 닮은 방식으로 묘사될 수 없다. 증명에서는 추론의 전제들과 규칙들이 처음부터 명기된다. 만일 결론에 대해서 불일치가 발생하면, 뒤이은 논쟁의 당사자들은 각 단계들을 하나씩 되짚어가면서 각 단계를 사전의 규정과 대조하여 확인한다. 그런 과정의 종국에는 그중 누군가가 잘못을 저질렀고, 이미 받아들인 규칙을 위배했음을 시인해

---

16) 주 9)와 *Growth of Knowledge*에서 Stephen Toulmin이 쓴 논문.

야 한다. 그렇게 인정하고 나면, 그는 의지할 곳이 없어지고, 상대방의 증명은 강력한 것이 된다. 그 대신, 만일 양쪽이 규정된 규칙들의 의미나 적용에 관해서 의견을 달리하고, 그래서 이전의 의견 일치는 증명을 위해서 충분한 근거를 제공하지 못함을 알게 되면, 그 논쟁은 불가피하게 과학혁명 동안 벌어지는 논쟁의 형태로 지속된다. 그런 논쟁은 전제에 관한 것이며, 그래서 증명 가능성의 서막으로서 설득에 의지하게 된다.

비교적 친숙한 이 명제에 관한 어떤 것도 설득을 위한 좋은 이유가 없다거나, 또는 그런 이유가 한 집단에 대해서 궁극적으로 결정적이지 않다는 것을 함축하지 않는다. 게다가 그러한 선택의 이유가 과학철학자들이 통상 열거해온 목록과 다르다는 것을 뜻하지도 않는다. 그 목록은 정확성, 단순성, 다산성 등과 같은 것이다. 그러나 그 명제가 시사하는 바는 그런 이유들이 가치로서 작용하며, 그래서 그것을 존중하는 데에 동의하는 사람들도, 개별적으로 혹은 집단적으로, 그것을 달리 적용할 수 있다는 것이다. 예를 들어, 두 사람이 이론들의 상대적인 다산성에 관해서 의견을 달리한다면, 혹은 그것에는 일치하지만 이론을 선택을 하는 데에서 다산성과 (예컨대) 범위의 상대적 중요성에 관해서 의견이 다르다면, 어느 쪽도 잘못했다고 할 수가 없다. 어느 한쪽이 비과학적인 것도 아니다. 이론 선택을 위한 중립적인 알고리듬(algorithm), 즉 적절히 적용된다면 집단에 속한 각 개인을 동일한 결론으로 이끌어가는 체계적인 의사결정 절차는 존재하지 않는다. 이런 의미에서 효과적인 결론을 내리는 것은 개별 구성원이라기보다는 전문가 공동체이다. 왜 과학이 지금과 같이 발전했는지를 이해하기 위해서, 각 개인이 특정한 선택을 하게 된 세세한 이력과 개성을 (물론 이 주제는 엄청나게 매력적이기는 하지만) 낱낱이 풀어볼 필요는 없다. 대신, 일련의 공유된 가치들이 전문가 공동체가 공유하는 특정한 경험들과 상호작용하여 어떻게 그 집단의 구성원 대부분이 결국에는 한 벌의 논증들을 다른 것들보다 더 결정적이라고 생각하게 되는지를 우리는 이해해야 한다.

그 과정은 설득이지만, 이는 보다 심층적인 문제를 제기한다. 같은 상황을 달리 지각하지만 그럼에도 논쟁에서 동일한 어휘를 사용하는 두 사람은 단어들을 달리 사용하고 있음이 분명하다. 즉, 그들은 내가 공약불가능하다고 불러온 관점들에 기초해서 말하고 있는 것이다. 설득되기는커녕, 어떻게 그들이 함께 이야기를 나눈다고 기대할 수 있겠는가? 이 물음에 대한 예비적 답변이라도 제시하려면, 그 난점의 성격이 무엇인지 더욱 구체적으로 말해야 한다. 나는 적어도 일부는 다음과 같은 형태를 취하리라고 생각한다.

정상과학의 실행은 범례들로부터 습득한, 대상들과 상황들을 유사성 집합들로 분류하는 능력에 달려 있는데, 이때 유사성 집합은 "어떤 점에서 유사한가?"라는 물음에 답하지 않고서도 분류될 수 있다는 의미에서 원초적이다. 그러면 혁명의 한 가지 핵심적 측면은 유사성 관계들 중 일부가 변한다는 것이다. 이전에는 동일한 집합으로 묶였던 대상들이 혁명 후에는 서로 다른 집합들로 분류되며, 그 반대도 일어난다. 코페르니쿠스 이전과 이후의 태양, 달, 화성, 지구에 관해서, 또는 갈릴레오 이전과 이후의 자유낙하, 진자, 행성 운동에 관해서, 아니면 돌턴 이전과 이후의 염(鹽), 합금, 황화철 화합물에 대해서 생각해보자. 변경된 집합에서도 대부분의 대상은 여전히 함께 묶이게 되므로, 집합의 이름은 대체로 유지된다. 그럼에도 불구하고, 한 부분집합의 이동은 대개 그것들이 상호 관련된 연결망에서 일어나는 결정적인 변화의 일부이다. 금속을 화합물 집합에서 원소 집합으로 옮긴 것은 연소, 산성, 물리적 및 화학적 결합에 대한 새로운 이론이 출현하는 데에 결정적인 역할을 했다. 순식간에 그런 변화는 화학 전반으로 퍼져나갔다. 그러므로 그런 재배치가 일어나면, 이전에 서로의 대화를 완전히 이해한 듯 보였던 두 사람이 돌연 똑같은 자극에 대해서 양립 불가능한 서술과 일반화로 반응하고 있음을 깨닫게 되리라는 것은 놀랄 일이 아니다. 그런 어려움은 그들의 과학적 대화의 모든 영역에서 느껴지지는 않겠지만, 어쨌든 어려움이 생겨날 것이고, 특히 이론 선택과 관련하여 가장 핵심적인 현상에 대해서 가장 많이 집중될 것이다.

그런 문제들은 의사소통에서 처음으로 확연하게 드러나겠지만, 단순히 언어적인 문제는 아니며, 문제를 일으키는 용어들의 정의를 규정함으로써 간단히 해결될 수도 없다. 어려움이 주로 생겨나는 단어들은 더러는 범례들에 직접 적용함으로써 배운 것들이어서, 의사소통에 실패한 당사자가 "나는 다음 기준에 따라 결정된 방식으로 '원소'(또는 '혼합물', 또는 '행성', 또는 '속박되지 않는 운동')라는 단어를 사용한다"라고 말할 수 없다. 다시 말하면, 그들은 중립적 언어에 의존할 수 없는데, 중립적 언어란 둘이 같은 방식으로 사용할 수 있고 두 이론 모두나 두 이론의 경험적 귀결들 모두를 진술하는 데에 적합한 언어를 의미한다. 그 차이의 어떤 요소는 언어들의 적용보다 앞서 존재하는데, 그럼에도 불구하고 이 속에는 그 차이가 반영되어 있다.

그러나 의사소통의 실패를 경험한 사람들도 무엇인가 의지할 것이 있어야 한다. 그들에게 닥치는 자극은 동일하다. 서로 다르게 프로그램되어 있지만, 그들의 일반적인 신경 장치는 동일하다. 게다가 매우 중요하기는 해도 미소한 경험 영역을 제외하면, 그들의 신경 프로그래밍조차도 거의 똑같을 것인데, 이는 바로 직전의 과거를 빼고는 그들이 하나의 역사를 공유하기 때문이다. 그 결과로서, 그들의 일상적 세계와 언어, 그리고 대부분의 과학적 세계와 언어는 모두 공유된다. 많은 공통점이 있기 때문에, 그들은 어떻게 서로 다른가에 관해서 많은 것을 알아낼 수 있어야 할 것이다. 그러나 이에 필요한 기법은 간단하지도 수월하지도 않으며, 과학자들이 일상적으로 사용하는 무기의 일부도 아니다. 과학자들은 그 기법에 관해서 깨닫는 경우가 드물며, 또 개종을 유도하거나 개종되지 않을 것임을 스스로 확신시키는 데에 필요한 시간 이외에는 그것을 사용하는 경우도 드물다.

간단히 말해서, 의사소통에 실패한 당사자가 할 수 있는 일은 상대를 다른 언어 공동체의 일원으로 간주하고, 그 다음에는 번역가가 되는 것이다.[17) 집단 내 대화와 집단 간 대화의 차이를 그 자체로 하나의 연구 주제로 잡는다면, 그들은 먼저 특정한 용어들과 어법들을 찾아내려는 시도를 할 수 있는데, 이 용어와 어법은 각 집단 내에서 문제없이 사용했으나, 집단 간 논의에서 말썽의 초점이 된 것들이다(그런 난점을 제기하지 않는 어법은 동음이의어로 번역하면 된다). 과학적 의사소통에서 문제가 되는 영역을 골라내게 되면, 그 다음에 그들은 공유하는 일상 어휘들에 의지해서 문제를 해명하

---

17) 번역에 관련된 국면은 대부분 이미 고전이 된 자료인 W. V. O. Quine, *Word and Object* (Cambridge, Mass., and New York, 1960), i장과 ii장에 수록. 그러나 콰인은 같은 자극을 받는 두 사람은 같은 감각을 가져야 한다고 가정하는 것 같다. 따라서 그는 번역자가 번역하려는 언어가 적용되는 세계를 기술할 수 있어야 하는 범위에 관해서 거의 말할 것이 없다. E. A. Nida, "Linguistics and Ethnology in Translation Problems", in DelHymes 편, *Language and Culture in Society* (New York, 1964), pp. 90-97 참조.

려고 시도할 수 있다. 즉, 각 당사자는 동일하게 주어진 자극에 대해서 자신이 보일 언어적 반응과는 달리, 상대방이 무엇을 보고 말하는지를 찾아내려고 할 것이다. 만일 상대방의 변칙적인 행동을 단지 오류나 광기의 결과로서 설명하지 않도록 충분히 억제할 수 있다면, 그들은 얼마 지나지 않아 서로의 행동을 상당히 잘 예측하게 될 것이다. 각 당사자는 상대방의 이론과 그것의 [경험적] 귀결들을 자신의 언어로 번역하는 법을 배움과 동시에, 그 이론이 적용되는 세계를 자기의 언어로 서술하는 법을 배우게 된다. 이것이 바로 과학사학자가 구식의 과학 이론들을 다룰 때, 통상적으로 수행하는 (혹은 수행해야 하는) 일이다.

번역이 이루어지면, 그것은 의사소통에 실패한 당사자들이 서로의 관점이 가진 장점과 결함이 무엇인지를 대신 경험하도록 해준다. 그런 까닭에 번역은 설득과 개종 모두를 위한 막강한 수단이 된다. 그러나 심지어 설득에 반드시 성공해야 하는 것은 아니며, 만일 성공한다고 해도, 개종이 동반되거나 뒤따라야 하는 것은 아니다. 그 두 경험은 동일한 것이 아니며, 이는 내가 최근에 와서야 온전히 깨닫게 된 중요한 구분이다.

내가 생각하기에, 누군가를 설득한다는 것은 그에게 나 자신의 견해가 우월하며, 따라서 내 견해가 그의 견해를 대체해야 함을 확신시키는 일이다. 흔히 번역 같은 것에 의지하지 않고도 많은 설득이 이루어진다. 번역이 없으면, 한 과학자 집단의 구성원들이 인정하는 설명과 문제의 진술들 가운데 대다수가 다른 이들에게는 불투명할 것이다. 그러나 각 언어 공동체는 보통 상대방 공동체가 그 자신의 언어로 아직 설명할 수 없는 몇 가지 구체적인 연구 결과들을 처음부터 산출할 수 있는데, 이는 비록 이런 것들이 양쪽 집단이 같은 방식으로 이해하는 문장들로 서술될 수 있음에도 불구하고 이루어진다. 만일 새로운 관점이 일정 시기를 견디고 계속 성공을 거두게 되면, 이런 방식으로 표현할 수 있는 연구 결과는 그 수가 불어나게 마련이다. 어떤 사람들에게는 그런 결과만으로 결정적이 될 것이다. 그들은 다음과 같이 말할 수 있다. "새로운 견해의 옹호자들이 어떻게 성공했는지 모르지만, 나는 배워야 한다. 그들이 무엇을 하든 간에 그것은 분명히 옳다." 그런 반응은 특히 그 전공 분야에 막 입문한 사람들에게서 쉽게 나타난다. 왜냐하면 그들은 그 어느 한 집단의 특수한 어휘와 공약을 아직 습득하지 않았기 때문이다.

한편, 두 집단이 같은 방식으로 사용하는 어휘로 진술될 수 있는 논증들이 늘 결정적인 것도 아니다. 그러나 상반되는 견해들이 진화하는 과정의 거의 최후 단계에 와서는 그러한 논증들이 중요해진다. 한 전문 분야에 이미 진입한 사람들 가운데서, 번역을 가능하게 해주는 보다 확대된 비교에 얼마간 의지하지 않고서 설득될 사람은 거의 없다. 흔히 문장이 매우 길고 복잡해지는 대가를 치러야 하지만("원소"라는 용어를 빌리지 않고 진행되었던 프루스트와 베르톨레의 논쟁에 관해서 생각해보라), 추가적인 많은 연구 결과는 한 공동체의 언어로부터 다른 언어로 **번역될** 수 있다. 더욱이 번역이 진행됨에 따라서, 각 집단의 일부 구성원들은 이전에 불투명해 보였던 진술이 어떻게 반대편 집단의 구성원들에게는 설명으로 보일 수 있는지를 간접적으로 이해하기 시작할 것이다. 물론 이와 같은 기술을 이용한다고 해서 설득을 보장하는 것은 아니다. 대부분의 사람들에게 번역이란 위협적인 과정이며, 정상과학에 완전히 낯선 것이다. 어쨌든 반대 논증은 늘 존재하며, 어떤 규칙도 어떻게 균형을 깨야 하는지를 지시해주지 않는다. 그럼에도 불구하고 논증에 논증이 쌓여가고, 계속되는 도전에 성공적으로 대응하면, 결국에는 맹목적인 완강함만이 지속적인 저항의 이유가 된다.

그렇게 되면, 역사학자와 언어학자 모두에게 오랫동안 친숙한 번역의 두 번째 측면이 결정적으로 중요해진다. 어느 이론 또는 세계관을 자신의 고유한 언어로 번역한다고 해서 그것이 자신의 것이 되는 것은 아니다. 자기 것으로 만들려면 이전에 낯설었던 언어를 단지 번역하는 것이 아니라, 토착민처럼 살면서 그 언어로 생각하고 행동해야 한다. 그러나 그런 전환은, 그렇게 하기를 바라는 좋은 이유가 있더라도, 한 개인이 심사숙고해서 선택하거나 선택하지 않을 수 있는 것이 아니다. 오히려 번역을 배우는 과정의 어느 시점에서 그는 그런 전환이 일어났다는 것과, 어떤 선택을 하지 않고서도 새로운 언어에 빠져들었다는 것을 깨닫게 된다. 그렇지 않으면, 예컨대 그들의 중년기에 상대성 이론이나 양자역학에 처음 접했던 많은 사람들처럼, 그는 새로운 견해에 완전히 설득을 당했으나, 그럼에도 불구하고 그것을 내재화하지 못한 채 그것이 형성하는 세계에서 편안하지 않음을 스스로 깨닫게 된다. 지적인 측면에서 그는 선택을 한 것이지만, 그것이 힘을 발휘하기 위해서 필요한 개종이 그에게는 일어나지 않은 것이다. 그럼에도 그는 새로운 이론을 이용할 수 있으나, 마치 낯선 환경에 놓인 이방인처럼 그렇게 할 것이며, 그것은 이미 거기에 토착민들이 존재한다는 오직 그 이유 때문에 그에게 가능한 대안이다. 그의 작업은 원주민들의 작업에 기생하며, 이는 그가 그 공동체의 장래 구성원들이 교육을 통해서 습득하게 될 심적 상태의 집합체를 가지고 있지 않기 때문이다.

그러므로 내가 게슈탈트 전환에 비유했던 개종 경험은 여전히 혁명 과정에서 핵심을 이룬다. 선택을 위한 좋은 이유들은 개종의 동기를 제공하며, 개종이 일어나기 쉬운 풍토를 조성한다. 덧붙여, 번역은 지금으로서는 불가해할지라도 틀림없이 개종의 기초를 이루는, 신경적 재프로그래밍을 위한 진입점을 제공한다. 그러나 이런 좋은 이유들이나 번역 모두도 개종을 구성하는 것은 아니며, 어떤 본질적인 유형의 과학적 변화를 이해하기 위해서는 바로 그 개종 과정을 해명해야 한다.

6. 혁명과 상대주의

방금 약술한 입장에서 파생된 한 가지 귀결이 특히 많은 비판자들에게 문젯거리가 되었다.[18] 그들은 나의 견해를, 특히 이 책의 마지막 장에서 전개된 형태를 상대주의적이라고 보았다. 번역에 대한 나의 언급은 그런 비난을 받은 이유를 강조해준다. 서로 다른 이론의 옹호자들은 서로 다른 언어–문화 공동체의 구성원과 같다. 유사성을 인정하면, 어떤 의미에서 두 집단이 모두 옳을 수 있음을 시사하게 된다. 문화와 그 발달에 적용되면 그 입장은 상대주의이기 때문이다.

그러나 과학에 적용되는 경우 그것은 상대주의가 아닐 수 있고, 어떤 경우든지 비판자들이 보지 못한 한 가지 측면에서 그것은 순수한 상대주의와 거리가 멀다. 하나의 집단으로서 또는 집단들 속에서 볼 때, 발전된 과학의 종사자들은 근본적으로 퍼즐 풀이자라고 나는 주장했다. 이론을 채택하는 시기에 그들이 활용하는 가치들은 그들 연구의 다른 측면들에서도 비롯되지만, 자연이 제기하는 퍼즐

---

18) Shapere, "Structure of Scientific Revolutions"와 *Growth of Knowledge*에 실린 Popper의 글.

을 설정하고 풀어내는 능력을 증명하는 것은, 가치가 상충하는 경우에, 한 과학자 집단의 대다수 구성원에게 가장 지배적인 기준이 된다. 그렇지만 다른 어느 가치와 마찬가지로 퍼즐 풀이 능력은 그것을 적용하는 데에서 모호함을 드러낸다. 그 가치를 공유하는 두 사람일지라도 그것을 활용해서 이끌어낸 판단에서 차이를 보이기도 한다. 그렇지만 그 가치를 우선적인 것으로 인정하는 공동체의 행동은 그렇지 않은 공동체의 행동과는 전혀 다를 것이다. 내 생각에, 과학에서 퍼즐 풀이 능력에 높은 가치를 부여하게 되면 다음과 같은 결과들을 낳게 될 것이다.

과학의 공통조상, 말하자면 원시적인 자연철학과 기예들로부터 현대 과학의 전문 분야들이 발전해온 과정을 진화계통수로 나타낸다고 상상해보자. 그 나무를 줄기에서부터 어떤 가지의 끝까지, 과거로 돌아가지 않도록 그려낸 선은 계통에 따라서 연결되는 일련의 이론들을 추적하게 될 것이다. 기원에 너무 가깝지는 않은 지점에서 골라낸 두 이론을 고려해보면, 중립적인 관찰자로 하여금 최신 이론과 그 이전 이론들을 구별할 수 있는 기준의 목록을 작성하기는 쉬울 것이다. 가장 유용한 기준들은 예측, 특히 정량적 예측의 정확성, 난해한 주제와 일상적인 주제 사이의 균형, 그리고 해결된 여러 문제들의 수 등이다. 마찬가지로 과학적 삶에서 중요한 결정 요소이기는 하지만, 우리의 목적을 위해서는 덜 유용한 것으로는 단순성, 범위, 그리고 다른 전공 분야와의 양립 가능성과 같은 가치들이 있다. 그러한 목록이 아직 요청된 것은 아니지만, 나는 그 목록이 완결될 수 있으리라고 믿어 의심치 않는다. 만일 그렇게 된다면, 과학의 발전은, 생물학적 발전과 마찬가지로, 일방향적이고 비가역적인 과정이 된다. 나중의 과학 이론들은 이론들이 적용되는 흔히 상당히 다른 환경들에서 퍼즐을 푸는 데에서 이전의 이론들보다 더 낫다. 이는 상대주의자의 입장이 아니며, 그것은 내가 어떤 의미에서 과학적 진보를 확신하는 신봉자임을 드러낸다.

그러나 과학철학자와 일반인 양쪽에 가장 널리 알려진 진보의 개념과 비교해보면, 이 입장은 한 가지 본질적 요소를 결여하고 있다. 보통 하나의 과학 이론이 선행 이론들보다 낫다고 느껴지는 것은 그것이 단지 퍼즐을 발견하고 해결하는 더 나은 도구임을 의미하기보다는, 어떻든 자연이 참으로 무엇과 같은가(what nature is really like)에 대한 더 나은 표상이기 때문이다. 잇따르는 이론들이 진리에 더 가까이 성장해간다거나, 또는 진리에 점점 더 가깝게 근접해간다는 말을 우리는 흔히 듣는다. 명백히, 이와 같은 일반화는 한 이론에서 도출된 퍼즐 풀이나 구체적인 예측에 대해서가 아니라, 그보다는 그 이론의 존재론, 즉 그 이론이 상정한 존재자들과 "진짜 거기에(really there)" 있는 것 사이의 일치를 말하는 것이다.

아마도 전체 이론에 적용되는 "진리"의 개념을 구제할 다른 방식이 있을지도 모르지만, 이 방식으로는 안 될 것이다. 내 생각에, "진짜 거기"에와 같은 문구를 재구성할 수 있는, 이론에 독립적인 방식은 없다. 한 이론의 존재론과 그에 대응하여 자연에 "진짜" 존재하는 것 사이의 일치라는 관념은 이제 내게 원리상 환상에 불과한 것처럼 보인다. 더욱이 과학사학자로서 나는 그런 견해가 그럴듯하지 않다는 인상을 받는다. 이를테면, 나는 퍼즐 풀이의 도구로서 뉴턴의 역학이 아리스토텔레스의 이론을 능가하고, 아인슈타인의 이론이 뉴턴의 이론을 능가한다는 것을 의심하지는 않는다. 그러나 나는 그 이론들이 이어지는 과정에서 어떤 정합적인 존재론적 발전의 방향을 찾을 수 없다. 그 반대로 몇 가지 중요한 측면에서, 물론 모든 측면에서는 아니지만, 아인슈타인의 일반 상대성 이론과 아리스토텔레스의 이론이 그들과 뉴턴 이론의 거리보다 더 가깝다. 이런 입장을 상대주의로 묘사하려는 유혹은 이해가 가지만, 그 묘사는 틀린 것 같다. 역으로, 만일 그 입장이 상대주의라면, 상대주의자는 과학의 본질과 발전을 설명하는 데에 필요한 어떤 것도 잃어버릴 것이 없을 것이다.

7. 과학의 본성

이제 나는 초판에 대한 두 가지 흔한 반응에 대해서 간략히 논의하는 것으로 끝을 맺으려고 한다. 한 가지 반응은 비판적이고, 다른 것은 호의적인데, 내 생각에 둘 중 어느 것도 그다지 올바른 것이 아니다. 이 두 반응은 지금까지 이야기된 것들과 관련되지도 않고 서로 연관된 것도 아니지만, 상당히 널리 퍼져 있기 때문에 적어도 어느 정도는 응답할 필요가 있다.

초판을 읽은 몇몇의 독자들은 서술적 양식과 규범적 양식 사이에서 내가 되풀이해서 오락가락했다고 지적했는데, 그런 옮겨다님은 "그러나 그것은 과학자가 하는 일이 아니다"로 시작해서 과학자들은 그렇게 하면 안 된다는 주장으로 마쳤던 몇몇 문장들에서 특히 두드러졌다는 것이다. 어떤 비판자들은 내가 서술(description)과 처방(prescription)을 혼동해서, '사실(is)'은 '당위(ought)'를 함축하지 않는다는 유서 깊은 철학적 명제를 위배했다고 주장한다.[19]

실제는 그 명제가 상투어처럼 되어버려서, 어디서나 존중받는 원

---

19) 여러 가지 예들 가운데 하나는 *Growth of Knowledge*에 실린 P. K. Feyerabend의 논문이다.

칙은 더 이상 아니다. 많은 현대 철학자들은 규범적인 것과 서술적인 것이 불가분으로 혼합된 중요한 맥락들을 찾아냈다.20) '사실'과 '당위'가 별개인 것처럼 보이지만, 늘 별개인 것은 결코 아니다. 그러나 내 입장의 이런 측면이 왜 혼란스럽게 보였는지를 밝히는 데에 현대 언어철학의 미묘함에 의지할 필요는 없다. 앞에서 나는 과학의 본성에 관한 하나의 관점 또는 이론을 제시했는데, 과학에 대한 다른 철학 이론들과 마찬가지로, 내 이론은 과학자들의 활동이 성공적이려면 그들이 어떻게 행동해야 하는지에 대해서 중요한 함의를 가지고 있다. 그것이 반드시 어느 다른 이론보다 좀더 옳아야 하는 것은 아니지만, 반복되는 규범적 주장들에 대한 타당한 근거를 제공한다. 역으로, 내 이론을 진지하게 받아들여야 할 한 가지 이유는, 성공적인 연구를 위해서 자신들의 방법을 개발하고 선택해왔던 과학자들이 실제로 내 이론이 그들이 그렇게 해야 한다고 한 대로 행동한다는 점이다. 나의 서술적 일반화는 내 이론에서 도출될 수 있기에 내 이론을 지지하는 증거가 되지만, 반면에 과학의 본성에 대한 다른 견해에서는 변칙적인 행동이 될 것이다.

나는 이 논증의 순환성은 결점이 아니라고 생각한다. 논의되고 있는 나의 관점이 가지는 귀결들은 당초 그것이 의존했던 관찰들만으로 남김없이 망라되지 않는다. 이 책이 처음 출간되기 이전에도, 나는 그것이 제시하는 이론의 일부가 과학적 행동과 과학 발전을 탐구하는 유용한 도구임을 알았다. 이 후기와 초판을 비교해보면 여전히 그런 역할을 계속해왔음을 알 수 있을 것이다. 순전히 순환적인 관점이라면 그런 지침을 제공하지 못한다.

이 책에 대한 반응들 중 마지막 한 가지에 대해서, 나의 대답은

---

20) Stanley Cavell, *Must We Mean What We Say?* (New York, 1969), i장.

조금 다른 유형이 되어야 할 것 같다. 많은 사람들이 이 책에서 기쁨을 느낀 것은 그것이 과학에 대해서 밝혀주기 때문이기보다는 책의 주요 논제들을 많은 여타 분야에도 적용할 수 있는 것으로 읽었기 때문이다. 나는 그들의 의도를 이해하며, 내 입장을 확장시키려는 시도를 말리고 싶지는 않지만, 그럼에도 그들의 반응은 나를 의아하게 한다. 이 책에서 과학의 발전이 비누적적인 단절들에 의해서 끊어지는 전통에 묶인 시기의 연속으로서 묘사되는 한, 그 논제들은 의심의 여지없이 광범위하게 적용될 것이다. 그러나 그래야 하는 이유는 그것이 다른 분야들로부터 빌린 것이기 때문이다. 문학사, 음악사, 미술사, 정치 발전사, 그리고 다른 여러 인간 활동을 연구하는 역사가들은 오랫동안에 자신들의 주제를 같은 방식으로 서술해왔다. 스타일, 취향, 그리고 제도적 구조에서의 혁명적인 단절에 따라 나눈 시대 구분은 그들의 표준적 수단이었다. 만일 내가 이러한 개념들에 관해서 독창성이 있다면, 이는 주로 그것을 과학, 즉 흔히 다른 방식으로 발달한다고 생각되었던 분야에 적용한 것이다. 그리고 범례, 즉 구체적 성취로서의 패러다임의 개념은 두 번째 공헌이라고 생각한다. 나는 예컨대 미술에서 스타일 개념을 둘러싼 악명 높은 문제들은, 만일 회화가 어떤 추상적인 스타일의 규범에 따름으로써가 아니라 서로를 본뜸으로써 만들어진다고 생각할 수 있다면 사라지지 않을까 한다.21)

그러나 이 책은 또한 다른 요점을 주장하고자 했는데, 그것은 많은 독자들에게 분명히 드러나지 않았던 측면이다. 과학의 발전은

---

21) 이 점과 과학에 대해서 무엇이 그렇게 특별한가를 보다 확장시켜서 논의한 것에 관해서는 다음을 참조하라. T. S. Kuhn, "Comment [on the Realations of Science and Art]", *Comparative Studies in Philosophy and History* XI (1969), 403-412.

흔히 생각되던 것보다 더 밀접하게 다른 분야에서의 발전과 닮았을 수도 있지만, 현저하게 다르기도 하다. 이를테면 과학은 적어도 발전의 어느 시점 이후로는, 다른 분야에서는 일어나지 않는 방식으로 진보한다고 말한다면, 이는 진보 그 자체가 무엇이든 간에 완전히 틀린 이야기라고 할 수 없다. 이 책의 목적 가운데 하나는 그 차이를 검토하고 그에 대한 설명을 시작하는 것이었다.

예를 들면, 발전된 과학에는 경쟁 학파들이 없다거나 또는 (이제는 이렇게 말해야 할 것 같은데) 비교적 드물다고 하는 점을 반복해 강조한 것을 생각해보라. 또는 어느 정도로 주어진 과학자 공동체의 구성원들이 유일한 청중이고 또 그 공동체의 연구에 대한 유일한 심판자가 되는지에 대한 나의 언급을 상기해보라. 아니면, 과학 교육의 특별한 성격에 관해서, 목적으로서의 퍼즐 풀이에 관해서, 그리고 과학자 집단이 위기와 결단의 시기에 활용하는 가치 체계에 관해서 다시 생각해보라. 이 책은 이와 같은 유형의 여러 특징들을 분리해내는데, 그중 어느 것도 반드시 과학에만 고유한 것은 아니지만, 그런 특징들의 결합은 과학 활동을 다른 것들과 구별되는 것으로 만들어준다.

과학의 이 모든 특징들에 관해서 아직도 알아내야 할 부분이 대단히 많다. 이 후기의 서두를 과학자 공동체의 구조를 연구해야 할 필요성을 강조하면서 시작했으므로, 이제 다른 분야에서의 상응하는 공동체에 대한 그와 비슷한 연구, 그리고 무엇보다도 비교 연구의 필요성을 강조하는 것으로 끝맺으려고 한다. 과학자 공동체건 아니건, 어느 특정한 공동체에서 어떻게 그 구성원을 뽑으며, 어떻게 뽑히게 되는가? 그 과정은 어떤 것이며, 그 집단의 사회화 단계들은 무엇인가? 그 집단은 집단적으로 무엇을 목적으로 삼는가? 그것은 개별적이건 총체적이건 간에, 어떤 일탈까지를 허용하는가? 그리고 그것은 용납할 수 없는 탈선을 어떻게 통제하는가? 과학에 대한 보다 완전한 이해는 그 외의 다른 종류의 물음에 답하는 것에도 달려 있겠지만, 추가적인 연구가 이토록 절실히 필요한 영역은 없다. 언어와 마찬가지로, 과학 지식은 본래적으로 한 집단의 공유 자산이며, 그렇지 않다면 아무것도 아니다. 과학을 이해하려면, 그 것을 창출하고 사용하는 집단들의 독특한 특징들을 알 필요가 있을 것이다.

역자 해설

　이번에 출간한 『과학혁명의 구조』(이하 『구조』)는 2012년에 시카고 대학교 출판부에서 나온 토머스 쿤의 *The Structure of Scientific Revolutions*의 제4판을 번역한 것이다. 쿤의 『구조』는 1962년에 초판이 나왔고, 1970년에 1년 전인 1969년에 쿤이 쓴 "후기—1969 (Postscript—1969)"를 달아서 재판이 나왔다. 이 "후기"에서 쿤은 초판 이후에 자신에게 제기된 비판에 답을 하고, 패러다임 개념을 정교하게 다듬어서 제시했다. 또한 재판에서는 초판의 군데군데를 수정했다. 즉 쿤의 『구조』의 초판과 재판은 그 내용과 형식에서 조금 다르다고 볼 수 있다.

　보통 학계에서 많이 인용한 책은 후기가 달린 재판이며, 재판이 나오던 1970년이 되면 『구조』는 학계는 물론이고 일반 독자들에게도 널리 알려진 유명한 책이 되어 있었다. 제3판은 쿤이 사망한 1996년에 새로운 색인을 달고 판형을 바꿔서 출판되었다. 이번에 번역한 제4판은 2012년에 『구조』의 출간 50주년을 기념해서 세계적으로 유명한 과학철학자이자 쿤의 영향을 크게 받은 이언 해킹 (Ian Hacking)이 쓴 40쪽이 넘는 긴 서론과 함께 출판되었다.

　『구조』라는 책의 핵심 주장은 잘 알려져 있다. 과학의 한 분야는 패러다임(paradigm)이라고 불리는 뛰어난 성취를 획득함으로써 정상과학(normal science)에 진입한다. 정상과학은 패러다임을 확장하고 명료화하는 방향으로 발전한다. 쿤의 분석에 따르면, 과학자들은 패러다임에 안주하여 대체로 세 가지 유형의 연구 활동에 종사하게 된다. 첫째로 패러다임의 틀 속에서 자연 세계 현상들의 본질에 대한 사실 탐구, 둘째로 직접 관찰한 사실과 기본 이론들로부터 예측되는 결과를 비교 설명하는 작업, 셋째로 예측과 사실 사이에 부합되는 정도를 증진시키는 방향으로의 패러다임의 수정, 보완 및 명료화 작업이 그것이다.

쿤은 정상과학에서의 과학자들의 활동을 퍼즐(puzzle) 풀이에 비유한다. 둘 사이의 공통점은 푸는 사람들이 확실한 해답의 존재를 알고, 풀이를 얻는 데에 필요한 방법과 지침을 터득하고 있다는 점이다. 이들이 해결하는 문제들 중에는 잘 해결되는 문제도 있지만, 그렇지 않은 문제도 있다. 정상과학 시기에 대부분의 과학자들은 잘 풀리지 않는 문제들을 무시한다.

쿤의 주장 중에서 쿤 이전의 과학철학과 가장 차별성이 있는 부분은 이것이다. 전통적인 과학철학자들은 어떠한 실험이나 관찰이 이론의 예측과 다른 결과를 내면 그 이론은 반증되어 폐기된다고 강조했다. 반면에 쿤에 의하면, 패러다임의 예측과 다른 결과가 나온다고 하더라도 대부분의 경우 과학자 공동체는 이런 반증 사례를 패러다임으로 흡수하거나 그렇지 못할 경우에도 그 사례를 무시하는 식으로 반응을 하지, 한두 가지의 반증 사례 때문에 패러다임을 폐기하거나 하지는 않는다는 것이다. 정상연구에서 패러다임의 기본 이론과 상치되는 결과를 얻는 경우에는, 이론의 성립 여부가 의심되는 것이 아니라 과학자의 능력 여부가 의문시되는 것이 상례이다. 성급하게 패러다임에 문제가 있다고 보는 과학자는 '연장을 탓하는 목수' 격이 된다.

그렇지만 해결이 되지 않는 문제가 두드러지거나 증가하게 되면,

이것들은 변칙현상(anomaly)으로서 과학자들의 주목을 받게 된다. 이것이 심각해지면서 위기(crisis)가 발생을 하고 위기의 국면에는 기존의 패러다임과 경쟁하는 패러다임이 하나 또는 그 이상 등장하게 된다. 이어지는 과학혁명에서 과학자 공동체가 점차 새로운 패러다임을 받아들이고, 이때 연구 방법과 현상을 지각(知覺)하는 관점에서 대규모 재조정이 수반되며, 개념 체계 역시 재구성의 과정을 겪게 된다.

이러한 과학혁명 과정에서 새로운 패러다임을 선택한 과학자는 새로운 세계관으로 전향한 셈이 된다. 이런 과학자가 늘어나면서 과거의 패러다임은 사멸하고, 새로운 패러다임이 과학자 공동체에서 받아들여지면서 새로운 정상과학 시기가 시작된다. 즉 과학은 정상과학에서 과학혁명을 거쳐 새로운 정상과학이 형성되는 형태로 나아가는 것이다. 『구조』의 이런 주장은 친숙하고, 또 해킹의 글이 쿤의 책을 잘 요약하고 있기 때문에 여기에서는 책의 내용에 대해서는 더 이상 자세히 이야기하지 않을 것이다.

쿤의 주장 중에서 가장 많은 논란을 불러온 것은 과거의 패러다임과 새로운 패러다임 사이의 비교와 관련된 것이다. 쿤은 이것이 합리적인 잣대로만 이루어질 수 없다고 이야기한다. 과거의 패러다임은 많은 문제를 해결했지만 변칙현상이라는 몇몇 새로운 문제는 잘 해결하지 못했고, 새로운 패러다임은 이 변칙적인 문제를 해결하지만 이것이 어떻게 발전할지는 미지수이며, 게다가 과거에는 해결된 문제들을 잘 다루지 못하는 경우도 있다. 한쪽에서는 특정한 현상이 설명하기 힘든 변칙현상인데, 다른 한쪽에서는 법칙과도 같은 당연한 현상이 되는 것이다. 이런 경우에 이 둘을 어떻게 합리적인 기준만으로 비교해서 선택할 수 있는가 하는 것이 쿤의 질문이다. 쿤은 이 상황을 유명한 공약불가능성(incommensurability)이라는 개념으로 정식화하는데, 이 개념은 특히 과학철학 분야에서 숱한 논쟁을 불러일으켰다.

쿤은 하나의 패러다임에서 다른 패러다임으로의 전환이 종교적 개종과 같다고 주장한다. 이 주장은 과학의 합리성을 신봉하던 과학철학자들과 몇몇 과학자들을 분노하게 했다. 과학철학자 라카토슈는 쿤이 합리적인 선택을 "군중심리"로 격하시켰다고 비난했다. 그러나 쿤의 주장의 핵심은 다음과 같다. 완벽했지만 한두 현상을 잘 설명하지 못하는 패러다임과 한두 현상은 잘 설명하지만 미래가 불확실한 패러다임과의 선택이, 하나의 패러다임 내에서 두 이론을 비교하는 데에 사용되는 여러 합리적인 기준으로는 충분하지 않다는 것이다. 이 문제는 과거와 미래와의 갈등 사이에서 무엇을 선택하는가와 관련되어 있다. 결국 새로운 패러다임을 받아들이는 세대는 보통 과거의 패러다임에 깊게 몸을 담그지 않은 새로운 세대이다. 과거 패러다임을 깊게 체화했고 실제로 그 패러다임을 통해서 많은 문제들을 풀어낸 세대는 새로운 패러다임을 쉽게 받아들이지 않는다. 이런 현상은 아마 과학에만 국한된 것이 아닐 것이다.

두 패러다임 사이에 공약불가능성이 존재하고, 이것이 정상과학에서 누적적이고 연속적인 발전에 균열을 가져온다. 새로운 패러다임이 채택될 경우에 과학자들은 기존의 현상을 새로운 언어로 기술하고, 새로운 현상에 주목하며, 새로운 데이터를 내어놓는다. 또 과거에 다루어진 모든 문제들이 새로운 패러다임에 흡수되는 것이 아니라, 이 중에서 잊히는 것이 발생한다. 과거에는 잘 했는데 새로운 패러다임에서는 낯선 것이 되고, 과거에는 중요했던 문제에 더 이상 관심을 두지 않는 경우가 생긴다. 쿤은 라부아지에에 의한 화학혁명 이후 화학자들이 물질의 성질의 문제에 대한 관심을 잃어버렸고, 그 관심이 다시 회복되는 데에 한 세기 가까운 시간이 걸렸다는 점을 지적하고 있다.

이런 점을 생각하면 결국 과학의 발전은 직선적인 것이라고 말하기가 힘들어진다. 하나의 패러다임에서 다른 패러다임으로 넘어가는 것은 덜 좋은 것에서 더 좋은 것으로의 변화가 아니라, 다른 것으로의 변화이다. 과학의 발전은 세상에 대한 절대적 진리를 향해서 누적적으로 나아가는 것이 아니라, 하나의 패러다임에서 다른 패러다임으로 단절적인 변화를 연속적으로 겪는다는 것이 쿤의 주장이다. 이는 하나의 종에서 다른 종으로 진화하는 진화론과 유비적으로 생각할 수 있다. 마치 하나의 종에서 다른 종으로의 진화가 미리 설정된 목표를 향해 나아가는 진보가 아니듯이, 과학의 발전도 궁극적이고 유일한 진리를 향해 나아가는 활동이 아니라는 것이다.

생존경쟁과 자연선택에 의한 진화론을 제창한 다윈의 저서 『종의 기원』은 생물의 진화에서 신이 미리 설정한 궁극적인 목적이라는 개념을 폐기시켰다. 진화는 궁극적인 목표를 향해서 한 발자국씩 나아가는 것이 아니라, 그때그때의 환경에 우연적으로 더 잘 적응한 종이 살아남는 식이다. 비슷하게, 쿤의 『구조』는 세계에 대한 인간의 과학적 인식이 궁극적인 진리를 향해 한 발자국씩 나아가는 것이 아니라는 사실을 설득력 있게 제시했다. 이 점이 쿤이 가져온 '혁명'이, 19세기 다윈의 혁명만큼이나 큰 반향과 논쟁을 불러일으켰고, 또 수용되는 데에 시간이 걸렸던 (그리고 아직도 충분히 수용되지 못한) 이유이다.

역자들의 생각으로 쿤의 성취는 특히 우리 사회에서 아직 충분히 음미되지 못한 것 같다. 쿤이 소개된 지도 오래되었고 『구조』나 그 요약본도 널리 읽혔지만, '패러다임'이라는 용어가 널리 퍼진 것과는 달리 아직 과학에 대해서 쿤이 제시한 급진적인 인식은 충분히 평가되거나 수용되지 못하고 있다고 보기 때문이다. 우리 사회에서는 아직도 과학이 미신을 타파하는 거의 절대적 진리라고 생각되며, 산업기술의 발전을 위해서 과학의 발전은 물론 국민들이 이런 과학적 마인드를 가지는 것이 중요하다고 여겨진다. 이러한 단순한 과학관이 교육되고 미디어를 통해서 유포되면서, 과학 그 자체에 대해서 성찰적일 수 있는 기회는 줄어든다. 그동안 서구 과학을 모방해서 과학을 발전시킴으로써 선진국을 따라가려고 하는 우리 사회의 문화에서는 아마 과학을 자연에 대한 진리라고 단순하게 생각하는 것이 과학의 교육이나 응용에 더 효율적이었을 것이다.

그러나 지금은 과학에 대해서 더욱 성찰적인 태도가 절실하다. 이는 과학과 사회의 관계가 지속 가능한 것이 되기 위해서는 물론이고, 과학 자체의 발전을 위해서도 그러하다. 과학이 자연에 존재하는 진리를 발견한다는 단순한 사고에서 벗어나서, 『구조』에서 나타난 것과 같이 과학에 대해서 역사적이고 철학적인 인식을 하는 것이 과학 교육은 물론 과학과 사회와의 관계를 한 단계 더 성숙한 수준으로 올리는 데에 도움이 될 것이라고 생각한다. 『구조』에는 정상과학이 왜 놀라울 정도로 급속하고 깊이 있게 발전하는지, 과학적 창의성이 무엇인지, 과학자의 구체적인 실행(practice)에 주목하는 것이 과학을 이해하는 데에 왜 중요한지, 과학이 왜 근본적인 의미에서 문화적이고 사회적 활동인지에 대한 흥미로운 통찰들이 담겨 있다. 물론 이 책에는 과학자 공동체 외의 과학에 미치는 사회적, 경제적, 문화적 영향에 대한 직접적인 논의는 거의 없다. 그렇지만 과학과 사회와의 흥미로운 상호작용에 대한 좋은 연구들이 『구조』의 세례를 입은 과학사회학자들에 의해서 1980년대 이후에 발표되었다. 『구조』의 함의들은 이번 제4판의 번역을 계기로 다시 한 번 깊게 음미할 필요가 있다.

토머스 쿤의 과학관은 20세기의 현대 사상 가운데 거의 모든 분야에 걸쳐서 가장 심오한 영향을 끼치고 있는 사상이라고 해도 과언이 아니다. 구글 학술 검색에 의하면, 쿤의 『과학혁명의 구조』는 현재까지 5만8,000회 이상 인용이 되었다. 이는 20세기에 출판된 모든 책과 논문을 통틀어 가장 많이 인용된 기록이다. 쿤은 1922년 오하이오 주 신시내티에서 태어나서 1943년 물리학 전공으로 하버드 대학교를 졸업하고 제2차 세계대전 중에 라디오 통신과 관련한 전쟁 연구에 참여했다. 전쟁이 끝난 뒤에 그는 하버드 대학교 물리학과 대학원에서 이론물리학으로 박사 과정을 밟는다.

그가 『구조』에서 자전적으로 술회하고 있듯이, 그는 과학자이면서 과학사(科學史)에도 조예가 깊었던 모교의 제임스 코넌트 총장이 개설한 비자연과학 계열 학생들을 대상으로 하는 자연과학 개론 강의를 거들게 되면서 과학의 역사적 측면에 깊은 흥미를 느끼기 시작한다. 과학사에 대한 쿤의 관심은 1948년 하버드 대학교 '주니어 펠로' 기간과 1951년 하버드 대학교 교양과정 및 과학사의 강사와 조교수 경력을 거치면서 과학 사상(思想)의 혁명적 변화들에 대한 깊은 이해로 이어진다. 그리하여 10여 년간의 철학, 심리학, 언어학, 사회학 분야의 폭넓은 독서와 토론을 하는 과정에서 과학 발전에 대한 그의 생각은 점차 형태를 갖추게 된다.

쿤은 1956년에 버클리 대학교로 옮겨서 과학사 과정의 개설을 주도하게 되며, 1957년에 출판된 『코페르니쿠스 혁명(*The Copernican*

Revolution)』의 업적으로 학문적 역량을 인정받게 된다. 그리고 스탠퍼드 대학교에서 사회과학자들과 밀접하게 만나게 된 것을 계기로 패러다임이라는 개념의 창안에 이르게 된다. 그는 사회과학자들 사이에서 그 분야의 주제나 방법의 본질에 관한 공공연한 논란이 빈번한 것에 충격을 받았고, 자연과학자들의 과학 활동에서 그런 종류의 근본적 문제들에 관한 논란이 덜하다는 사실과의 차이를 바로 과학 연구에서 패러다임의 역할이라고 인식하게 된 것이다. 이런 방식으로 그에게 떠오른 패러다임이라는 개념은 그의 집필에 필수불가결한 기본 요소가 되었고, 이에 따라서 과학 발전에 대한 그의 생각은 『구조』의 형태로 신속하게 진행되었다.

쿤의 『구조』는 과학철학 분야에서 가장 큰 논란을 불러일으켰다. 당시 주류 과학철학은 논리실증주의(혹은 논리경험주의)와 포퍼의 과학철학이었다. 쿤은 이러한 과학철학을 정면으로 부정하고 공격했을 뿐만 아니라, 과학이 역사적이고 실제적으로 어떻게 수행되는가에 대해서 경험적, 사회적 측면에서 설명을 제시한 다음에 이로부터 규범적 결론을 이끌어냈다. 이러한 쿤의 방법은 그동안 규범에 의해서 합리적으로 재구성된 의미에서 과학 발전을 설정함으로써, 경험적 근거를 무시한 채 논리실증적 관점에서 과학의 특성을 분석했던 전통적인 과학철학 진영을 매우 불편하게 만들었다. 그렇지만 다수의 과학철학자들이 쿤의 저작에 깊은 영향을 받아서, 과학철학이 실제 과학의 실행에 대한 역사적이고 사회적 분석을 수용하고, 이를 근거로 철학적인 논의를 해야 한다는 입장으로 전환하게 되었다. 쿤에 동의하건 동의하지 않건, 쿤 이후의 과학철학은 쿤 이전의 과학철학과는 다른 모습을 띠게 되었다.

쿤의 『구조』는 과학사회학자들에게 가장 깊은 공감을 불러일으

컸다. 특히 일군의 과학사회학자들은 쿤에 근거해서 과학 지식의 구성 과정에 사회적인 요소가 관여하고 개입한다는 급진적인 주장을 이끌어냈다. 소위 '사회구성주의'라고 불리는 과학사회학의 한 학파의 구성원들은, 그 초창기에 쿤의『구조』를 항상 옆구리에 끼고 다니면서 이 책에 대해서만 토론을 했다고 할 정도로 쿤을 추종했다. 역설적인 것은, 쿤은 과학자 공동체에 대한 더 많은 사회학 연구를 기대했지만, 쿤의 영향을 받은 사회학자들은 과학자 공동체에 대해서 연구하던 제도적 과학사회학의 전통을 '말살하고' 새로운 과학 지식의 사회학과 사회구성주의를 제창했다. 쿤은 이런 새로운 경향에 동의하지 않았고, 이를 자신의 생각에 대한 심각한 왜곡이라고 생각했다. 반면에 이런 급진적인 과학사회학 학파는 쿤의 이런 반응을 이해하기 힘들어하면서, 이를 무척 섭섭해했다.

쿤의 이론에 대한 반응은 과학 이외의 분야에서도 열광적이었다. 쿤은 당초 혁명의 단절성에 대한 그의 발상을 정치, 문화, 음악, 미술 등의 역사로부터 영감을 받아서 만들었는데, 이제 쿤의 이론이 이들 분야로 되돌아가서 그 분야의 지식의 변천에 대한 모델로 작용하게 된 것이다. 쿤 자신은 이런 원용(援用)과 관련해서, 과학과 달리 다른 분야들은 단일 패러다임에 합의하여 비판 없이 세부적인 퍼즐 풀이 활동을 수행하는 경우가 드물다는 근본적인 차이점을 지적한 바 있다.

쿤에 대해서는 국내에 여러 책들이 출판되었는데,『구조』를 제외한 쿤의 저서는 아직 번역된 것이 없다. 쿤의 과학철학을 더 깊게 이해하기 위해서는 쿤의 논문들을 모은『본질적 긴장(The Essential Tension)』과『구조 이후의 길(The Road since Structure)』에 실린 몇몇 주요 논문들이 중요하며, 과학사와 관련해서는 코페르니쿠스 혁명과 흑체 복사에 대한 쿤의 저술을 보아야 한다. 쿤의 생애와 삶에 대해서 좀더 알고자 하는 독자들은, 해킹의 글에 나온 참고문헌들과 『구조』의 출간 50주년이던 2012년에 출판된 관련 학술지들을 살펴보는 것부터 시작하면 된다. 예를 들면, 과학학(科學學) 분야의 대표적인 학술지인 *Social Studies of Science* 2012년 제3호는 쿤에 대한 회고를 여럿 싣고 있다. 국내에서도 2012년에 많은 학술행사가 있었는데, 『한국과학사학회지』 2012년 제3호에도 쿤에 대한 특집이 있다. 거기에 실린 김영식 교수의 글은 쿤에게서 직접 과학사를 배운 학생이 쿤과의 지적 교류에 대해서 담담하게 회고하고 있는 흥미로운 에세이이다.

이번 번역은 김명자 전 환경부 장관이 번역한 제3판의 내용을 기초로 미국에서의 제4판의 출판을 계기로 해서 과학기술사와 과학기술학을 전공한 홍성욱 교수가 가독성에 초점을 맞추어 손을 본 것이다. "이언 해킹의 서론"은 이 책의 출간 50주년을 기념하여 추가된 글이다. "후기—1969"는 서울대학교에서 과학철학을 강의하는 천현득 선생이 수업을 위해서 번역해놓은 것을 많이 참조했다. 이 지면을 빌려 천현득 선생께 감사를 드린다. 원고의 정리에는 서울대학교 과학사 및 과학철학 협동과정에서 공부를 하고 있는 이주영 군이 수고를 아끼지 않았다. 이번 출판을 계기로 쿤의 과학사와 과학철학에 대한 관심이 고조되어서 쿤이 쓴 다른 책들도 번역되어 국내의 독자들에게 과학에 대한 흥미로운 철학적, 역사적 논점을 제공하기를 기대한다.

2013년 8월

김명자, 홍성욱

역자 후기

『과학혁명의 구조』 제4판 번역본이 나오기까지

이번에 2012년 시카고 대학교 출판부가 발간한 토머스 쿤의 *The Structure of Scientific Revolutions*의 제4판 번역본이 나오기까지의 역사는 결코 짧지 않다. 무엇보다도 30여 년의 세월을 거쳤기 때문이다. 역자가 처음 이 책을 번역한 것은 1980년의 일이었다. 당시의 원본은 1962년에 발간된 초판에다가 1969년에 "후기(Postscript)"를 달아 1970년에 발간된 *The Structure of Scientific Revolutions* (Chicago: University of Chicago Press, 1970, Enlarged Edition) 증보판이었다. 거기에 실린 후기는 쿤이 초판 이후에 제기된 이런저런 비판에 답을 하고, 패러다임을 좀더 정교하게 가다듬은 것이었다.

쿤의 『과학혁명의 구조』는 영문 초판 이래 10여 개 국어로 번역되면서 세계적으로 열광적인 '쿤 선풍'을 불러일으켰다. 그리고 20세기 사상사에 한 획을 그은 문제작으로 기록되었다. 이러한 역작을 겨우 과학사(科學史) 분야의 문턱에 들어서고 있던 처지에서 번역에 손을 댄 것은 지금 생각해도 무슨 용기였을까 싶다. 때문에 미흡한 점이 많다는 것도 알고 있었다.

그 뒤 11년이 지나 1992년에는 출판사가 동아출판사로 바뀌는 과정을 거치면서 다시 손을 보아 내어놓게 되었다. 그때 난해한 본문의 이해를 도왔으면 하는 뜻에서 '쿤 혁명'에 관한 "역자 해설"을 말미에 넣게 되었다. 쿤 이론의 핵심적 골자와 쿤 혁명의 충격에 대한 스케치가 독자들에게 도움이 될 수 있기를 기대했기 때문이다.

그 과정에서 많이 참고했던 것은 김영식 교수의 저작이었다.

이 책의 초역판이 나올 즈음인 1980년도 가을 서울에서는 '쿤의 과학사 서술과 인접과학'을 주제로 심포지엄이 열렸었다. 한국과학사학회(韓國科學史學會) 창립 스무 돌을 기념하여 '쿤 혁명의 배경과 전개', '과학혁명에 대한 과학철학적 비판', '쿤의 이론과 사회학의 현실', '정치심리학 이론들의 패러다임적 지위' 그리고 '쿤의 생각과 언어 이론'을 주제로 자연과학자들과 사회과학자들 사이에서 학제적(interdisciplinary) 성격의 대화가 돋보였던 자리였다.

번역을 가리켜 제2의 창작이라고 하는 말은 오히려 진부하다. 그러나 같은 역자가 동일 저작을 다루면서도 시기에 따라 그 결과물이 상당히 다를 수 있고, 역자에 따라 시각이 다를 수 있다는 것도 이 책을 통해서 경험하게 되었다. 당시 일본어판 번역본이 의역(意譯)으로 원본보다도 오히려 이해하기가 낫다는 이야기도 들렸다. 번역을 하는 과정에서 20세기의 가장 영향력 있는 사상적 유산으로 평가받는 저작을 놓고, 원전에 충실하게 직역(直譯)이 되어야 한다는 생각과 어쨌거나 독자가 이해하기 쉬운 우리말이 되어야 한다는 생각 사이에서 오락가락 헤매기도 했다. 그 결과 결국 원전보다 더 읽기 어렵게 옮겨놓은 것 같아 마음에 걸리기도 했다.

다시 1999년에 새 밀레니엄을 맞으며 극히 부분적이지만 내용을 검토하고 조판하여 상재하게 되었다. 말하자면 이 책도 강산이 세 번째 바뀌는 세월의 흐름을 탄 셈이다. 『과학혁명의 구조』는 그 초판 발간 이후 과학사나 과학철학은 물론 거의 모든 학문 영역에서 뜨거운 관심의 대상이 되고 때로는 논란과 오해를 빚기도 했다. 그런 반응에 대해서 쿤은 좀 곤혹스러워하며 이렇게 소회를 피력했다. 자신이 과학을 '비합리적인(irrational)' 것이라고 기술했다는 일부 주장에 대해서 "차라리 그들이 '반합리적(arational)'이라는 표현을 썼더라면, 나는 전혀 괘념치 않았을 것이다"라고 응수했다. 이는 그 자신의 주장과 논리를 옹호하는 함축적인 표현이 아니었나 싶다.

나의 첫 번역판의 "역자 해설"에는 쿤 사상의 변천과 쿤 혁명의 완결을 보여줄 수 있는 쿤의 새 책을 기대한다는 구절이 들어 있었다. 그러나 많은 학자들의 그러한 기대에 부응하는 후속판이 나오지 못한 채로 쿤은 1996년 6월에 타계했다. 그의 서거를 애도하면서 "third edition(1996)"의 판권을 계약하여(까치글방) 부분적이나마 다시 검토하여 출간한 것이 1999년의 번역판이었다.

처음부터 이 책이 우리말로 번역되는 경우, 가장 훌륭한 번역판을 내놓을 수 있는 몇 분이 계셨다. 프린스턴 대학교에서 쿤의 제자였던 김영식 교수는 첫손 꼽히는 학자이다. 그는 1984년에 '서울대학교 과학사 및 과학철학 협동과정'을 만들어 키우고 지금도 여전히 독보적인 저술 활동을 하고 있다. 바로 그 문하에서 1984년에 같이 수업하고 세미나하고 강훈련을 받던 제1기 과정을 함께했던 홍성욱 교수와 함께 제4판의 개정 번역판을 내게 된 것은 단순히 우연은 아닌 듯싶다. 그는 내가 수업에 갈 때마다 닭이니 뭐니를 들고 갔다면서, 까맣게 잊었던 기억을 되살려주었다.

실은 1999년 세 번째 판이 나올 무렵 역자는 환경부 장관이 되었고, 4년 재임한 후 다시 국회의원(비례대표)이 되어 거의 10년간 학계를 떠나게 되었다. 흥미 있는 것은 아카데미아를 떠난 기간 동안 만난 언론계 등의 여러분이 『과학혁명의 구조』를 통해서 나를 기억하고 있었다는 사실이다. 그리고 실은 그처럼 전혀 다른 영역에서 나름대로 기록을 세우며 일할 수 있었던 것은 단순히 화학 전공의 교수가 아니라 과학의 본질과 사회적 맥락에 대해서 깊은 관심을 가졌던 탓이라고 느끼고 있다.

어쨌거나 이제 다시 연구 활동으로 돌아와 이번에 시카고 대학교에서 제4판이 나온 것을 계기로 '서울대학교 과학사 및 과학철학 협동과정'과 '한국과학사학회'와의 인연을 새롭게 되살리며, '한국과학사학회' 차기 회장인 홍성욱 교수와 공동 역자로 이름을 나란히 하게 된 것은 각별한 의미가 있다고 생각한다. 역자가 써낸 10여 권의 책 가운데 가장 롱 셀러였던 이 책이 30여 년의 세월의 흐름에서 보다 완성도를 높이는 방향으로 진화되었다고 믿어 기쁘게 생각한다. 그리고 역자에게 이런 기회를 준 모든 분들께 감사드린다.

2013년 8월
역자 김명자

찾아보기

가우스 Gauss, Karl Friedrich 103
갈릴레이 Galilei, Galileo 14-15, 64, 98,
 101, 149, 180, 216, 219-228, 238, 246-
 247, 314, 328
개종 경험 262-267
거품 상자 210
게슈탈트 53, 175-176, 209-210, 212-
 214, 313-314
게슈탈트 전환 176, 218, 221, 224, 262,
 333
게이-뤼삭 Gay-Lussac, Joseph Louis 240
결합 부피 240
고전역학 40, 181
공약불가능성 12, 39-43, 259, 271, 325
공유된 예제 295, 310-311
과학 교과서 243-245
과학의 본성 337
과학의 정의 276
과학 이론의 출현 148
과학자 공동체 27-29, 31, 41, 48, 53, 57,
 65-68, 70-71, 73-74, 109, 117, 121,
 125-126, 141, 187, 196, 199, 205, 243,
 246, 254, 264-265, 273, 278, 280-281,
 283-289, 291-292, 295-297, 299-302
과학적 객관성 278
과학철학 11, 26, 42, 164, 243
과학혁명 12, 14-16, 35, 57, 67-68, 70,
 76, 105, 124, 183-185, 187, 192, 200,
 242-245, 253, 283-285, 327
과학혁명의 성격 184
과학혁명의 필연성 192
관찰언어 228-230, 233, 255
광학 76-77, 93, 111, 124, 177, 267
구름 상자 실험 323-324

그레이 Gray, Stephen 78-79, 88
금성 267
기호적 일반화 304-305

내시 Nash, Leonard K. 59
네이글 Nagel, Ernest 60
노바라 Novara, Domenico da 152
논리실증주의 192
놀레 Nollet, Jean-Antoine 78
누적적 과정 44, 64, 175, 189-190, 205-
 206, 302
뉴턴 Newton, Isaac 15-16, 28, 40, 68,
 76-77, 100-104, 149-151, 157, 170,
 200-203, 246-246, 266
뉴턴 물리학 180, 260
뉴턴 역학 41, 122, 124, 127, 192-194,
 222
뉴턴의 운동 제2법칙 166, 311
뉴턴 혁명 68, 149

다 빈치 da Vinci, Leonardo 277
다윈 Darwin, Charles 18, 87, 262, 290-
 291
다윈주의자 290
달 100, 112, 170
달랑베르 d'Alembert, Jean Le Rond 101
대응 이론 47
데자귈리에 Desaguliers, John Theophilus
 78
데카르트 Descartes, René 114, 201, 222,
 230
돌턴 Dalton, John 38-39, 166, 203, 234-
 241, 246, 249, 318
뒤 페 Du Fay, Charles François de Cis-

ternay 78
듀이 Dewey, John 49
드 브로이 de Broglie, Louis Victor 272

라그랑주 Lagrange, Joseph Louis 103-104
라마르크 Lamarck, Jean Baptiste 290
라부아지에 Lavoisier, Antoine Laurent 38-39, 68, 73, 91, 118, 131-133, 135-138, 140, 149, 153-156, 168, 177, 180, 185, 203-204, 218-219, 222, 250-251, 259, 266, 269, 271
라이엘 Lyell, Charles 73
라이프니츠 Leibniz, Gottfried Wilhelm von 124
라플라스 Laplace, Pierre Simon 103
러브조이 Lovejoy, A. O. 52
러셀 Russell, Bertrand 49
레 Rey, Jean 162
레이던 병 83, 141-143, 203, 218, 233
렉셀 Lexell, Anders Johan 215
렌 Wren, Christopher 201
로런츠 Lorentz, Hendrik Antoon 160, 168
뢴트겐 Röntgen, Wilhelm Konrad 136-139, 185
루돌핀 천문도표 266
리히터 Richter, Jeremias Benjamin 237, 240

마이어 Maier, Anneliese 52
마이컬슨 Michelson, Albert 158
말뤼스 Malus, Étienne Louis 181
매스터먼 Masterman, Margaret 22, 29
맥스웰 Maxwell, James Clerk 91, 118, 159
맥스웰의 방정식 68, 113
맥스웰의 전자기 이론 124, 138, 149, 159, 204-205
메스제르 Metzger, Hélène 52
메예르송 Meyerson, Emile 52

메이오 Mayow, John 162
모리스 Morris, Charles 56
몰리 Morley, Edward William 158
몰리에르 Molière 200, 203
뮈스헨브루크 Musschenbroek, Pieter van 224

바사리 Vasari, Giorgio 277
반증 254, 256-257
발견 130, 142-143, 190
배수비례의 법칙 113, 239, 303
범례 22, 24, 28, 31-32, 310-311, 317, 319, 323, 328-329, 339
법칙-개요 312
법칙-도식 312
베르누이 Bernoulli, Daniel 101, 314-315
베르톨레 Berthollet Claude Louis 237-239, 258
베이컨 Bacon, Francis 15, 32-33, 47, 81, 84, 289
베이컨주의 109
변칙적인 카드 실험 144-145, 211, 213, 215, 320
변칙현상 12, 29, 33-35, 43, 56-57, 67, 129-130, 137, 142-145, 147, 149-150, 164-166, 170-172, 177-183, 190-191, 196, 224, 236, 256-257, 268, 309-310
보어 Bohr, Niels 49, 180, 266, 308
보일 Boyle, Robert 80, 97, 100, 115, 249-252
"본질적 긴장" 167
볼타 Volta, Alessandro 88
부르하버 Boerhaave, Herman 80
분석적 사고실험 180
뷔리당 Buridan, Jean 220-221
브라운 Brown, Robert 34
브라헤 Brahe, Tycho 94, 270
브루너 Bruner, J. S. 144
블랙 Black, Joseph 80, 154
비정상과학 172, 177, 183, 196, 283

비트겐슈타인 Wittgenstein, Ludwig 26, 119-120
빅뱅 이론 10-11

사고실험 180
사실 수집 80, 93
산성의 원리 133
산소 63, 130-140, 149, 153-154, 176, 180-181, 218-219, 222-223, 230-231, 233-234, 236, 240-241, 262, 269, 271
상대론적 역학 193
상대성 이론 16-17, 41, 157, 180, 196, 205, 333
상대주의 41, 334, 337
생기력의 원리 315
서턴 Sutton, Francis X. 53
선택적 친화력 이론 235
성숙한 과학 76, 91, 153, 244
세계관 12, 36, 53, 253, 333
셸레 Scheele, Carl Wilhelm 131, 134, 154
수성 170, 268
슈뢰딩거 방정식 311
슐리크 Schlick, Moritz 25
스콜라 학파 149, 200, 202, 220, 227
스톡스 Stokes, George Gabriel 158
스펜서 Spencer, Herbert 290
시각-개념 경험 212
신경-대뇌 메커니즘 317
신플라톤주의 226
실증주의자 196

아르키메데스 Archimedes 80, 226
아리스타르코스 Aristarchos 161-162
아리스토텔레스 Aristoteles 24-25, 73, 80, 157, 221-225, 227-228, 238, 250, 258, 336
아리스토텔레스 역학 63
아리스토텔레스주의자 124, 219-221, 225-226, 279
아보가드로의 수 97

아인슈타인 Einstein, Albert 16, 40, 68, 76, 118, 160, 168, 173, 177, 180-181, 193-194, 197-198, 206, 251, 260, 266, 268, 279, 301, 306, 308
아인슈타인 혁명 149
알폰소 10세 Alfonso X 152
애트우드의 기계 95-96, 101
야코비 Jacobi, Karl Gustav Jakob 104
양자론 173, 188, 308
양자역학 17, 124, 126-127, 150, 180-181, 206, 333
양자혁명 7, 16-17
에너지 보존 이론 189
에딩턴 Eddington, Arthur 16
에테르 157-160
X선 136-139, 141, 185
X선의 발견 69, 114, 137
역제곱 법칙 106, 112, 170
역학적-입자적 설명 201
역학적-입자적 철학 78
연주시차 95
열역학 63, 103, 149-150
영 Young, Thomas 76
오렘 Oresme, Nicole 220-221
오리-토끼 실험 213, 230
오일러 Euler, Leonhard 103-104
옴의 법칙 305-306
왓슨 Watson, James Dewey 10
우주 배경 복사 11
월리스 Wallis, John 201
위기 148, 152-157, 159-168, 170-172, 174-183, 185-186, 192, 302
유체 역학 103
유체 이론 84, 143
이론 선택 41-42, 307, 326-327
일반 상대성 이론 16, 94, 170, 259-260, 268, 273, 337
일정 성분비의 법칙 166, 237-239
임시방편적 77, 172
임페투스 이론 220, 226
임페투스 패러다임 221, 227

입자설 115, 202, 267
입자적 패러다임 201
입증 254-257

자연선택 18, 290-291
자연적 일가 120, 319, 321
장(場) 이론 179
전기 15, 32, 78-79, 81, 83-84, 87-88,
   97-98, 104, 142-143, 159, 203-205,
   217-218
전패러다임 83, 87, 150, 156, 162, 174,
   189, 196, 279-280, 299
정비례의 법칙 113
정상과학 11-12, 19-21, 27, 29, 32-33,
   44-45, 66-70, 73-75, 91-96, 99, 104-
   110, 112, 116-117, 119, 121-125, 127,
   129-130, 138-139, 142, 146-150, 157,
   160, 162, 167-168, 171-172, 174-175,
   177-179, 182, 190, 200, 207-208, 210,
   224, 226, 243-244, 248, 253-254, 256,
   263-264, 270, 274, 278, 280, 283, 286,
   300, 305, 328, 332
정상과학의 성격 90
정치혁명 184-187
『종의 기원』 18, 87, 262, 290
줄 Joule, James Prescott 97-98
줄-렌츠의 법칙 305-306
줄의 계수 97
중성미자 95, 179

천왕성 215
체임버스 Chambers, Robert 290

카르나프 Carnap, Rudolf 44, 49
카벨 Cavell, Stanley 26, 39, 59
칸트 Kant, Immanuel 13-14, 16, 278
칼로릭 열역학 63
칼로릭 이론 99, 192
캐번디시 Cavendish, Henry 88, 96, 101,
   154
케플러 Kepler, Johannes 100, 102, 178,

265-266, 269, 310
켄드루 Kendrew, John 10
켈빈 Kelvin, William Thomson Baron
   138, 185, 262
코넌트 Conant, James 8, 59
코페르니쿠스 Copernicus, Nicolaus 57,
   68, 95, 149-155, 159-162, 168, 172-
   173, 177, 185, 193, 216-217, 260-
   262, 266-267, 271-272, 328
코페르니쿠스 혁명 70, 149, 153, 171
콩트 Comte, Auguste 45
쿠아레 Koyré, Alexandre 52, 64
쿨롱 Coulomb, Charles Augustin de 88,
   97-98, 104, 106-107
크룩스 Crookes, William 185
크릭 Crick, Francis 10
클레로 Clairaut, Alexis Claude 170
킨디 Kindi, Vassiliki 8

타르스키 Tarski, Alfred 49
통계역학 124
통계열역학 113
특수 상대성 이론 16, 160

파동 이론 76, 103, 149-150, 157, 177,
   180, 204, 267, 270
파울리 Pauli, Wolfgang 32, 173
파이어아벤트 Feyerabend, Paul 39, 60
패러다임 12, 21-33, 35-36, 44-45, 55,
   57, 74-80, 82-87, 89-94, 96-100, 104,
   107, 109, 112, 116-119, 121, 123-130,
   134-138, 141-143, 146, 156, 159, 162,
   164-169, 171-172, 174-192, 195-196,
   198-210, 212, 214-218, 220-230, 232-
   241, 243-244, 247-249, 251, 253-255,
   257-273, 278-280, 282-288, 292, 294-
   296, 299-301, 303-304, 306, 310-311,
   339
패러다임 검증 254
패러다임 논쟁 270-271, 285
패러다임 명료화 96-98, 103-104, 106-

107, 172, 175, 191, 224
패러다임 선택 187, 287
패러다임의 우선성 117
패러다임 이후 57, 103, 178, 299
패러다임 전환 12, 23, 29, 149, 176,
181, 200, 220, 262
패러다임 후보 80, 174, 253-254, 257,
259, 267, 269-273, 283
패리티 비보존 179
퍼즐 풀이 12, 19, 21, 106-108, 116,
129, 152, 168, 254, 263, 283, 299,
305, 314, 334-336, 340
페루츠 Perutz, Max 10
포스트먼 Postman, Leo 144
포퍼 Popper, Karl 16-17, 20, 34, 256-
257
폴라니 Polanyi, Michael 316
푸아송 Poisson, Siméon Denis 268
푸코 Foucault, Jean Bernard Léon 95,
270
프랭클린 Franklin, Benjamin 73, 75-80,
83-84, 86, 88, 143, 203, 224
프레넬 Fresnel, Augustin Jean 76, 158,
268, 270
프루스트 Proust, Joseph Louis 237-239,
241, 258, 334
프리스틀리 Priestley, Joseph 131-134,
136, 138, 140, 149, 154, 168, 176-178,
180-181, 218-219, 221-222, 258, 262,
270, 274
『프린키피아』 73, 95-96, 100-101, 103-
104, 193, 202, 262
프톨레마이오스 Ptolemaeos, Claudios 73,
91, 150-152, 161-162, 168, 172, 193,
214, 266-267, 269
프톨레마이오스 천문학 149, 151, 161
플랑크 Planck, Max 7, 16, 75-76, 263,
266

플로지스톤 63, 131, 133-135, 137, 154,
156, 176, 194-195, 198, 218, 223,
230, 233-234
플로지스톤 이론 135, 138, 154-156,
168, 177, 194, 204, 270-271
플리니우스 Plinius Secundus, Gaius 81,
277
피아제 Piaget, Jean 53
피조의 실험 270
피츠제럴드 Fitzgerald, G. F. 160, 168

하위헌스 Huygens, Christiaan 101, 201,
261, 314
하이젠베르크 Heisenberg, Werner Karl
16, 32, 173
하일브론 Heilbron, John L. 60
합의 74, 82, 276, 292
해밀턴 Hamilton, William Rowan 104
핵반응 160
핸슨 Hanson, N. R. 212
행렬역학 32, 173
허셜 Herschel, William 215-216
허턴 Hutton, James 80
헤르츠 Hertz, Heinrich Rudolf 104
헬름홀츠 Helmholtz, Hermann Ludwig
Ferdinand von 114
형이상학적 패러다임 306
호글랜드 Haugeland, John 8
혹스비 Hauksbee, Francis 78, 217-218
화성 178
화이트헤드 Whitehead, Alfred North
246
화학 당량의 법칙 237
화학혁명 68, 135, 149, 204, 206, 251
확증 이론 169
훅 Hooke, Robert 162
흑체 복사 150, 181
힉스 입자 21